The Complete Practical Guide to Patio,
Terrace, Backyard & Courtyard Gardening

围台铺径

现代小庭院设计

The Complete Practical Guide to Patio,
Terrace, Backyard & Courtyard Gardening

围台铺径
现代小庭院设计

【英】琼·克利夫顿
【英】珍妮·亨迪 │ 编著

惠 博 李 婵 │ 译

辽宁科学技术出版社
· 沈阳 ·

Original Title: *THE COMPLETE PRACTICAL GUIDE TO PATIO, TERRACE, BACKYARD & COURTYARD GARDENING*
Copyright in design, text and images © Anness Publishing Limited, U.K, 2010

Copyright © SIMPLE CHINESE translation, LIAONING SCIENCE AND TECHNOLOGY PUBLISHING HOUSE LTD. 2023

© 2023辽宁科学技术出版社。
著作权合同登记号：第 06-2021-130 号。

图书在版编目（CIP）数据

围台铺径：现代小庭院设计 /（英）琼·克利夫顿，（英）珍妮·亨迪编著；惠博，李婵译. —沈阳：辽宁科学技术出版社，2023.6
ISBN 978-7-5591-2798-3

Ⅰ．①围… Ⅱ．①琼… ②珍… ③惠… ④李… Ⅲ．①庭院—园林设计 Ⅳ．①TU986.2

中国版本图书馆 CIP 数据核字（2022）第 208961 号

出版发行：辽宁科学技术出版社
　　　　　（地址：沈阳市和平区十一纬路 25 号　邮编：110003）
印 刷 者：辽宁新华印务有限公司
经 销 者：各地新华书店
幅面尺寸：210mm×285mm
印　　张：16
字　　数：300 千字
出版时间：2023 年 6 月第 1 版
印刷时间：2023 年 6 月第 1 次印刷
责任编辑：闻　通
封面设计：周　洁
版式设计：马婧莎
责任校对：闻　洋

书　　号：ISBN 978-7-5591-2798-3
定　　价：128.00 元

联系电话：024-23284372
邮购热线：024-23284502
E-mail：605807453@qq.com

目录

引言

近年来，小庭院可谓重获新生。封闭的小庭院是城市空间无限度扩张的必然结果，也是一个能让我们远离周围噪声和污染的庇护所。这类私人区域，作为家居环境的延伸以及日常休闲场所，其设计潜力在现代建筑师和景观设计师的作品中已经表现得淋漓尽致。

上图： 铺装增加了边缘细节，凸显小庭院的曲线美。

业主为自家庭院选择的设计方案取决于多种因素，从用地朝向和土壤质量，到个人的风格偏好，不一而足。本书涵盖庭院空间设计领域所有可能的选择，包括设计技巧、有用的植物、实用的功能，以及使之呈现属于个人独有风格的方法。

在简要的历史回顾后，开篇章节"庭院规划"介绍了如何评估场地，翻修老旧庭院，规划美观的设计。接下来的六章主要讨论不同风格的庭院。"传统风格庭院"对那些尊崇比例和古典风格的人来说是不二之选。"地中海风格庭院"有漂亮的天井、明媚的色彩、醉人的馨香，让你在阳光下尽情享受户外生活的美妙时光。"入户式庭院"指的是这样一种概念：让庭院成为一种居家日常生活空间，呈现出室内装修的特点，可以做饭、就餐、休闲、待客、洗澡、睡觉。"果蔬庭院"探索兼具美观性的"厨房花园"的潜力，在这里，你可以种植果蔬和鲜花。对于那些想逃离都市喧嚣的人来说，"静修式庭院"能教你如何在自家院子里打造宁静的私人天堂。"现代风格庭院"则聚焦于极简的流线型空间，使用现代的、实验性的材料，或者对传统材料进行现代化利用。

每章都重点关注几方面内容：地面铺装，围墙和隔断，植物和种植容器，构筑物和家具，装饰和水景，以及照明。每章都以一个案例分析结尾，此外也会选择章节里面讲到的两个设计案例，列出详细的操作步骤。具体选择哪两个根据每章内容而定，不过该设计的应用并不一定局限于那一章的风格，很多是可以通用的，比如无序铺装、粉刷墙面、小径照明，对任何庭院都适用。

植物是小庭院不可或缺的一部分。为了帮助大家选择合适的植物，本书特设了植物名录章节，介绍了各类常用植物的功能、外观、季节性特点、生长条件等。最后一章是关于植物的养护，教大家如何让庭院永远保持最佳状态，包括植物的养护、修剪、灌溉和季节性养护。

小庭院是一个微型花园，可以让我们有机会实现任何园艺梦想，古典或浪漫，只为美观或兼具实用功能。用书中的创意来创造属于你的特别花园吧！

左图： 室内邂逅室外。阳光透过树冠，在格子地面上投下斑驳的光影。

右图： 天井处堆满花盆，地中海风格的花卉争奇斗艳。

庭院设计简史

公元前 3000 年之前庭院就已经存在了，《圣经》中称之为"受保护的、有围墙的圈地"。庭院总能给我们带来许多好处：它是人们生活和工作的地方，为人们提供温暖、阴凉、食物、保护、隐私，甚至是精神滋养的源泉。这里介绍的简短历史追溯了庭院的几种流行风格，从埃及风格和波斯风格，到日本风格和西班牙风格。

上图：传统中式庭院，即"四合院"，周围建有房屋。

最早的庭院

作为一个极具创造力和文化修养的民族，古埃及人在 5000 多年前就提出了庭院的概念。他们的墓穴壁画和象形文字中都出现了有围墙的露天花园。古埃及人善于利用土地进行耕作，于是形成了郁郁葱葱的绿洲，兼具美观性和生产性，由围墙保护，免受外界恶劣的沙漠环境影响。这些花园里经常种植树木，如无花果树、梧桐、枣树等，其他古老的植物包括旋花、矢车菊、曼德拉草、桃金娘、素方花、鸡冠花、甜马郁兰、指甲花、莎叶草、葡萄等。

另一个使用庭院的早期文明是前 3000—前 2000 年的波斯（今天的伊朗、伊拉克和叙利亚）。波斯语中把"封闭的空间"叫作"pairi-daeza"，这个词后来用来形容伊甸园。这种风格侧重花园的精神概念——一个远离阳光、受到保护的天堂。波斯人的庭院通常采用所谓的"chadar bagh"设计，意思是"四个花园"，一个由小径或水渠分割的区域，象征着《古兰经》中提到的天堂的四条河流。除了精神上的象征意义，这些水景也能在干热的气候环境下给人以舒适之感。此外，还有树木、格架、构筑物、墙壁等元素，也能提供阴凉。

中国的庭院传统可以追溯至汉朝（前 206—公元 220）。中国的城市住宅由一系列独立房屋组成，里面住的通常是一个大家庭，所有房屋围合出一个中间的矩形公共庭院。这个庭院被称为"四合院"，是一个远离城市喧嚣的隐秘而宁静的地方，通常布置成小花园，有观赏性植物和水景。

有趣的是，由于丝绸之路促进了中国和波斯之间设计理念的交流以及植物的运输，两国的庭

下图：带装饰性水池的花园。埃及底比斯内巴蒙墓壁画的一部分（约前 1350）。

下图：西班牙格拉纳达阿罕布拉宫的"狮子庭院"，"四个花园"设计的经典范例。

上图：庞贝一座罗马民居中经过翻修的列柱庭院。庭院四周有带顶棚的走廊。

上图：日本龙源院的枯山水花园是典型的坪庭。枯山水花园是这类庭院最常用的风格，砾石、岩石、土丘等元素是日本神话的象征。

院风格呈现出许多共同点，包括庭院"向内看"的概念，以及植物使用上的相似性，比如都栽种桃树、石榴树、杏树、蔷薇等。

罗马庭院

罗马时代（约前146—476），很多民居是一层的梯田式房屋，泥砖墙，没有窗户，利用入口和中庭采光。这样的房屋能在炎热的气候下保持环境的凉爽。通常有一个露天区域，周围有柱廊，有时还有内部花园，称为"列柱庭院"。这种模式后来用于教堂庭院，称为"回廊"。

开放的庭院区域成为罗马大型乡村住宅的标准特征，堂皇的陈列和奢华的宴会是那里日常生活的固有特征。他们的城市花园不仅是花园，也用作居住空间，庭院周围通常设有带顶棚的走廊，壁画上描绘了农耕生活的场景。他们的庭院使用"圣杯井"（酒杯状井口，起装饰作用）、壁式喷泉、中央水池、流水台阶和水床（用于酒水冷却），以及雕花大理石神

龛、石窟、柱子、桌椅等。常绿锦熟黄杨既用作花池边界，也作为绿雕使用。其他植物包括柏树、迷迭香、桑树、无花果树、风信子、紫罗兰、藏红花、百里香等。"厨园"和小型果园或葡萄园很流行，果实直接供给宴会所需。

日式庭院

从奈良时代（712）至今，日本在花园设计上一直有自己的一套传统，设计理念受神道教（一种古老的日本宗教）影响。日本的花园，包括他们的"坪庭"（tsubo niwa），即庭院花园，被视为最高层次的表现艺术。象征主义至高无上：岩石代表山脉和岛屿，砾石代表广阔的水域，大门和小径代表精神之旅。15世纪的日本，由于经济繁荣，商人住大房子，房屋围合出庭院，坪庭比比皆是。这类花园通常不大，约3m×3m，在住宅和其他建筑之间起到过渡作用。杜鹃花、苔藓、蕨类、竹子等因外形优美而被选为常用植物，而果树被选用

则是因其春季丰富的色彩。传统的宗庙"观景花园"是一种微型景观，可以从露台上欣赏，后来发展成可以从房子里俯瞰，把室外风景引入室内。日本庭院至今仍是城市花园设计的一个重要的灵感源泉，其特点是易于维护，适合户外小空间。

右图：西班牙塞维利亚阿尔卡扎尔宫殿的蒙特里亚天井（约14世纪），采用对称设计。

西班牙庭院

711 年，穆斯林入侵西班牙后，西班牙摩尔文化的发展融合了欧洲本土和侵略者的影响。他们使用天井来控制热量需求——厚重的墙壁能保温隔热，让西班牙的天井或内庭冬暖夏凉。因为紧挨着生活区，所以这些区域通常有铺装。这类庭院通常用较短的隔墙将内部区域分隔开来，墙上用藤蔓装饰，确保封闭和私密性。

规整的几何造型是西班牙庭院的特点，部分源自摩尔风格的影响。水景丰富，花香扑鼻，尤其是白色的素方花和百合。其他植物包括棕榈、柏树、橘子树、石榴树、仙人掌、雏菊、迷迭香、薰衣草等。在西班牙科尔多瓦每年举行的"天井节"上，仍然可以看到这种充满鲜花、阳光和阴凉的风格在传承。

中世纪晚期庭院

11—12 世纪，欧洲的庭院在很大程度上受到西班牙摩尔风格的影响，将户外空间视为一个受到保护的、休闲放松的地方。

一种典型的中世纪晚期庭院建在城堡内，以在冲突时期提供安全保障，人们称之为"装饰花园"或"草本植物园"，通常用隔墙与城堡的其他部分隔开，并布置有野花盛开的草坪，凉亭里有铁线莲、素方花等藤本植物，以及果树、格子板、荆棘篱笆、花池等。各种植物相结合，所以这类庭院通常颇具观赏性。相比之下，更实用的是"厨园"，种植果蔬和香料，外围通常有灌木丛，以防动物进入。种植的果蔬包括萝卜、洋葱、豌豆、甜菜根、南瓜、草莓等。

左图：插图。有围墙的城市花园。摘自中世纪的一篇农业论文《普通乡村》（约1306），作者是彼得罗·德克雷森齐。

上图：这个西班牙庭院是家庭的重要空间，温暖的夏夜里家人可以在此小聚。

文艺复兴时期庭院

14世纪欧洲文艺复兴早期的别墅花园，旨在摆脱公共生活的压力。这类花园常用来招待客人，或用作文学和政治辩论的场地。虽然这类空间很少有围墙，通常是将露台布置在坡地上，作为休闲或静思的地方，但它具备庭院花园的许多元素，包括古典雕像、人工洞穴、绿雕、日晷等。"结纹园"或"纽结花园"（knot garden）也是一种流行的模式，用低矮的树篱形成封闭格局，然后将砾石、花卉和草本植物填充进去，是一种在有限的空间内呈现精致与色彩的有效方法。

今天的庭院

正如我们所看到的，许多早期庭院都有特定的实用目的或风格，反映了当地环境、居民和特定历史时期的需要。现代庭院也一样，同样遵循某种固定的风格或目的。不过，最重要的是，庭院应该是个性化的私人空间。你可以选择简单一点儿，改造一下草坪、后院和步道；或者你可能有更多预算，打算安装泳池和按摩浴缸。无论条件如何，一个私密的封闭天堂一定在等待着你……

庭院规划

无论是设计一座新庭院，还是翻新一座旧庭院，第一个阶段的工作都是评估场地状况，制定规划，构思大致的框架。本章探讨如何批判性地评估庭院的优缺点，以及如何富有想象力地处理庭院中存在的不足。有了实地勘察获得的资料后，你就能作出切实可行的决策，根据自己的需要来调整庭院的外观和布置。

有很多简单的方法可以让你快速、轻松地改善庭院空间。除了介绍这些方法之外，本章还会教你如何应用一些基本的技巧，在选定一种视觉风格之前，就能在很大程度上美化家里破旧的庭院，以及如何绘制一套完备的设计改造图纸。准备得越充分，设计就越容易实现，植物的生长也会有一个良好的开端，你也能够把庭院空间打造成一个独特的地方。

左图：大胆的植物运用、清新的油漆粉刷以及时髦的地面铺装，让这个下沉花园化身为一片迷人的都市绿洲。

场地评估

开始规划前,进行充分的场地评估非常重要。评估时应主要考虑以下几点:庭院内各个区域能获得何种程度的光照;阴凉或暴露于阳光下的相对程度;土壤类型与排水。如果之前不了解该庭院的情况,可以等一个季节,看看庭院里有什么植物长出来,哪些你想保留。

上图:硬质景观和植物形成一种和谐的平衡。

上图:屏障能挡风,但同时可能会损失一部分阳光。可以选择种植在庭院的微气候环境下能茁壮生长的植物。

光照与朝向

比较开敞的庭院,早上太阳升起的点(东方)和傍晚太阳落下的点(西方)可以通过简单的观察来确定。这样,你就能判断哪里是庭院中光照最好、最温暖的区域(朝南、朝西的部分),哪里是最冷、最阴凉的区域(朝北、朝东的部分)。不过,如果是比较小的封闭式庭院,或者是露台,使用指南针恐怕也没用,因为围墙、建筑、大型植物和树木可能会在白天的大部分时间遮挡阳光,即使庭院朝向正南。

绘制一张庭院线描图,在上面大致标出一天之中光照的变化,尤其要标出光照最好的区域和最阴凉的区域。这是决定植物选择的最重要因素。

减少风湍流

周围建筑物的存在可能造成风湍流,这可能会给庭院中的植物和设施带来损害,也可能会让人身处庭院中的体验不那么舒适。确定风湍流的位置,然后布置一些天然或人工挡风屏障,以便降低风速,形成保护。结实的乔木、落叶灌木以及树篱可以过滤空气,进而实现有效防风。不透风的屏障会造成更多风湍流。除了种植植物,还可以尝试将防风网固定在格架隔断背面,或使用疏松的编织隔断,如条编栅栏。

土壤类型与排水

很多庭院中原本带有铺装,或者原本是水泥地面,或者你想改变一下,换成自己喜欢的铺装。总之,如果土壤掩盖在铺装之下,那么其质量如何就不重要了。

但对于需要土壤的庭院来说,健康的土壤结构需要暴露在空气中。所以,没有为空气预留空间的夯实土,或者湿度过高的土壤,只能滋养种类很有限的植物、蚯蚓和微生物。与之相反,非常干燥的、能快速排水的土壤,比如砂质或石质土,也有自身问题,即排水时植物根系处土壤中的营养物会被冲走,而湿度不够则意味着这样的土壤只适合种植耐旱植物,如多肉植物和耐旱的草本植物。

上图:如果种植面积不足,或者土壤条件不佳,可以使用大型种植容器。

如何确定土壤类型

你需要了解自家庭院的土壤特性，以便选择适当的栽培技术。土壤类型分3种：黏土、沙土和壤土。每种土壤都有自身的外观特点和打理方法。壤土又称肥土或沃土，最易打理。不过，黏土或沙土只要处理得当，也能保证植物健康生长。其实，有些植物更青睐黏土和沙土。

黏土： 黏土很容易结成球状。如果土壤表面积水，或者冬天粘在靴子上，夏天变得干硬，那么这种土壤就是黏土。黏土是最肥沃的土壤类型，但可能存在排水问题。要想改良排水不良的黏土，可以埋入沙砾和大块有机物，如腐熟粪肥或草菇肥。

沙土： 总是呈松散状，无法成形。沙土是一种颜色浅、易于排水的土壤，夏季经常缺水，是质量最差的土壤类型。可以用粪肥覆盖沙土，提升保水性并使其变得肥沃，方法是在潮湿的沙土表面覆盖厚厚一层腐熟粪肥。

壤土： 壤土可以捏成球，压力下会碎裂。壤土是沙土和黏土的混合物，是最均衡的土壤类型，很少造成栽培问题。因其腐殖质（腐烂的有机物）含量高，壤土通常颜色较深。颜色浅的壤土可以通过埋入粪肥进行改良。

测量土壤 pH

所有植物都有其偏好的土壤酸碱度，用 pH 来衡量。因此，土壤 pH 是决定哪些植物能在庭院中茁壮生长的一个重要因素。pH 范围为 1—14。1 表示酸性极高，14 表示碱性极高。pH 为 7 的土壤是中性土壤。测量工具 pH 计可在大部分园艺店买到（见"园艺产品供应商"，p.250—251）。有些植物，如杜鹃、针叶树、蓝莓等，偏好酸性土壤；而另外一些植物，如蔬菜、草类和大部分观赏性植物，则喜欢稍微偏碱性的土壤。测量土壤 pH 的具体步骤见下图。

确定土壤 pH 后，可以根据自己想要种植的植物，适当提升或降低土壤 pH（相对来说，降低 pH 没那么容易）。要想让土壤的酸性降低（即 pH 上升），可以向土壤中添加含石灰的材料，如农用石灰石碎屑或钙化的海藻。切记，不要为种植杜鹃的土壤增加酸度。

1．选定几个区域，松土后，用雨水湿润土壤（自来水可能会产生错误的读数）。等待几分钟，让水渗入地面。

2．用抹子从第一个区域取湿土样本，放在一个干净、干燥的罐子里。必要时加入更多雨水，以便产生读数。

3．务必首先清洁并干燥 pH 计上的探针，以免产生不准确的读数。每次使用之前都要清洁探针。

4．将探针推入潮湿的土壤样本中，等待片刻，直到指针停止移动。显示的读数即为每个样本的 pH。

场地改良

一场大扫除后的效果绝对会让人惊喜。封闭的小庭院往往沦为放置废弃物的储藏室，尤其是装修余料。所以，从清理垃圾开始，然后是清洁、除草和修剪。这也是检查基础设施的时机，例如检查排水系统是否通畅，以及确认墙壁、栅栏、铺装和各种构筑物的完整性。

上图：藤本植物，如铁线莲属植物，可以使用钢丝制作支撑架进行固定。

最左图：可以考虑用容易打理的植被和地面取代小草坪。

左图：使用接地气的材料修筑花池，为种植创造更多条件。

铺设混凝土的区域通常比较难处理，因为拆除厚重的混凝土板既困难又昂贵。建议将混凝土隐藏起来，具体方法见下图。另一种选择是在混凝土上铺设石板——但是，如果混凝土板与建筑外墙相接，则应使其远低于防潮层（通常为两块砖的高度）。其他地面铺装的选择包括防滑薄瓷砖、石板或石灰石地砖，或者用砾石或碎石片。也可以在混凝土上铺设木板，与房屋墙壁之间要留有空隙。

简化地面和边界

如果庭院的边界是由不匹配的围栏或刷着不同油漆的围墙或格架构成的，那么这个空间呈现出来的可能不是它的最佳效果。隐藏不匹配围栏的一种廉价而有效的方法是使用一捆枯树枝或竹篱笆来遮盖住。可以用重型钉枪将其固定到原有围栏上，方便快捷。

要想简化庭院地面铺装，营造一种空间感，让庭院的外观更漂亮，可以把庭院当作一个房间来对待。地板、地砖、瓷砖都可以用，不协调的地方可以用砾石覆盖。

地面的处理

对于脏污的铺面或混凝土，可以用高压冲水机有效清除表面的污垢和藻类（见 p.246）。如果

铺路板破损，试着用砖块、石块或鹅卵石填补空隙，而不是把整个区域重铺。这也是一种为平淡无奇的铺装增加质感和趣味的好方法。

隐藏混凝土

可以用砾石将混凝土隐藏起来。砾石有很多类型和等级，从石灰石碎片、细砾（一种圆形砾石）、粗砾（黏土、沙和砾石的混合物）到装饰性更强、价格更高的骨料。砾石铺设在混凝土上可能会造成滑倒，建议用石板、木板或脚踏石增加一条坚固的小径。

1．铺设砾石，厚度要以人走在砾石上，下方的混凝土不会露出来为宜。

2．将砾石耙平。根据砾石路面的踩踏情况，这项操作可能需要定期重复。

刷漆墙面的修复

刷漆墙面几年后会显得陈旧，因此需要定期重新粉刷。粉刷一新的墙壁，作为庭院的结构性元素，也会为人们进一步发挥设计创意带来更多机会。

重新粉刷之前，首先要对墙面进行必要的修复以及表面的准备工作，包括在原砂浆破碎的地方重嵌灰缝，在表面受损区域重新进行抹灰等。需要注意的是，墙壁上生长的藻类（在粉刷过的墙面上会特别突出）不仅难看，而且可能导致排水系统出现潜在问题——可能是排水沟泄漏，或者由于排水沟堵塞或坍塌而导致地面积水。

1．油漆剥落、起泡的斑驳墙面会严重影响庭院的美观，因此值得花些时间来适当处理，以降低出现问题的风险。

2．首先，如果有藤本植物或爬墙灌木，先从支撑架上解下，小心置于地面，或拉到一边。这类植物大多有足够的灵活性。

3．用柔软的尼龙刷蘸添加了洗涤剂的水，擦掉污垢和藻类，使表面保持清洁。藻类过多表明排水有问题。

4．用钢丝刷，一下一下用力刷，或者画着圈刷，去除墙面上不牢固的油漆和盐粒。这些东西会让墙面起泡，导致新漆脱落。

5．油漆较难剥落的区域，使用油漆刮刀刮掉松散层。然后用柔软、干燥的刷子扫过表面，去除灰尘和残留的小颗粒。

6．刷一层稀释的聚乙烯醇（PVA）作为密封层。可以多刷些，有助于防止砖墙中的水分和盐分引起新油漆起泡，还可作为底漆。

7．用布盖住地面，以免被油漆弄脏。用一把大刷子在墙面顶部、底部和两边刷上油漆，留下中间部分用滚筒完成。

8．为涂抹厚重的砖石漆而专门设计的滚筒能加快这项工作的完成。使用带伸缩手柄的滚筒，如图所示，可以不用梯子了。

9．可能需要刷第二层漆，或者第一层漆干后补漆。干燥后，重新把藤本植物和爬墙灌木布置好，看看是否需要修剪。

隐藏不美观的墙面

墙壁是庭院中最直观、最显眼的元素，应尽量做到美观。在确保墙壁处理妥当、外观整洁的基础上（见 p.17），可以考虑使用藤本植物和爬墙灌木来丰富和绿化墙壁，避免使墙壁看上去光秃秃的。要了解这些植物的生长需求，以便使其保持良好的生长状态。另外，要小心容易过度生长的藤本植物，如紫藤、绣球藤、五叶地锦等，因为这些植物很快就会失去控制。

在墙和窗的前面种植植物时，要预留出用于清洁窗子、粉刷墙面和修剪植物的空间。可以使用铰链式装饰花格架，这样就能在粉刷后面的墙时留出地方。可以用格架、竹子或枯树枝隔断取代无趣的围墙或栅栏。使用油漆、格架或其他装饰性元素时要慎重，因为一旦使用不当，它们会变得很碍眼。

上图： 利用门框上的装饰性瓷砖、墙面瓷砖和茂盛的爬墙灌木，营造出一个令人耳目一新的小空间，避免了白墙的单调感。

培育爬墙植物

如果面积有限，让植物向上生长是一个最大化扩展空间的好办法，同时也是隐藏不那么美观墙面的一种经典手法。藤本植物和爬墙灌木通常需要结实的支撑物，比如格子板。不过，这类支撑物可能并不适合所有的庭院风格，比如庭院太小时，空间狭窄，格子板会显得过于笨重。更谨慎的选择是使用镀锌钢丝。用镀锌钢丝织一张大网，对于有卷须或缠枝的藤本植物（比如西番莲和铁线莲属植物）来说，是最理想的生长环境。

1. 在砂浆接缝中打一排眼，插入带孔的楔形销片（如果砂浆足够坚固的话）。或者，也可以用那种能用在墙、栅栏或柱子上的螺丝固定件，先用钻头在墙上钻孔，然后将螺钉插入孔中。

2. 将镀锌钢丝穿过首个楔形销片上的孔，弯曲，固定。然后将钢丝穿过下一个销片，间隔不超过 15cm。绷紧钢丝，扎牢。

3. 横向钢丝之间保持 45cm 左右的距离，然后布置纵向钢丝，形成网格结构，供藤本植物攀爬。沿钢丝将植物枝条弯曲，用软绳固定几个点。花蕾尽量固定在靠近横向钢丝的位置。

安装格子板

格子板的重复图案能为庭院创造一种节奏感，既美观，又实用。为确保安全，一定要将格子板或攀爬网固定在板条上，这样也能在支架后面形成一个空间，便于植物攀爬。成熟藤本植物的重量可能很重，所以不要吝于使用材料。

1．标记板条的位置。用钻头在砖石（而不是砂浆接缝）上钻孔。使用膨胀螺栓和镀锌螺钉。

2．标记板条并预钻孔，与墙上打孔的位置吻合。打入膨胀螺栓，与墙面平齐，然后拧入板条。板条应保证格架离墙至少2.5cm。

3．标记格子板并预钻孔，选择与板条相对应的十字件。使用镀锌螺钉，要足够长，确保将格子板固定到板条上。

4．重复前面的步骤，在庭院四周安装更多格子板，确保彼此之间距离相等且处于同一高度。

使用装饰格架

简单的装饰格架能为庭院增添美感，丰富庭院的空间深度、质感和色彩，而且还能通过分散注意力，掩盖花园中不太美观的地方。格架在许多花园风格中都有应用潜力，是能让不起眼的空间旧貌换新颜的一个经典元素。不同格架的质量各不相同，如果可以的话，尽量选择固定在板条上并离地的木格架，这种格架不容易腐烂。

木格架上可以应用色彩鲜艳的户外木器漆或染色剂，为砖墙或漆面墙增添活力。木器漆和染色剂都是为木器上色的常用材料，易于维护。格架安装前上漆比较容易。安装时将面板斜靠在墙上操作，下面铺上塑料，用于保护地面。

地面的种植坑和挂在墙上的格架之间要留有距离，避免"雨影效应"。用木桩辅助植物够到格架底部，并用柔软的园艺绳把枝条系在格架上。不要使用涂覆线材或硬塑料扎带，因为这些东西会割伤植物的茎，限制运送养分的液体流动，导致植物枯死。

不要把枝条绕着格架前后编织，这样会不好修剪。最好只把枝条系在格子板的前面。

上图：菱形格架有一种老式的魅力，尤其顶部使用装饰性柱头。在这个案例中，格架让庭院的边界更富深度和层次感。

种植基础

充满想象力地使用植物是庭院改造的关键。植物能隐藏庭院中不那么美观的元素，比如光秃秃的围墙或者铺装区域。植物还能为庭院增加极具创意的美感。你需要首先确定哪些植物能在你所在的地方生长，不同的植物偏好什么样的土壤，以及如何种植才能取得最佳效果，同时应解决如土壤层过薄等问题。

上图：草类一年四季都适合观赏，也容易种植。

上图：不耐寒的植物和花池都不易维护，但效果往往很好，多姿多彩，引人注目。

植物偏好

在确定了庭院的土壤类型和pH范围（见p.15），以及光照最好和最阴凉的位置后，就可以选择植物了。杜鹃科植物喜好酸性土壤，其中包括很多林地灌木类型，如杜鹃、马醉木、山茶花、白珠树等，这些植物也能在阴凉的地方生长。有些植物喜欢中性偏酸性、腐殖质含量高的土壤，不过即使没有酸性的条件也不会死。这类植物包括茴芋、绣球属植物（某些人工栽培种需要酸性土壤才能保证开蓝花）、鸡爪槭等。很多地中海灌木和草本植物，

如薰衣草，偏好碱性土壤或石灰土，通常还要求土壤能够快速排水，同时需要充足的日照。有些

上图：藤本植物和爬墙灌木最大化地利用了边界空间。

利用土工织物

砾石花园传统上种植不多，可以考虑用透水、耐用的黑色土工织物覆盖在土壤表面，上面再铺一层装饰性砾石。这样做的好处是，可以抑制杂草丛生，风吹来的草籽也不容易在此扎根。

1. 将土工织物覆盖在清理好的土壤上，边缘钉在地面上。在种植的位置剪出十字切口。

2. 将切口处布料向后折叠，形成一个足够种植的正方形。把土挖出，直到种植坑足够深，可以容纳植物的根球。

3. 将浇好水的植物放入坑中，回填土壤，浇水。把土工织物向后拉一些，为植物生长预留足够空间。

4. 种植完成后，清洁土工织物表面，用砾石覆盖整个区域，厚度约为5cm。以后若想加种更多植物也很方便。

蔬菜，如芥菜，也偏好碱性土壤。如果是果蔬园，可以添加石灰土，提高土壤 pH。

花盆和花池

如果庭院地面没有裸露的土壤，那么你可能需要花池，或者在花盆、花槽以及壁挂容器内种植植物。出于经济考虑，以及长远效果，建议在花池内填充优质表层土，而不是袋装盆栽混合土。花池内如有多年生杂草，应确保清除其根和种子。

摆上几盆植物，改变枯燥空间的效果立竿见影。尽可能选择大型容器，这样在种植的选择上就会有更大的发挥空间。此外，对于盆栽耐寒多年生植物、灌木和乔木，建议使用以壤土为基质的盆栽混合土，因为这些植物会在花盆中生长数年。

下图： 大型种植容器，比如下面这个用旧木桶改造的大花盆，更容易维护，相较于小花盆也有更多的发挥空间。

下图： 即使是蔬菜园或香料园，也能做到现代感十足，比如下面这个小厨园，使用了清新的木板花池和现代的立方体花盆。

如果工作繁忙，没有太多时间去照看花盆或花池中的植物，那么可以考虑安装自动灌溉施肥系统，让植物的生长保持在最佳状态。

铺装中种植

铺路石中嵌入植物可以有效地美化空间。低矮的、匍匐生长的芳香草本植物和高山植物是理想的选择，因为它们可以填满狭窄的缝隙。用手轻拂或用脚踩踏百里香、洋甘菊这类植物的叶子时，植物会释放出美妙的香味。铺设新的铺装区域时，可以在一些铺路石间隔较大的地方用土壤而不是砂浆填充，以形成种植区域。

1．在想种植的地方起出一块铺路石。如果靠墙，可以选择藤本植物和爬墙灌木。避免在靠近道路的地方种植，因为植物可能长得过大，进而阻碍交通。

2．挖出水泥和下面的石填料（或沙子和砾石），用杈子翻一遍土，加入堆肥土（堆肥土壤混合物）或有机土壤改良剂，并掺入一些缓释颗粒肥。

3．植物浸泡后，挖一个足以容纳根球的坑，栽入植物，回填土壤。用装饰性砾石覆盖，既美观，又能使叶子保持干燥。小鹅卵石亦可。

选择一种风格

由于空间较小，并且跟室内相连，庭院或露台在设计风格上可以跟室内类似。选择一种风格或主题是个不错的设计开端。然后，你需要选择色调和材料。可以参考一些商家的铺装材料名录，或者杂志上的照片、手绘效果图和建议，还可以把你想用的植物或设计元素列一个清单。

上图：新古典主义的柱基和花格架完美地呈现出时代感。

思考如下问题：

· 想种果蔬吗？还是只要装饰性植物就好？

· 想种在地上，还是种在容器里？如果选择后者，如何浇水？

· 想要水池或喷泉吗？想要雕塑或照明装置吗？

· 建一座增加私密性的带顶藤架或凉亭如何？

· 想要烧烤火坑吗？想要阶梯式木板露台，然后在上面布置座椅吗？

· 花园四周如何布置进出通道？

· 是否需要隐藏一些功能性设施，或者在庭院中划出待客或户外用餐的静谧角落？

上图：白墙和盆栽植物，搭配生机勃勃的紫色和粉色花朵，营造出浓浓的地中海风情。

上图：简洁明快的线性布局，与旁边的建筑完美呼应。

建筑的影响

房子就是庭院花园的完美背景。不过花园的风格倒也不必盲目遵从建筑风格。比如，比起维多利亚风格，你可能更喜欢现代风格，或者想让你的庭院或露台呈现出乡村风，而不是都市的感觉，那么你可以尝试这种风格的一些典型布景。可以隐藏或伪装围墙，布置一些家具和盆栽，再选择合适的配色。

如果想延续建筑风格，可以先研究一下那个时期的艺术、建筑和花园的风格。然后，你就可以在一系列重点元素中作出选择。切记，不要使用太多元素。对比强烈的风格也可以混搭使用，比如，可以将古典建筑元素与超现代的装饰风格相结合。

形成一种风格

要想形成某种氛围或特色，用相似的色调粉刷墙壁和木质结构是一种很经济实用的方法。户外是用于待客、用餐的区域，用暖色调更好，如橘色、红色和艳粉色。不过，这类颜色要谨慎使用，因为会让庭院空间显得更小。

上图： 如果想要一个易于维护的花园，可以使用装饰性的地面铺装或墙面，或者用其他不涉及植物的元素，比如雕塑或鹅卵石喷泉等。

右图： 可以将花池和台阶设计成兼具座椅的功能，也可以专门定制户外家具。

如果想要宁静的氛围，则应使用更温和的色调，比如柔和的蓝色、绿色或淡紫色，以营造一种空间感。

　　色彩是任何设计主题的基本要素。如果使用意大利文艺复兴时期的主题，可以选择褪色壁画的色调——铜绿色、暗玫瑰色和海蓝宝石色。极简主义的风格，可以考虑鸽灰、柳绿或茄皮紫。想要地中海的感觉，可以尝试用摩洛哥蓝、黄褐色或赤褐色，搭配石灰岩或砂岩铺装。要为北欧热水浴缸营造一个现代 spa 风格的背景，可以用淡绿色墙面，搭配浅色木地板、奶油色帆布遮阳篷、灰白色鹅卵石和栽满绿植的波纹铁皮花盆。

右图： 座位区高于地面，地板漆成白色，采用百叶饰板，让这个小庭院有一种室内的感觉。

绘制设计图

按照一定的比例尺绘制平面图，这样，如果想在现有的设计基础上作出变化也很方便，也能让你尝试新的元素。这比你想象的要容易，尤其如果庭院、露台或天井是矩形的话。如果后期需要施工，给施工方一份图纸的副本，有助于他们计算用料。

上图： 设计应与现有环境和建筑相吻合。

第一阶段：收集数据

1. 画一张粗略的鸟瞰图，在上面记下测量值，有助于你跟踪进度。

2. 买一个长卷尺胶带。单位使用公制或英制，不要两者混用。确保一端牢固固定，绷紧胶带。如果有人帮忙，这一步做起来会更快、更容易。

3. 记录地面及边界的所有测量值，包括墙壁凹陷处、凸窗等的形状。此外，将排水管、排水井及检查井的位置在图纸上做好标记。

4. 标记门窗及入口的位置和尺寸，有助于确定景观元素和小径的最佳位置。

上图： 将庭院及周围环境按照比例着色绘制，可以使庭院形象地呈现出来，并且有助于计算用料。

设计建议

· 尝试沿对角线布置铺装，感觉会更现代。

· 相邻区域使用对比强烈的铺装，明确区域划分。

· 使用格子板作隔断，既能分隔空间，又不挡光。

· 头顶增加横梁，以营造封闭的室内感。

· 重复出现的墙面、铺装、材质和色调，能让庭院呈现一致的风格。

· 让视线聚焦在某个设计元素上，比如一件雕塑。

5. 确定远离边界的植物和景观元素的位置。

6. 记录用地对角线的测量值，以纠正不完全垂直的墙壁和围栏的方向。用地可能不是完美的矩形。

第二阶段：绘制平面图

1. 使用方格标绘纸，根据图纸的长宽尺寸选择适当的比例尺。把平面图画得尽可能大，这样你才有空间去尝试不同的想法。一般常用的标准比例尺为1：50。

2. 将测量值标注在平面图上，用对角线测量值检查拐角的位置和边界的角度。

3. 在图纸上标出方向以及一天中不同时间的阴影范围。还应标记所有悬垂树冠的边缘，或树篱伸出边界线外的距离。此外，标出所有门的位置（从哪些地方可以进入花园）。

4. 在图纸上标出，从周围哪些建筑的窗口处可以俯瞰庭院，以及从庭院看向外面风景的视角。

第三阶段：做设计

1. 确保设计的线条、场地的分割与地块的总体大小相协调，并与建筑物的关键点连接。可以根据房屋或边界上的一些点，浅浅地勾勒一个正方形网格，覆盖在图纸上。例如，网格的宽度可以是房屋的法式对开门的宽度，

植栽注释：

1. 小型观赏树，如十月樱。

2. 阴凉处种植常绿林下植栽。

3. 光照侧的墙面种植常绿藤本植物，如小木通。

4. 郁郁葱葱的麻兰，作为水景的背景。

5. 藤架种植喜阴藤本植物，如啤酒花。

6~8. 大型盆栽植物，如锦熟黄杨（修剪成球形）、鸡爪槭。

9. 壁挂盆栽，确保从厨房向外看有良好的视野。

10. 墙壁凹处种植藤本植物，如常春藤属植物。

11. 靠墙种植果树，如梨树、李子树。

12. 多姿多彩的夏季草本植物，如百子莲属植物。

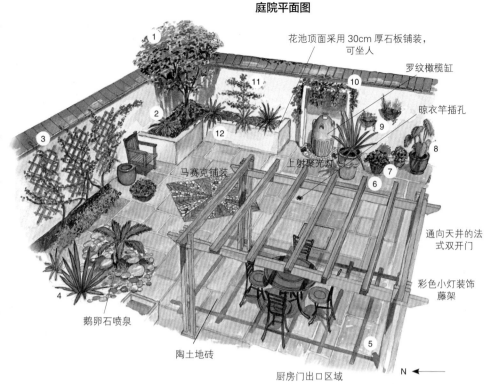

庭院平面图

花池顶面采用 30cm 厚石板铺装，可坐人

罗纹橄榄缸

晾衣竿插孔

马赛克铺装

上射聚光灯

通向天井的法式双开门

彩色小灯装饰藤架

鹅卵石喷泉

陶土地砖

厨房门出口区域

N

或墙柱之间的距离。将网格旋转到对角线上，会产生更动态的感觉。

2. 在网格内尝试各种形状和图案，比如可以把网格上的正方形再分割，或者在其上叠加弧形和圆。另外，需要为庭院创建路径，要将不同区域连接起来，如户外就餐区、香料园、装饰性水池、花池或木板铺装区。

3. 为了避免更改设计时重绘，可在彩色纸板上剪下关键元素的形状放在平面图上，方便随意移动。这能帮助你找到一种既有协调的比例，又有流畅的交通

动线的设计模式。

第四阶段：细化平面图

1. 各区域内基本的形状确定后，在选定的位置画上植物，并标注挡土墙的宽度、铺装的图案和地面标高的变化。

2. 使用一张与标绘纸一样大

的描图纸将设计图复绘下来，包括图纸上的所有注释。多复印几份。选一张涂色，上面加上种植图。这就是你的原版图纸。剩下的几张留给施工方，或者施工和种植阶段放在庭院内使用。

右图：硬质景观设计阶段完成后，再添加植物、家具和雕塑。

传统风格庭院

    传统风格庭院会是一座规整、优雅、宁静的花园。以 17—18 世纪法国和意大利古典园林为灵感，传统风格庭院让人感到熟悉和安心。户外空间由简洁、对称的线条构成，通过精心布置，唤起一种平静感和秩序感。考究的植物、优雅的装饰和引人瞩目的建筑元素进一步突出了这一主题，是传统风格庭院的画龙点睛之笔。

    有限的庭院空间很适合采用这种设计方式，因为传统风格能在封闭的边界内有效地传达出来。与大型庭院的需求相比，小庭院更便于掌控，既能呈现让人眼前一亮的设计构思，造价又不会过高。

左图： 花坛以锦熟黄杨为边界，纵横交错的线条与精心设计的铺装相得益彰。不同颜色的地砖形成复杂的格纹图案，与石板和砾石地面对比鲜明。

规整与熟悉

要想营造传统风格庭院，可以借鉴历史建筑的特征和简单可靠的材料，如红砖和天然石材。也可以借鉴古典风格的装饰元素，如手工锻造的钢制品以及铸铅、铸铁制品。在种植设计阶段，可以选择修剪整齐的常绿植物，形成一个绿色框架，辅以色彩柔和的花卉。

上图：锦熟黄杨完美地衬托出纯白的玫瑰。

风格与手法

建造传统风格庭院时可以借鉴不同历史时期的特色。例如，想打造中世纪风格庭院，可以选择装饰性石砌结构、带哥特式拱门的砖石结构、简单的石头喷水池、各种草本植物以及老式的花卉，如麝香玫瑰、紫罗兰、蜀葵、飞燕草、附子花、毛地黄等。如果想建造工艺美术运动风格庭院，可以选择鲁琴斯风格的长椅、青铜雕像、石头铺砌的小水渠、石灰岩立柱和铺装、修剪整齐的植被，以及粉白色的乡间野花。

想要营造英国摄政时期风格庭院，可以考虑使用金属丝网凉亭，搭配攀缘蔷薇、曲线花格架、古朴的门廊等元素。要想唤起人们对意大利文艺复兴时期庭院的

上图：圆形草坪搭配弧形护墙，打造私密的一角。

记忆，可以选择华丽的大型陶土花盆，里面栽上月桂，搭配用锦熟黄杨修剪而成的树篱以及色彩柔和的砾石、石雕等。凉廊、矩形水池、古典雕像和造型感强的植物（如朱蕉），都是可供选择的元素。

虽然在感观上，这些庭院属于传统风格，但是在功能上仍然需要从现代生活的角度进行综合考虑。休闲空间和待客空间是家居生活的重要部分，庭院需要扮演不同的角色。一个就餐的露台，一处僻静的角落，都能将庭院的功能延伸，让人们更好地享受每一天。一座经典的凉亭或装饰性构筑物能为庭院创建一个重要的建筑元素，同时也能满足休闲待客的隐私保障。喷泉或矩形水池能进一步突出传统风格，同时也是不错的设计元素。

不同元素的结合

成熟的设计方法能带来规整的布局，让园艺新手可以放心地去操作和管理。一般来说，庭院规模都不大，所以规划、维护、计算预算都比较容易，而且还可以分阶段完成。硬质景观是结构支柱，其成功取决于设计细节和施工手法。没有一个强大的、基本的框架结构为设计打基础，任何后续的种植设计都不可能完全成功。修剪成绿雕的常绿植物能

赋予庭院一种"绿色结构"，此外，还可以栽种成熟的乔木和灌木，彰显一种厚重的存在感。最后，再搭配精心挑选的种植容器和引人瞩目的结构性元素，为庭院设计画龙点睛。

传统风格庭院设计并不意味着必须使用传统的材料。可以用一些能够替代传统材料的现代轻型材料，而且这类材料比真正的传统材料便宜。比如树脂花盆，使用起来更方便，而且是屋顶花园的福音；铸铝家具要比铸铁家具轻得多；旧地砖制成的有色水泥铺路砖比约克石板便宜得多。使用这些材料的诀窍是注意维持整体环境的传统风格，选择材料时应考虑其外观、质量和耐久性。

庭院也可以打造成令人眼前一亮的古典园林。传统的主题画定了一个规整的框架，在此基础上，你可以根据自己的兴趣进行设计，比如使用稀有的植物绿雕，摆放一组优雅的花盆，或加入水景元素等。

右图：大型盆栽月桂，无论体量上还是风格上，都与这个安逸祥和的庭院花坛十分协调。

传统风格庭院的地面铺装

硬质景观是庭院设计的结构基础。对传统风格的庭院来说，地面铺装材料的选择范围很广，从鹅卵石、石板，到木板、地砖，不一而足。这些材料大面积地应用于地面，成为其他设计元素的背景。

上图： 形状不一的光滑水洗鹅卵石，铺设在弯曲的小径上。

风格的搭配

一个成功的庭院设计必须反映其周围环境。要制定出一个合理、美观且能够很好地落地实施的庭院设计方案，需要考虑周围的建筑以及周围景观环境的特点和体量。因此，设计时应该考虑周围出现的材料的类型、颜色和质地。如果是砖砌建筑，是红砖还是黄砖？看起来崭新还是陈旧？如果是石材建筑，主色调是黄还是灰？是否是水泥墙面而且还刷了漆？是否有某些重要元素，其颜色或材质是否可以在设计中体现出来？

上图： 露台铺装采用短木板，营造出一个轻松随意的座位区。

材料的选择

了解面临的选择，以及不同

上图： 低矮的砖砌挡土墙，让植物能够与台阶自然地融为一体。

材料的质量非常重要。传统设计倾向于使用天然材料。石材作为景观工程的基本元素，由于成分不同，在颜色、质地和耐久性上存在很大差异。此外，石材的外观也会因切割和打磨而呈现出很大不同。例如，铺路石可以"锯切"，产生整齐的方边和光滑的表面，从而获得全新的外观；"裂痕石板"表面凹凸，边缘不平，可带来一种悠久的时代感。

简单来说，根据石材形成的方式，其质地可分为软质、硬质和碎屑状3种类型。软质石材包括通常呈淡黄色的砂岩，以及呈偏灰白色的石灰岩。我们常说的约克石就是一种产自英格兰北部的砂岩。这种石材呈现出美丽的

蜜色，质地光滑，作为铺装材料能很好地融入砖砌建筑背景中。约克石是最优质的铺装材料之一。

最硬的硬质石材是花岗岩。花岗岩非常耐磨，无孔隙。不过，这既是优点也是缺点——花岗岩使用起来既困难又费时，因而费用高昂。企业环境中经常能看到高度抛光的花岗岩，而在居家环境中很少使用。通过锤击或煅烧，可使花岗岩表面呈现出纹理，因而更适合自然环境，看起来更舒服。花岗岩应该谨慎使用，因其略显"攻击性"的外观可能让庭院看起来过于"冷酷"。

花岗岩最实用的形式可能是铺路小方石，非常适合铺设小径和台阶。铺设时要使表面凹凸，

上图：浅色材料营造出一种宁静的氛围。天然石灰岩板材既是挡土墙，同时也在质地和形状上与铺路小方石形成对比。

起到防滑作用。这种小方石方便处理，适合曲线设计，也非常适合作为小径和台阶的边缘，还可以用来为树木或花池划定边界。

碎屑状石灰岩中常包含化石，大大增加了美感。相比花岗岩，石灰岩较脆弱，或者说更易碎。最关键的是，石灰岩有孔隙，因此容易留下污渍，比如来自置于其上的桌腿或其他家具。单宁酸会从不够稳定的木制家具中渗出，尤其是橡木家具；而钢铁，即使有保护，也迟早会生锈。因此，石灰岩最好用于专门步行的地方，例如小径和台阶。

下图：铺路石板色调柔和，颜色协调互补。

下图：平缓的台阶通向优雅的庭院，地面采用浅色花岗岩，中央用深色石材增加细节处理，形成对比。

地砖的铺设

做成红砖效果的混凝土地砖，对传统庭院来说是既实用又美观的选择。可以选择那种粗糙的、有斑点的或看起来很古朴的砖。底下并不一定需要混凝土垫层，地砖可以直接铺设在沙基上。接缝处灌入沙子，雨水可以渗滤，降低大雨后积水的风险。

1．挖开待铺设区域，铺设约5cm厚的底基层（夯实石填料或沙子和砾石混合物）。这样可以防止以后出现塌陷。先沿一端及侧边铺设边缘。检查确保表面平整，然后用砂浆固定到位，按图所示的方式铺设。

2．石填料上铺5cm厚的尖砂（净砂）。然后，用一块两端有切口的直边木块盖在封边砖上，刮掉多余的沙子。这种方法能确保铺设余下的砖时表面始终保持齐平。

3．按照选择的设计方案铺设，一次铺设约2m。确保砖与砖之间对接紧密，并紧贴边缘。随着铺设进行，将其他边缘用灰浆固定到位。如果是斜坡，从下方边缘向上作业，防止滑移。

4．租一台平板式振动器，将砖压实在沙基上。为了避免损坏，使用平板式振动器时不要太靠近无支撑的边缘，或者用石匠锤敲打砖面（特别是小范围内铺设时），以防碎裂。

5．用扫帚将表面的沙子扫入接缝中，然后再次用平板式振动器或石匠锤压实。平板式振动器可能需要重复使用，以达到铺装表面牢固、整洁的效果。然后这个小天井就可以使用了。可以多铺些沙子，防止苔藓或杂草生长。

加点创意

· 可以用砖、地砖或小方石（陶土/黏土、花岗岩或更便宜的混凝土仿制品）铺设出各种图案和设计。如果铺设区域较大，只用一种简单的模式可能会显得单调，最好尝试新的组合方式。

· 小方石是用途最广泛的铺装材料；砖和小方石都可以用作石板或混凝土铺路板之间的镶嵌，或作为铺装区的镶边。

· 由于尺寸小，小方石和砖适合在弯曲小径、圆形天井和庭院中的焦点区域铺设成复杂的图案。

生动的视效

建筑材料的物理属性起着重要的感官导向作用。柔软草坪上的露台，可以铺设坚硬的花岗岩台阶；浅色的石板路可以用黑色板岩石片镶边。这种软与硬、深与浅的对比和平衡，能带来令人惊喜的视觉和触觉效果。避免使用抛光表面，因为过于庄严肃穆，所以不太适合家居环境。而有纹理的表面看起来更舒服，适合花花草草的环境。

庭院中布置闲坐和用餐的露台非常重要，是家庭休闲和待客的必备空间。要开发一个空间的全部潜力，可以考虑使用三维元素，例如立体喷泉。露台旁边可以设计一个小花园，有挡土墙的花池是个不错的选择。

围墙能给露台创造一个背景，也能作为花园的边界。如果露台和花园高度不同，那么还需要一段台阶。虽然工作量不小，但是设计这样一个小区域可以省下不少预算而去做别的。

上图：形状不一的石板，方便曲线路面铺装的处理。

材料的搭配

地面的设计，最好简单点。大量不同材质和纹理铺装材料的使用会导致视觉混乱，削弱空间感。因此，可以选择一种主要材料，用这种材料营造一个中性的背景并使其贯穿始终。要想突出布局和设计，细节处可以使用对比强烈的材料。突出的边缘可以防止小径看起来好像已经融入庭院中，而用在台阶上则可以起到醒目的安全警示作用。

细节处可以使用回收的手制砖（就其本身而言，通常不够坚固且易碎，因此不宜用作铺装材料），搭配暖色的砂岩小径，能与砖砌房屋形成极好的视觉关联。或者，也可以使用工程用砖，坚固耐用，非常适合铺路。工程用砖在现代环境中看起来非常舒适，在某些类型的传统园林中也占有一席之地，尤其是城市花园。

板岩是一种美观的、看起来很柔和的石材，从柔和的绿色和淡紫色，到接近黑色，颜色齐全。细节处使用板岩，搭配清爽的石灰岩，效果十分优雅。板岩的质地和颜色不一而足，亮色的板岩可以用作镶嵌，使平淡的路面变得生动活泼。

材料的选择还需要考虑一些有关环境和社会方面的因素。"良心"和"预算"的矛盾可能会让你陷入两难境地。由于石料的采集和精加工是高度劳动密集型工作，所以石料的产地都是劳动力成本较低的地区。因此，在订购材料时，最好弄清楚该地的采石是否破坏了生态平衡，工人是否得到公平合理的报酬等问题。

传统风格庭院的围墙和隔断

庭院是一个由墙围合而成的户外空间。围墙带来一种封闭感和安全感，是传统设计的一个关键元素，可营造出一种私密的氛围。围墙也是庭院整体的大背景，赋予其独特的个性。

上图： 古老的燧石和红砖墙，与杏色藤本月季相得益彰。

新还是旧？

一堵旧砖墙会立刻给人一种不容忽视的存在感。18—19世纪的城市民房经常有这样的墙。旧砖墙也经常出现在大型乡村住宅中。如果你的家毗邻一栋早期工业建筑，那你可能就很幸运，因为有一面很高的建筑侧墙作为庭院的边界。如果原有的围墙存在，你就有了一个理想的起点用于庭院设计。如果墙体状况很差，花一笔钱修补砖缝是值得的。

可能很多旧砖墙以前就做过修补，使用的往往是不匹配的砖。虽然粉刷砖墙有点可惜，但看起来也会更清爽。使用浅色漆，有助于反射光线。

如果原本没围墙，可以考虑新建。虽然不便宜，但砖是最经

上图： 石墙上挖出一方镂空，用小石柱支撑。

典的传统风格材料，如果能和房屋的风格搭配，那便是最好的选择了。回收的旧砖通常很适合建这种围墙，手制新砖亦可。或者也可以使用水泥砌块，更便宜，

施工也更容易。不过，效果不如砖墙漂亮，而且需要用水泥抹面，但可以通过染色或刷漆，形成一个简洁明快的背景。

爬墙植物

藤本植物是传统风格庭院的重要组成部分，枝枝蔓蔓能将空白的立面变成一个长满鲜花和绿叶的生动迷人的画面。围墙是植物生长的完美支撑——长至成熟的植物可能很重，也容易受风雨侵袭。藤本植物需要坚固的支撑结构，墙比围栏要适合得多，因为围栏容易移动。

藤本植物以不同的方式附着于支撑物。有些植物，如五叶地锦和洋常春藤，不需要额外的帮助，因为它们自己能通过枝条或气根来攀爬。有些植物则需要帮助，比如西番莲用卷须缠绕，铁线莲属植物则用叶柄缠绕在支架上。铁线莲属植物比较轻，适合用格架（格架的搭设方法见 p.19，铁线莲属植物的种植见 p.35），但大多数植物需要更坚固的支撑。可以用螺栓将坚固的钢丝固定在墙上，钢丝水平间距 45cm 左右（见 p.18）。这种钢丝网可以支撑最重的藤本植物，而且几乎看不见。

左图： 红砖隔断墙将庭院空间分隔开来，一道优雅的拱门引人入内。

右图: 攀缘的铁线莲属植物具有攀爬的属性，喜欢根部凉爽而顶部有光。

藤本植物总是想爬得越高越好，而且喜欢与旁边的物体勾连。所以，在庭院空间有限的条件下，需要限制它们的生长。有些植物适合"垂直修剪"，使其枝条在固定于墙上的金属丝上攀爬。关于植物的造型，简单的几何造型是最容易的，但春秋两季需要修剪。常绿的藤本植物比较少见，络石是其中之一，叶深绿，开白花，有香味，非常适合在庭院中种植。如果墙比较高，有足够的空间，可以用类似的方法修剪毛葡萄。这是一种生命力非常旺盛的藤蔓植物，叶子很大，冬季凋落，秋季会形成朱红色的一片，非常壮观。

架栽铁线莲属植物

对于传统风格庭院，铁线莲属植物和玫瑰等经典的开花藤本植物能够营造传统花园的氛围，特别是当这些植物与格架结合时。下图中夏秋开花的南欧铁线莲，是小庭院的理想选择。早春时需将其修剪到距地面约30cm。

1. 选择格架的位置，打孔，预备固定板条。使用塑料螺栓和适当尺寸的螺丝。把板条拧到墙上，然后用镀锌钉或螺丝把经过染色或上漆的格架固定到板条上。

2. 种植区松土，清除里面的多年生杂草，掺入有机物，如自制的园艺堆肥土（堆肥土壤混合物）。这样能确保地面有极强的保水能力，保证植物生长。

3. 把植物从花盆里移栽之前先浇水。在离墙30cm的位置挖一个坑，宽度和深度是花盆的两倍。戴上乳胶手套，撒骨粉做肥料。茎干埋入10cm，以促进发芽。回填土壤并浇水。

4. 藤本植物通常紧紧攀附在一根竖杆上。可以将枝条解开并分离，并固定到格架上，使其靠近水平杆，以刺激花和侧枝的产生。需要使用园艺系带或软绳。

上图：墙面凹陷处巧妙使用格架，产生视错觉。

左图：方形和菱形格子板组合，固定在木框架中，营造出花园的背景，掩映着后面的露台。

古典格架

法式花格架是一种传统的花园装饰元素，使用在庭院空白的围墙上，立刻就能营造一种古典的效果。沿墙壁排列一系列格子板，能让人产生一种视错觉。曲面格子板和矩形格子板相结合，能让人看到三维的墙壁和拱门，从而加深空间的维度，增强视觉震撼度。藤本植物会掩盖这种视觉效果，因此不建议使用。但可以使用镜子，以强化视错觉。

市面上有各种形状和质量的花格架，可以买现成的，也可以专门定制。格子板由窄木条交织而成，构成菱形或方形的网格，在背景墙上形成图案。可以将格架漆成与背景墙形成强烈对比的颜色。有年代感的颜色通常效果最好，适合营造朴素典雅的庭院环境。

使用花格架是给庭院墙壁"穿衣服"的一种绝佳方法。花格架带来的动感效果，能让一个幽闭的环境豁然开朗（比如狭窄的入口通道），或者让长长的围墙富有节奏。

设计中使用镜子可以进一步强化空间的视错觉。尤其是将镜子用在花格架的拱形部分，效果尤其好。与室内的镜子一样，映射在镜面中的景象似乎形成另外一个空间，从而使庭院的尺度增加一倍。使用镜子的另一个好处是，反射光会加强那个区域的照明，所以一般都用在比较阴暗的地方。

格架隔断

可以使用格架隔断，把庭院划分为几个功能区，丰富庭院的空间维度，提升私密性。格架隔断尤其适合用作屋顶花园的边界屏障，简单方便又美观。格架隔断可以隐藏一个安静的闲坐区，遮挡一个令人惊喜的设计亮点，比如喷泉，或者将功能性设备进行伪装和美化。格子板由十字交叉的细木条组成，既透光，又能保证高度的私密性。弧形的拱门，穿上藤本植物的"外衣"，可以用作通向某个区域的入口，也能打开一个小空间的视野。格架隔断之间可以使用条形种植箱，以增加趣味性和美观性。如果屋顶花园的地面足够坚固，这是一种很好的种植方法。

市面上有各种现成的格子板，可以用来组合成独特的设计。还有各种各样的造型构件，比如弧形顶件、拱形板，或者带开窗的格子板，可以让人看到外面。不同形式的板条编织，能产生对角线或者菱形图案，包括各种间距和尺寸。有了如此广泛的选择，你可以打造各种效果。不过，如果预算紧张，可以从家装店购买最简单的矩形格子板，有各种尺寸可选。

围栏板

如果需要新建或替换庭院的边界围墙，最省钱、最容易操作的选择是使用现成的木制围栏板，只需固定在混凝土基座上的木桩上，离地面有一点距离即可。需要保护隐私的地方可以使用实心板；如果需要打破单调感，可以穿插点缀一些格架隔断，格架上种植藤本植物，让环境更美观。简单的格架是增加围墙或围栏高度的一种经济便捷的方式，轻巧的结构使其易于使用木条和螺栓进行固定。

大多数地方，庭院的高度限制是1.8m。可以在实心围栏板上方安装一窄条格子板，增强隔挡效果，又不会违反相关法规。但这样做之前请先咨询当地政府部门。有关围墙的任何操作，实施之前都要先与邻居做好沟通。

树篱

修剪整齐的树篱，是庭院中一种绿色的、稳定的结构性元素，在传统风格庭院中可以替代隔墙，不仅美观，还比石材或砖便宜得多。能做低矮树篱的植物包括直立形迷迭香、薰衣草、银香菊属植物、卫矛属植物等。想要得到边缘齐整的效果，可以用矮锦熟黄杨或普通锦熟黄杨，以及金边红豆杉或普通欧洲红豆杉。这些品种植物修剪效果都特别好，能形成低矮的、但是很宽的绿色隔离带。如果追求经济和速度，可以用亮叶忍冬，一种小叶常绿灌木，非常适合作树篱。

下图：拱形格架装点了红漆砖墙，为高大的种植容器增添了一个美丽的装饰框。

下图：以矮树篱划定空间边界，将这个铺装区域与其他绿化空间区分开来。

传统风格庭院的围墙和隔断　　37

传统风格庭院的植物和种植容器

供植物生长的容器，其外观和材质对庭院有很大影响，有助于凸显传统风格。容器与植物的搭配也很重要，整体造型和比例都要认真考虑，包括花盆和植物自身的特点。

上图： 各种一年生植物种在一个花盆里，中间是朱蕉。

古典造型

意大利风格的陶土花盆对古典庭院设计来说功不可没，其宽大的尺度，温暖的色彩，带来一种永恒的庄严感，营造出蓝天下优雅静谧的小庭院形象。比如柠檬造型花盆，宽口，底部渐窄，非常适合盒状修剪，与球形或塔状造型相得益彰，成为四季常青的雕塑。再比如花瓶状花盆，底下有个托，很适合进行某些花卉展示，如代表着托斯卡纳传统的深蓝色百子莲，或者颜色随季节变换的植物，如春天色彩缤纷的风信子以及夏天红花绿叶的天竺葵属植物。

传统材质

陶土是一种实用的天然花盆材料，因其具有多孔性，能使土壤表面均匀干燥，让水分缓慢蒸发，进而促进土壤中水和空气的良好平衡。如果你所在的地区冬季温度经常低于0℃，那么应该选择防冻花盆。防冻花盆在不低于1000℃的高温下烧造而成。

左图： 郁郁葱葱的蔓生拟蜡菊属植物，让这个古典石盆和下面的柱基形成一种完美的平衡。

下图： 蓝色风信子和葡萄风信子，与这个陶土花盆在色彩和造型上达到和谐。

在千篇一律机械制造的花盆衬托下，手工花盆往往能脱颖而出。如果经济不是问题，就从意大利佛罗伦萨附近的因普伦塔挑选一些华美的花盆吧！这种花盆精美至极，值得代代相传。另外，还有英国制造的优质防冻花盆以及中国制造的足以以假乱真的古典花瓶仿品可供选择。

仿品

古典石瓮的仿品是另一种选择，特别是当你所在的地方通用的建筑材料是石材的话。这种石瓮仿品有不同的颜色，比如白色、灰色、米色、黄色等，可以很好地匹配花园周围的环境，还有浅粉色，适合搭配红砖。这种容器是模具成型，由复原石（磨碎的石材边角料与水泥混合而成的材料）制成。这种石瓮结实又美观，

上图： 围墙凹陷处摆放了一盆红色天竺葵属植物，陶土花盆边缘有绳编图案。

上图： 陶土是烧制花盆的理想材料，炎热的夏季也能保持相对凉爽。

如果再配上立体花纹会更漂亮。可以让其光鲜的表面变成历经风吹日晒后的铜绿色，方法是用专门的洗剂或天然酸奶来刷洗。因其本身具有传统风格的特征，所以搭配的绿雕植物（如锦熟黄杨、月桂、冬青属植物等）造型可以适当大胆一些，以衬托花盆的体量。

栽种月桂

自古以来，叶子甜美芳香的月桂一直是地中海花园的经典元素。月桂不是特别耐寒，可以种在花盆里，冬天移到温暖的地方。植株在生长期即可栽入花盆，同时修剪成简单的几何造型，如球形或圆锥形，或者也可以培育成标准的观赏树形或棒棒糖树形。

1. 选择内径至少为38cm的大花盆，除非你栽种的植株特别小，还没长成。选择不会被风吹倒的黏土或陶土花盆。放入一片花盆碎片或大块砾石，盖住底部排水孔。

2. 用以壤土为基质的堆肥土填充花盆。将月桂连同原花盆在水桶中浸泡后，敲击花盆，取出树苗。如有细根须紧缠绕着根球，可轻轻挑出一些。将植株置入准备好的花盆，试试大小和位置。

3. 添土或减土，使根球顶部和土壤表面低于盆缘2.5～5cm。将根部土壤压实，像月桂这样的常绿乔木具有较强的抗风能力。然后浇水，保证浇透。

4. 使用基座，让花盆离地，保证排水。用整枝剪或剪枝机修剪成一定造型，避免将叶子剪成两半，这样会造成叶子边缘变成棕色。晚春至夏末剪枝为宜，避免新芽受霜害。

上图： 尖叶龙舌兰，令造型别致的矮墙更添风致。

左图： 水渠两边布置经典的仿铅方形花盆，搭配修剪整齐的女贞属植物。

选择传统花盆

许多传统花盆，如石盆和陶土盆，非常重。不过，如果你不打算盆栽就位后再移动，那么也没有理由在意重量——事实上，这种重量感恰好能营造存在感和焦点感。铸铅花盆也是重量级花盆的一种，通常是伊丽莎白时代或摄政时期花盆的复制品。精致的细节和古典的韵味掩盖了其巨大的重量。不过，除非你超级喜欢种满黑皇后郁金香的大型铸铅花池，否则还是尽量选择小一些的矩形容器为好。

大多数情况下，由玻璃纤维和树脂制成的高质量仿铅花盆是很好的选择。这种材料几乎可以以假乱真，而且特别适合存在载重问题的地方，如屋顶或阳台。

最适合传统风格庭院的方形种植容器，其设计源自凡尔赛（巴黎郊外）柑橘和棕榈的种植箱。以凡尔赛宫的名字命名，这种容器被称为"凡尔赛种植箱"，已经成为园林设计的宠儿。凡尔赛种植箱通常由木板制成，因为最初的设计是可拆卸的，所以有时也嵌入一些钢板。这种种植箱有多种尺寸，可以栽种一棵小树。

适地种植

庭院内的建筑元素是庭院空间不变的背景。植物和建筑元素之间应该形成一种和谐的平衡。而在这种平衡中，硬质材料起着重要的支撑作用，衬托出植物的勃勃生机。植物的特点是通过其习性、形状、质地和叶形来表达的。在庭院中，有成千上万种植物可选。明确它们各自的特点，然后选择那些适合你的庭院种植风格的植物。

常绿植物是庭院里最稳重可靠的一员，其生长缓慢，对创建绿化框架非常重要。常绿植物在传统风格庭院中起着重要作用，因其可以修剪成各种形状，也适合排列成线或聚集成群。锦熟黄杨修剪成球形或塔状特别漂亮，而月桂以一根茎干顶着一个球形树冠的造型也令人印象深刻。冬青属植物也适合这种处理，跟松散的灌木状相比更有存在感和吸引力。

右图：玉簪是常见的多年生观叶植物，适合阴暗的环境，盆栽或地被种植皆可。这个品种名为"蓝色军校生"，淡紫色的花朵引人注目。

最右图：长阶花种植在古典造型的花盆里，花盆简洁的条纹与花朵的颜色巧妙呼应。

尖叶植物，如丝兰和龙血树，是外向的开朗派，植物本身就有对比强烈的造型，适合使用造型比较大胆的花盆。丘状小叶植物是安静的"隐士"，如光叶长阶花，有小巧的灰绿色叶片，适合种在花池边缘，而毛茸茸的银香菊则可穿插种植于灰绿色的球形绿雕中。

郁郁葱葱的藤本植物织成的"外衣"是庭院中必不可少的背景。小木通和络石能打造成天然绿障，上面点缀着芳香扑鼻的白花，开花时间分别是春季和夏季。多年生植物最爱出风头，春季从土壤中萌发，带来丰富的形态和质感。要论风雅和时髦，没有什么能和玉簪的脉纹叶片相提并论了，颜色结合了灰、黄绿和柠檬绿，极具观赏性。

螺旋造型的修剪

不同于对称的形状，螺旋充满了动感和力量。这种经典绿雕造型看起来很高级，令人印象深刻，修剪起来也相对比较简单。用下面的方法即可，但一定要确定你最终想要的尺寸。要么从一个圆锥开始下手修剪，要么随着植株的生长逐渐增加盘绕，底部两圈合并，重新塑形。修剪完成后，应避免靠墙放置，因为会有一面见不到光，要注意定期转动。为了方便操作，可将花盆置于带轮子的底座上。

1．先从一个圆锥开始，圆锥中心是一根茎干。这个圆锥已经修剪过多次，使其向内致密生长。将绳子或拉菲草（酒椰叶纤维）绑在植物顶部，或者从底部开始，如图所示缠绕。

2．使用整枝剪（修剪灌木的大剪刀）或小型手剪，剪出基本的凹槽。一开始要慢慢来，从顶部向下操作。较大的枝条要用整枝剪小心地剪掉。不时靠后站立，查看效果。

3．加深凹槽，剪出圆润的盘绕造型，状似蜗牛壳。使植株避开强光和强风，定期浇水，并使用稀液肥。春末、夏末修整，以保持造型。

传统风格庭院的构筑物和家具

为了充分利用可用空间，必须开发庭院的垂直维度。藤架、凉棚和凉亭，都是传统风格庭院的构成要素，以其装饰性的三维造型，很容易成为庭院中的亮点，也是营造独立小空间的重要途径。最后，添加木材或金属材质的家具，画龙点睛。

上图： 开黄花的金链花，爬在藤架上。

藤架

藤架是一种独立结构，以垂直木桩或石柱支撑顶部的横梁，供藤本植物攀爬。作为一种多功能装置，藤架已经使用了几个世纪。罗马人喜欢小径上方有棚顶，早期带插图的手稿显示，在中世纪的庭院里，藤架结构被用来支撑葡萄藤。

对传统风格庭院来说，如果有一条长长的、浪漫的走道，道边种植了美丽的蔓生紫藤，那么我们可以在入口处设置一个玫瑰拱门。藤架也可以改造成凉棚，

上图： 造型优美的浪漫小屋，一个完美的幽会地点。

上图： 简单却大胆的一座小亭，形成庭院中一个引人入胜的焦点，框出了一方小小的铺装空间，以及里面茂盛的植物。

使之成为一个舒适的户外用餐空间，或沿墙闲坐之处。对后者而言，只需要沿外边缘设置支柱，横梁用金属托架固定在支撑墙上即可。这种结构的灵活性意味着它可以融入任何大小的庭院中。

藤架可以完全用木材建造，符合19世纪的风格，或者所谓的工艺美术风格。支柱应采用厚重型材，橡木是合适之选。横梁可以稍轻一些，但要保证坚固（见p.133中介绍的施工方法）。简单、经济的木质结构可以从建材店直接购买，立柱可以用格子板装饰。即便是现成的普通藤架，也可以通过上漆或染色使其焕然一新。

凉亭和方尖碑

凉亭是庭院中的一种装饰性建筑，既有观赏性，又能用作用餐区。浪漫风格适合传统风格庭院，尤其是用锻造金属或19世纪风格的精致金属丝打造的凉亭，后者看上去更轻盈。芳香四溢的玫瑰、素方花和忍冬都是完美的植物选择，适合夏季种植。

凉亭可以建得更坚固些，侧面用木板保护，屋顶用瓦片、石片或金属（如铜或锌等）加固。这样的凉亭用途就更广泛了。

如果空间有限，或者虽然庭院比较大，但仍想增加垂直维度，那么可以使用方尖碑。单独布置一座方尖碑能形成空间的焦点，或者也可以使用多个，例如布置在花坛的各个角，或成行排布。入口处可以布置一对古典的木方尖碑，或者布置在小径起点处，标志着通道的开始。方尖碑也可以放在凡尔赛种植箱里，增加亮点，最好搭配常绿植物，如络石或小叶常春藤属植物。如果主打浪漫风格，可以用更精致的钢制或金属丝方尖碑，搭配开大花的铁线莲属植物或藤本月季。

右图：优雅的金属方尖碑是金鱼花极好的支撑结构，提升了庭院边缘的存在感。

搭建格架凉棚

　　装饰性格子板，包括各种造型的构件，有多种尺寸可选。只需一些基本的操作，我们就能将这些板材组装起来，为传统风格庭院搭建凉棚。结构中也可以有实心木板，用作座椅，或者直接在遮阳篷下布置一条长凳。凉棚上可以种植藤本植物，如忍冬、素方花等，向空气中添一抹芳香，绿叶则有助于形成隐蔽的一角。

1．木桩切割成 2m 长。别忘了算上木柱头上将其固定于地面的金属部件的高度。检查一下是否所有格架组件都已备齐，包括 2m×0.9m 的背板。

2．背板的支柱相距 2m，用锤子将金属尖头敲入。用 8 号钻头，在格架两侧每隔一段距离为镀锌螺钉钻孔，然后装上面板。

3．重复此操作，先安装侧面格子板，格子板尺寸标准为 2m×0.6m。然后安装比较窄的正面格子板以及顶部用于装饰的拱形格子板。最后安装 2m×0.6m 的屋顶格子板。

4．用户外木材染色剂给凉棚上色。地面过硬而无法插入金属尖头的地方，可以用更长的木柱。在地面上打洞，埋入柱头，然后填充速凝预制混凝土固定。

上图： 这个凉亭中，藤本植物的支撑结构包括中央的树干状立柱和四周的金属框架。

上图： 回收利用的铸铁立柱支撑着这个木质屋顶的藤架，结实又美观。

合适的材料

新古典主义风格的庭院需要比例优雅的柱子来支撑高架结构。可以寻找回收利用的材料，比如木梁或石梁。或者，也可以用复原石制成的石材、结实的木柱或砖柱，只要与周围建筑的风格相吻合就可以。请一位建筑工或者木匠帮忙的话，顶部采用钢梁或木梁也很容易实现。这种风格需要比较大气的植栽，紫藤或攀缘蔷薇就很适合。

如果想要一种轻盈的庭院外观效果，锻钢是一种很好的选择。其固有的物理强度和良好的灵活性，可以实现精细、复杂的结构设计，如古典风格的凉亭。很多结构可以直接购买，或者，铁匠可以根据要求打造专门的构件。

藤本植物生长一段时间后可能变得非常重，这种露天垂直结构使其要不可避免地承受风压，下雪时还要增加额外的承重。因此，建造藤架、凉棚或凉亭时应该考虑到，要采用坚固的材料建造，垂直支撑应牢固嵌入地面的混凝土基座中。

右图： 奶油色立柱支撑着木框架，形成一个柱廊凉棚，面朝大海。

上图： 未经处理的柚木长椅，泛着木器特有的银色光泽，与红色、橙色的大丽花和旱金莲相得益彰。

上图： 美国阿迪朗达克风格的曲线座椅，自20世纪初，逐渐成为庭院设计的经典元素。

木制家具

　　最传统、最坚固的家具往往是由木材制成的。座椅的形式多种多样，形状从简单的长方形座椅到曲线形的"鲁琴斯长椅"，再到线条优美的各式躺椅。

　　大多数木制家具由进口硬木制成，柚木是其中最漂亮、最奢华的。这种木材经得起日晒雨淋，几乎不需要维护。但是，要确保产品来源是环保的，不会破坏环境。橡木也是不错的选择，但应适当处理，以防单宁酸渗出，弄脏地面铺装。最好的木材可以不经处理，随着时间的推移，材料表面会镀上一层铜绿色。如果喜欢更光鲜的外观，可以使用高质量的清漆，或者每年用特制油漆刷一遍。如果喜欢油漆效果，比如说，庭院中的一个焦点元素，

或者为了跟另外一个元素保持风格的统一，那么可以选择软木，不含树脂，适合上漆。

金属家具

　　轻巧的掐丝金属桌椅让金属凉亭更添魅力，凸显设计的精致，

也能巧妙融入僻静的角落。摄政时期风格的锻钢长椅，美观又低调，而类似风格的单人椅可以和金属餐桌结合使用。将金属家具放到外面之前，要先检查其材料是否防锈。所有金属都可以上漆，有助于保持良好的状态。

右图： 掐丝铸铝桌椅模仿维多利亚风格，但轻于最初的铸铁版本。

传统风格庭院的装饰

传统风格庭院应选择传统的雕塑和装饰，并与周围的建筑和材料相协调。一尊古典雕像置于关键的位置，能创造一个焦点，夜间还可以用照明进一步凸显。装饰性元素也可以应用于柱子和栏杆。

上图： 石球对雕刻石栏杆起到画龙点睛的作用。

雕塑的选择

使用雕塑似乎是营造庭院环境最自然的方法。动物和人像雕塑在传统风格庭院中都很常见。古典人像雕塑是一种常见的选择。这很好理解，因为这种选择貌似能在庭院中再现几世纪前的辉煌。一位希腊女神，或者哲学家，伫立在修剪整齐的树篱前，自然而然地就会给庭院平添一种宁静和秩序感。也可以使用动物雕塑。一头雄狮卧在露台上向下凝视，英俊而健美；而一头正在搏斗的独角兽或长着獠牙的野猪则可以赋予水池一种更为梦幻的感觉。神秘的海洋生物和狮头面具尤其适合作壁式喷泉的出水口装饰。

相比之下，几何造型显得更纯粹和冷静。方尖碑可以用来标记入口或通道，也可以使用柱子来界定圆形或线性空间，或者也可以单独布置在植物中。最后用一件小雕塑画龙点睛，造型可以有球形、橡果形或菠萝形，适合用在门柱上。可以将回收利用的碎石铺撒于地面，营造出古代废墟的效果。

高大的古典花瓶（通常有底座），起着重要的装饰作用，是引入季节性花卉的绝佳工具。一般来说，这种花瓶种植空间很小，所以最好搭配优雅的花朵，如郁金香、天竺葵属植物等，色彩以纯白色和深酒红色为宜。更大些的瓮则适合搭配锦熟黄杨绿雕或其他植物的绿雕。

风格与材料

手工石雕尤其适合传统风格庭院，尽显高端奢华，正如铸铜雕塑一样，后者自古以来便用作户外装饰。古董价格昂贵，不过，市面上有各种仿品，可以选择玻璃纤维和青铜仿制品来代替。不同的材质在品质和光洁度上有很大不同，订购前有必要做些研究。

选择的风格决定了使用的材料，不过复原石是一种流行的选择。其崭新的外观很容易做旧，只要进行简单处理即可（参见p.47油漆的处理方法）。或者，如果放在阴凉潮湿的地方，苔藓很快会出现。很多设计最终都会披上苔藓的外衣。

除了冷色调的石材之外，还可以选择暖色调的陶土材料。花瓮和花瓶应选择防冻材料制成的。铸铁的仿制品经济实用，仿铅制品能带来一丝奢华的气息。高品质的手工陶土制品非常漂亮，而石粉和水泥混合制成的替代品也有不错的外观。

上图： 古典人像雕塑，由重组石、树脂和混凝土模制而成。

上图： 铸铁花瓶刷上一层白漆，有意制造出生锈的痕迹。

石器如何做旧？

石雕饰品价格不菲，即使是复原石也不便宜。出于经济上的考虑，可以使用混凝土仿品。这类装饰物放在户外，风吹日晒，会逐渐老化，长出苔藓。如果你想加快这种转变，可以按照下面的方法，在短短几个小时内就能达到同样的效果。

1.使用聚乙烯醇（PVA），按照说明书稀释，在混凝土表面刷一层，包括内部，起到密封作用。必要时重复上述步骤，然后静待干燥。这样能防止湿气渗入混凝土导致油漆脱落。

2.涂上一层白色乳胶底漆，待干燥后，再粗略涂一层浅灰色乳胶，里面可以加一点美术用黑色亚克力颜料。这个花瓶现在看起来像个新石雕。

3.用一块湿润的海绵在颜色较深的地方点画，使表面产生细小裂缝，制造浮雕和阴影效果。此时，花瓶看起来好像经历过风吹日晒。

4.如果可能的话，找一张生了苔藓的石头的照片，作为颜色和质感的参考。将亚克力颜料混合成绿色和黄色，模仿苔藓的颜色，然后用海绵随意涂抹。

5.整体看起来比较自然（底部有些深绿色区域，所有突出部位，即布幔状装饰，则呈现出浅一些的黄绿色）之后，随意刷上几块黄褐色，模拟地衣效果。

6.刷上每一层漆后都要等待干燥。最后，刷上几层透明的户外亚光漆，确保花瓶可以经受日晒雨淋。将花瓶置于柱基或墙柱顶部，底部用水泥固定。

传统风格庭院的水景

水景不仅能为庭院引入反射和声音，而且往往具备造型上的美感。在线条和结构上具备美感的水景最适合传统风格庭院。这种水景带来的不仅是造型上的装饰效果，还有潺潺流水的天然美感。

上图： 水流喷溅的景象和声音为庭院注入勃勃生机。

使用水池

高于地面的水池是一种存在感很强的建筑元素，也是庭院中引人注目的焦点。水池四周可以建50~60cm高的矮墙，材料使用砖或天然石材，也可以用更经济的混凝土，外挂石板或使用粉饰灰泥。边缘可以宽些，顶面用光滑的深色石板，这样人就能坐在池边，近距离欣赏水景。一般来说，圆形水池最有魅力，但矩形更容易建造——如果是你自己动手的话，这一点很重要。

与地面齐平的水景可以成为花园的亮点，尤其是建在铺装区域内。在空间允许的情况下，可以建两个或两个以上的水池，通过一条狭窄的水渠相连，池边铺设石板路。这样就会产生一种方向感，将视线引向花园的焦点元素，如雕像或花瓶。

修建混凝土水池

混凝土水池适用于土壤条件不太稳定，不适合采用下沉式水池的地方。高于地面的水池也适合用混凝土，因其需要坚固的侧边来承受水压。

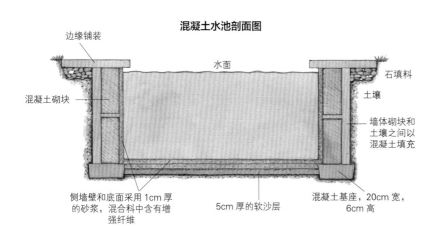

混凝土水池剖面图

边缘铺装 · 水面 · 石填料 · 土壤 · 墙体砌块和土壤之间以混凝土填充 · 混凝土砌块 · 侧墙壁和底面采用1cm厚的砂浆，混合料中含有增强纤维 · 5cm厚的软沙层 · 混凝土基座，20cm宽，6cm高

1．用绳子和直杆标出水池的边界。将该区域挖至75cm深。如土壤留用，不要混合表土和底土。

2．在地基内侧四周挖一条20cm宽的沟槽，深度为6cm。添加混凝土，顶部抹平。用水平仪检查。晾干。

3．翻挖底部约6cm深的土壤。耙平，清除石块，然后在地基上加固一层5cm厚的软沙层。

4．用抹子在沙层上加上1cm厚的纤维增强砂浆，与混凝土基座重叠5cm。

5．24小时后，用砂浆将混凝土砌块固定在地基上，并检查标高。凝固后，用素灰浆（和得很稠，难以搅动的水泥）填充土墙和砌块之间的空隙。如果砌块有洞，用水泥填充。

6．再等48小时，待整个结构彻底凝固。将内部表面润湿，然后覆盖一层1cm厚的纤维增强砂浆。为了增加强度，墙与墙相交处、墙与地基相交处做圆角加固边缘。

7．用石填料替换上层10cm厚的土壤。用砂浆从铺装边缘涂抹到池壁和填料层。铺设池边铺装，使其与水池内壁重叠2.5～5cm。

8．待内壁干燥，涂上黑色防水密封胶。

喷泉

装饰喷泉能让传统风格庭院中规整、静态的元素变得充满活力。可以通过固定于池底的装饰性雕塑来控制喷泉喷水，或者也可以直接从水面下方喷水。

布置水景

水能让庭院充满活力。如果空间较小，水景能形成一个中心焦点。布置一个功能性水景涉及水密结构、电气设备以及水泵和过滤器等。

为了保持清洁，水需要循环。使用潜水泵是一种实用方法。

挖一条水渠，内壁镶地砖并做防水处理。里面的水可以很浅。水渠可以用深色内壁，环境会更显幽静，而且能提高光的反射率。另外，还需要单独的曝气过滤水泵。

也可以建壁式喷泉。需要使用一个水槽，水来自墙上的喷水口。水槽可以使用旧石槽，喷水

上图：高于地面的水池，黑色内壁与外部浅色石板形成鲜明对比。

上图：这个喷泉的水泵装置藏在墙后。

口可以做成动物小雕塑，动物的嘴就是出水口。电气和循环泵等设备可以隐藏在墙后，小型潜水泵可以藏在水面下。

水下照明夜间能带来画龙点睛的效果。

安全提示

为了防止儿童靠近水池或其他水景，应采取预防措施。用围栏把蹒跚学步的孩子挡在水池外。同时，使用电和水的地方，需由电工指导操作。

上图：微小的细节可能产生巨大的效果，比如这个独立式水景，水泵巧妙隐藏在鹅卵石下。

上图：这个水池由石板建成，可以坐在边缘，近距离欣赏水景。

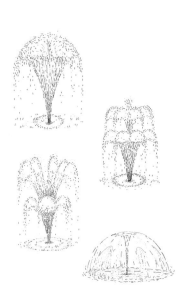

上图：潜水泵一般有一系列配件，能形成大多数常见类型的小喷泉。

传统风格庭院的照明

传统风格庭院里的照明低调内敛，不易察觉。低处的道路照明和旧时风格的壁灯能给夜晚的庭院带来安全感。聚光灯比较惹人注目，夜晚从屋里向外看去，视野中一团明亮。

上图：户外太阳能灯是庭院道路照明的理想选择。

壁灯

无论你想借鉴哪个历史时期的特征，在选择壁灯时，一定要选与空间体量相称的，而且风格要与家具、花盆和装饰物一致。记住，这些灯会挂在墙上展示，会影响整个庭院的设计风格。

壁灯有几十种不同的类型，但在传统风格的庭院中，维多利亚时期黑色、白色或风化金属色的马车灯很受欢迎，造型上模仿旧时的熟铁和铸铁工艺。有些设计厚重敦实，用在石墙或抹灰墙上效果最好，或者用在装饰比较简单的功能性空间里。对于这类环境，以及偏乡村风格的地方，也可以考虑使用黄铜壁灯。

外观的协调

通常可以购买与壁灯配套的灯柱，以及安装在门柱顶部的灯具。可以查看商家的产品名录，从中挑选。

新艺术风格的灯具看起来更柔和，比如简单的球形灯，搭配华丽的支撑臂。还有意大利或威尼斯风格的壁灯，有些表面有一层迷人的铜绿。这种灯具可能是旧时物件的仿制品，定会令庭院平添魅力。

小径与台阶照明

小径的照明有两种选择。一种是旧时的提灯造型，置于短柱上，沿道路边缘或座位区排列布置。另一种不那么显眼的方法是使用与铺装齐平的白色小落地灯。或者，可以沿道路边缘使用现代射灯，将灯的角度调成向下，照射在石头、砖或砾石上。植物能把电线和配件藏起来。有台阶的地方，以及高度和方向有变化的地方要特别照明。静谧的夏日傍晚，台阶两侧或挡土墙顶部可以使用夜灯或小蜡烛，突出庭院的协调对称感。

户外用餐

油灯或蜡烛的天然火焰散发出温暖的光芒，营造出电灯出现以前的怀旧感觉。夜晚点燃户外烛台能营造一种别致的氛围，白天也可以作为装饰。可选择悬挂式烛台，由升降链条支撑，或者桌面烛台和地面烛台。

传统的油灯，包括黄铜灯，能发出柔和的辉光，是夜间聚会的绝佳照明选择。切勿让明火无人看管。

重点照明

白天，庭院中的光影不断变化，只有当阴影保持不变的时候，雕塑元素的造型和质感才会凸显出来。当夜晚降临时，你有机会让庭院的景象变得更加戏剧化。

上图：卷曲的金属造型增添了浪漫情调。

上图：砖墙上的功能性照明装置，很适合维多利亚时代的庭院风格。

利用巧妙布置的迷你照明灯（无论是使用电源还是太阳能），可以最大限度地凸显石雕或植物绿雕的线条和轮廓。

　　决定灯具的最终位置之前一定要先试验一下，大功率手电筒是个不错的工具。照明的位置可以是庭院侧面、前面，或者中间的任何位置，镂空隔断还可以尝试背光照明。挂在墙上的面具，或者古典半身像，当灯光直射其下巴下方时，看起来会充满戏剧性。在黑暗中，你可以只选择几个地方来照明。如果这些照明灯白天隐藏起来，基本上看不到，那么晚上打开时会收获意想不到的惊喜。可以使用高光灯、聚光灯或迷你泛光灯，巧妙地突出花池、树篱、柱子等元素。

水景的照明

　　夏季聚会照明的一个简单方法是沿水池边缘，每隔一段距离设置一盏夜灯。假如设置水下照明灯的话，平静的水面也可以看起来很神奇。但是，与其简单地照亮整个水池，不如把灯光聚焦在一个瀑布或水雕上，效果会更令人瞩目。值得注意的是，有些喷泉本身内含照明装置。所以布置任何室外水景，都必须雇用专业电工操作，以确保安全。

上图： 这个小型下沉式水池采用自下而上的照明方式，凸显了庭院的一个角落。灯光也照亮了周围的草丛，使之更具观赏性。

右图： 几盏隐藏的聚光灯，柔和地烘托出这个传统藤架的框架。

案例分析：古典露台

这个小露台相当于住宅的入口，四周是高高的围墙和茂密的常绿植物。实心木门连接着外面的街道，门口的柱廊为空间增添了一丝古典色彩。不同大小的球形绿雕反复出现，统一的风格保证了露台和谐的外观。

上图： 锦熟黄杨修剪成完美的球形，保证了造型上的一致。

这个露台最夺人眼球的特点是大体量的种植设计，植物本身形成了露台的结构。全部采用常绿植物，保证了全年的稳定性。墙上爬满深绿色的常春藤属植物，增加了私密感。面向街道的向阳一侧，绿意中点缀着朵朵红玫瑰。

花园的色彩搭配简洁明快，这也有助于让这个小空间给人留下深刻印象。色彩元素主要包括漆成白色的围墙和栅栏，漆成黑色的大门，以及与之搭配的爬满常春藤属植物的格子板。一张浅色石桌，搭配两把生了锈的椅子（设计主题是猫），是空间中的焦点元素。壁式陶土喷泉（施工方法见 p.55）和小花盆，从材料上呼应地面铺装。地砖以对角线模式铺设，生动不死板，四周以深色材料镶边，营造出一种"编织地毯"的感觉。

常绿植物，包括锦熟黄杨、女贞属、卢李梅等，全部修剪成弧线形，在露台上反复出现，树篱有着圆润的轮廓，所有绿雕都是球形。尽管全部是常绿植物，但不同品种的植物有不同的叶形、质感和色调。

这个露台的平面图（见 p.54）清楚地显示出，如何通过植物的布置来突出对称的布局。以耐阴的常春藤属植物和覆满山茶花的围墙为中央的铺装区域营造出绿意盎然的背景。结构性绿植包括山茶花（栽种方法见 p.55）、卢李梅和大门两侧的齿叶冬青。

右图： 陶土地砖营造了一个闲适的休息区，旁边是茂密的常绿植物，与外面的街道隔离开来。

上图： 小猫造型的椅子，为这个规整的露台增添了一丝趣味性。

打造传统风格庭院

地面铺装
- 整个设计只用一到两种硬质景观材料。
- 参考经典图案，将其融入铺装设计。
- 色调的明暗对比有助于凸显布局。
- 利用铺装图案突出方向感和地面高度的变化。

植物和种植容器
- 大型绿雕可强化古典主题，给人雕塑般的感觉。
- 核心植栽选择常绿植物，保证全年结构和外观上的稳定性。
- 选择一种形状作为修剪的主题（圆形、方形或金字塔形），以保持外观的一致性。

构筑物和家具
- 一种风格贯穿始终。
- 关键部分，如家具或雕塑，材料应符合整体的色调或质感，以保持风格的一致性。
- 使用大气的家具，有助于让整个空间给人留下深刻印象。
- 如有任何视觉上不美观的地方，将其漆成与整体协调的颜色加以掩饰。

装饰和水景
- 使用中性色调，最多3种颜色，彼此协调。
- 确保只出现古典意象，从花卉到神话人物，以保证整体的传统风格。

古典露台庭院平面图

壁式喷泉

临街大门

脚踏石

砾石

鹅卵石，
通往玻璃后门

雕刻
石台
座椅

四周铺设红砖

植物名录

1. 齿叶冬青
2. 山茶花
3. 锦熟黄杨
4. 欧洲耳蕨
5. 山茶树篱，上面有洋常春
   藤和玫瑰
6. 亮叶忍冬
7. 洋常春藤（绿雕）
8. 卢李梅
9. 矮锦熟黄杨
10. 洋常春藤

上图： 山茶有亮绿色的叶子，
非常适合用作树篱，在寒冷的
季节也有美丽的花朵盛开。

左图： 锦熟黄杨修剪成规整的
造型，彰显着不容忽视的存
在感。

下图： 两棵卢李梅鹤立鸡群，下面是修剪成两个球形的锦熟黄杨，
营造出庭院的对称性。

上图：山茶树篱上爬满洋常春藤。

上图：亮叶忍冬用作球形绿雕。

上图：欧洲耳蕨适宜在半阴环境下生长。

安装壁式陶土喷泉

壁式陶土喷泉是利用少量水流的最佳方式，尤其适合庭院、地下室和屋顶花园这种空间不足以容纳单体水池的地方。这里介绍的设计需要用到下沉式蓄水池。

1．选择一个带有管状金属水嘴的传统挂墙面具。

2．挖一个下沉式蓄水池，安装带有可拆卸金属格栅盖的内衬设备。做水景花园的专业人士一般都会给你提供这类设备。

3．将潜水泵的输水管穿过蓄水池，至双层壁后向上倾斜。使用钻头钻孔，切换到钻头上的"锤击"功能。

4．使用直角弯头将潜水泵的水管和面具上的铜管连接到墙后的管道上。这项操作需要使用管道工专用的弯管机。

5．用大号螺栓将面具和下面的陶土溢水盆固定在墙上。使用适当的钻头，打入膨胀螺栓，将设备拧入到位。

6．蓄水池注满水，潜水泵连接到防水插座上。

7．测试流量，调整潜水泵上的龙头，直到达到预期效果。把蓄水池上方的金属丝网放回原位并用鹅卵石覆盖。

壁式陶土喷泉横剖面

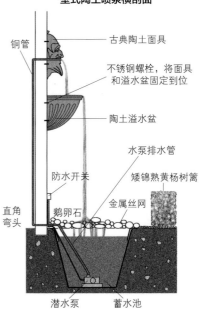

铜管
古典陶土面具
不锈钢螺栓，将面具和溢水盆固定到位
陶土溢水盆
水泵排水管
防水开关
矮锦熟黄杨树篱
直角弯头
鹅卵石
金属丝网
潜水泵
蓄水池

栽种山茶花

山茶花盆栽生长良好，尤其是小的、株形紧凑的品种。开花后修剪，以限制生长。山茶花是杜鹃科，不喜石灰，所以适合使用杜鹃科堆肥土（酸性）。生长季节定期浇水非常必要。如果你所在的地区水质比较硬，可以用桶收集雨水灌溉。

1．用陶土或石质容器栽种这类植株较大的植物。用瓦片堵住花盆底部的排水孔，用杜鹃科堆肥土填充花盆。如花盆较大，可混入一些粗沙。

2．种植前先浸泡植物的根球。置入花盆，检查土壤深度是否合适。最终的土壤高度应该在花盆边缘以下 2.5cm 左右。

3．如果满盆都是根，可用手指或手杈轻轻挑出一些粗根。在根球周围填塞土壤，用手压实。必要时加支撑桩。

4．杜鹃科植物喜酸，建议使用酸性缓释肥。顶部铺一层沙砾。最后将花盆摆放到适当的位置，比如挨着朝北的阴凉墙壁。

地中海风格庭院

　　地中海风格庭院是一处性感之地。夏日傍晚，覆满藤本植物的围墙可以抵御冷风的侵袭，温暖的空气中弥漫着浓郁、奇异的花香，烛火灯笼闪烁着迷人的光芒……这是人们繁忙工作后放松身心的完美去处，也是与朋友分享甘美葡萄酒的好地方。即使是雨天，也可以待在凉廊里，点燃户外壁炉，舒适又惬意。

　　白天，花盆和花池里鲜花盛开，鲜活的色彩和质感赏心悦目。赤陶色、黄褐色与门窗的天蓝色和浅蓝色相映成趣。

　　食物的香味在户外树荫下或绿意盎然的藤架下愈发诱人。香草和灌木释放出芳香的气味，随着庭院里热量和湿度的增加变得更加浓郁。闭上眼睛，聆听蜜蜂盘旋在薰衣草上的嗡嗡声和水滴轻落的滴答声，享受舒缓自然的感官体验。

左图：这个阳光明媚的角落包含了地中海风格的一些经典元素，包括作为背景的古老石墙，以及色彩鲜艳的盆栽。

阳光庭院

喜欢在阳光下享受园艺活动的人会特别喜欢这种风格。将地中海地区的异域风情带到自己的庭院中，尽情享受那种无忧无虑生活的愉悦感吧！除了使用标志性的植物或看起来与之类似，但更耐寒的植物（可以夏天购买）除外，还可以使用各种进口花盆和种植容器，以及户外家具。

上图：马拉喀什蓝的墙壁，突出了盆栽柑橘和三角梅。

异域形象

尽管与意大利文艺复兴时期风格的花园有相似之处，如几何布局、植物修剪、芳香的香草和华丽的陶土花盆等，但地中海风格庭院的风格要轻松得多。有限的空间和简单的功能让庭院有一种更为朴素的感觉；杂乱的花盆和种植容器（有些是用回收容器改造的）、鲜花和蔬菜、香草和水果都在争夺种植空间。实用性和生产性几乎与美观性一样重要，同样美观的可食用植物经常会取代观赏植物。对家庭庭院来说，鲜活的色彩和芳香的气味能让环境更有生气。如果空间允许，小菜地也很受欢迎。从黄瓜、番茄、

西葫芦、茄子、豆类、马铃薯到杏、桃、石榴和柑橘类水果，选择不一而足。在小庭院里，你也可以将这类生产空间布置在花池中，或者使用陶土花盆（内衬塑料，以保持水分），同样能兼顾美观性。

种植的选择

随着相对温和的冬季变得越来越普遍，许多北方温带地区户外可以终年种植耐寒植物，任何时段无须进行覆盖。而且，特别是有了庭院围墙和隔断的庇护，你可以尝试各种各样的异国情调。白天地面铺装和砖石吸收的热量夜间稳定地释放到空气中，会让庭院温度比周围环境高 1~2℃，很可能不会结冰。如果有一间无霜温室的话，可以越冬种植许多不耐寒的植物，也可以更早栽种幼苗，以及球茎和块茎类植物，使其在较短的生长季节里有更多时间生长成熟，开花结果。

使用地中海风格的常用植物，能够创造一场绿色的盛宴。大叶植物，如美人蕉，可以与多肉植物、仙人掌、色彩鲜艳的一年生和多年生植物结合种植，尤其是与陶土花盆、藤制家具和抹灰墙面搭配使用时，效果显著。即使只选择一两种典型的地中海植物，如盆栽橄榄、柠檬或月桂，或者在藤架上种植葡萄藤，都暗示了

这些地方阳光更充足。如果种植了较不耐寒的植物，冬季可能需要给予它们一些额外的保护。

空间的准备

在这一章中，我们将看到地中海风格庭院的设计技巧和装饰灵感。在开始之前，有必要对现有环境中不适合的部分进行"伪装"，可以通过使用油漆、抹灰、格子板、藤本植物、藤架、凉亭等元素来实现。

细节的装饰

典型的乡村地中海风格庭院，在灯具、桌椅、种植容器、水景、铺装以及围墙和隔断等方面与更富丽堂皇的里维埃拉风格或摩尔风格有很大不同。

以下各小节将介绍可能用到的不同元素和材料，包括如何搭配使用，以获得良好的效果。

上图：这个庭院是希腊岛风格，有夯实黏土地面和灰蒙蒙的陶土器皿。

右图：粉刷墙面上点缀着盆栽，搭配露台上摆放的室内植物，营造出绿洲的效果。

地中海风格庭院的地面铺装

地中海风格庭院继承了希腊和罗马古典建筑的传统，后来又受到摩尔人的影响，其特点是常用马赛克、瓷砖、鹅卵石和小方石铺设精美的地面。我们可以改良传统，加入现代装饰元素，对种类繁多的现代材料善加利用。

上图: 香草和高山植物生长在脚踏石和鹅卵石之间。

简单的设计

对于面积小且形状不规整的庭院来说，简单的铺装可以让人把视线重点放在植物和其他装饰元素上。不同色调的砾石，特别是看起来很有天然气息的鹅卵石，装饰效果要比碎石好。夯实黏土骨料也是不错的选择。选择暖色的材料，如金色砾石或太妃糖色燧石，能营造天气晴好、阳光灿烂的氛围。为了避免杂草生长，可用土工织物覆盖土壤。不要使用过于细小的砾石，避免被踢来踢去。

上图: 可以用不同颜色的砾石和鹅卵石铺设出随意的图案，融入边角空间。

质地的选择

可以尝试将砾石与方形及矩形铺砖或户外瓷砖结合使用，产生对比。方形和矩形铺砖，其相

上图: 使用回收利用的木板，在鹅卵石地面上铺设出一条小径。

邻的边最好平行。例如，可以使用大间距网格图案，或将小径设计成曲折的线条。使用形状随意的鹅卵石能营造出一种轻松的感觉。还可以使用回收利用的木板，与地面齐平铺设，形成一条宽阔、蜿蜒的木栈道，或者休闲的座位区。

另一种选择是通过在角落或者靠墙位置使用较大的鹅卵石，营造一种有层次感的海滩效果。可以购买不同大小的袋装鹅卵石，里面石头的颜色和质地都是搭配好的。前方先使用较小的鹅卵石，与砾石能较好地衔接，然后逐渐铺设较大的鹅卵石，接下来布置

圆形的巨石。

气候炎热的地方，混凝土经常用于铺设庭院地面。如果想要一个光滑、坚实的表面，混凝土是一种廉价的替代铺装的方法。不过，如果是地中海风格庭院，只用混凝土看起来太粗糙了，除非面积较小，周围再加上精致的镶边（比如使用天然石）。我们可以让混凝土看起来更加柔和，比如在其中嵌入鹅卵石或者大量海扇壳（可以买到袋装的）。如果想要营造一种历经风吹日晒的效果，可以在混合料凝固之前，用硬尼龙刷蘸水刷掉一些水泥，从而露出更多鹅卵石。

上图：脚踏石上的马赛克图案给草坪增加了一抹亮色。草坪内种植洋甘菊和百里香，每走一步，都能闻到迷人的香气。

右图：宽大的台阶铺设陶土瓷砖，灰蓝色的边缘形成色彩上的对比。台阶通向一个六边形小高台，上面用鹅卵石拼接出复杂的装饰图案。

鹅卵石庭院

如果是大块的鹅卵石铺装，可以在夯实石填料上铺设砂浆，在砂浆硬化前将鹅卵石压入表面即可。一次铺设一小块地方，分次完成。尽量将表面铺平，否则走在上面会不舒服。鹅卵石形状通常不规则，例如有的会稍平一些，铺设时可以增加变化，比如一个区域是平整的表面朝上，与之相邻的区域是尖锐的边缘朝上，以此增加趣味性。混凝土和鹅卵石地面或小径下方要使用经过防腐处理的基材板，用结实的木栓固定，也可以用地砖或小方石（或大理石条，如果能买到的话）镶边。可以使用相同的材质来形成图案，例如用砖铺设出菱形网格，用石材填充。

铺设路面

适合地中海风格庭院地面的铺装材料很多，从天然石材到光滑或粗糙的混凝土地砖。砂岩板材尽量选颜色浅的，比如粉色或黄色；石灰岩选蜜色；复原石也选类似的色调。直线式铺装，使用4~5种形状和尺寸，这样的设计适合面积较大的、较为规整的庭院。使用一定比例的大石块，能避免让设计显得过于"琐碎"。使用砖或鹅卵石能让庭院看上去更柔和。

偏乡村风格的环境，可以使用形状随意、看上去有些粗糙的大石块铺设小块地面。同时预留一些种植坑，栽种气味芳香的香草，如百里香、牛至、科西嘉薄荷等。脚踩在上面时，这些匍匐植物会释放出地中海乡村特有的气味。避免使用不含杂色的深色石板或其他类型的灰色石材，尤其是在阴凉的地方，应该选择带有红色或橙色纹理的大理石，以营造温暖的感觉。

上图：造型别致的龙舌兰和鹅卵石组合，与简单的石板形成对比。

选择地砖

地中海风格庭院，长期以来一直用釉面瓷砖或普通陶土砖铺设地面。如果是凉爽、潮湿的气候，则要选择防冻瓷砖，而且潮湿的环境中瓷砖需要有一定的抓地力——潮湿或结霜时，光洁的表面可能会非常滑。除非充分夯实，否则地砖会发生轻微位移，因此，如果地基不是非常平坦，要确保地砖足够厚，以承受行走时产生的应力。光滑、平坦的混凝土板是理想的地基材料。

相对于其他铺装材料来说，瓷砖有一个优势，就是脏了后容易清洗。这使瓷砖成为走道、户外烹饪和就餐区地面的理想铺装材料选择。铺装时，可以让厨房或温室的瓷砖与庭院的地砖相匹配，实现视觉上的衔接。

瓷砖有多种颜色，棕色和赤陶色非常适合地中海风格。其他颜色，如群青蓝或柠檬黄，可以少量使用，能让人眼前一亮。如今，制造商倾向于生产单色防冻瓷砖，所以很难拼接出图案。比

上图： 碎瓦片和石片构成精美的铺装图案。

上图： 迷你小方砖，让弧线形铺装边缘别具质感。

如说，你可能希望给家中西班牙风格庭院的迷你广场四周做摩尔风格镶边。从网上可以买到摩洛哥或摩尔风格瓷砖，但如果你去废弃材料回收场逛逛，经常可以找到具有相似设计的维多利亚瓷砖。在方形或矩形的小庭院，或者大庭院的中心焦点区域，可以将不同颜色、形状和尺寸的瓷砖组合起来，形成波斯地毯效果，但要确保"地毯"的大部分是相同的单一颜色，可以有少量装饰色，比如说构成螺旋图案或者出现在对角线上，以增加趣味性。

图案。有些制造商提供这种现成的地砖图案，比如鸟类、动物、昆虫图案，或者以太阳或星星为主题的图案。

地中海风格庭院有时使用单色铺装材料，用类似马赛克的元素拼接出重复的图案，如花朵或星星。这类元素可以结合不同颜色的石材、地砖（陶土砖或瓷砖）或抛光大理石等。

马赛克效果

如果要为地中海风格庭院营造一个焦点，可以考虑使用希腊罗马式风格的马赛克图案，材料选择传统的马赛克嵌块（小正方形石砖或瓷砖）。复杂的设计是马赛克艺术家的工作，但简单的图案，比如瓷砖和鹅卵石结合，也可以简单又美观。例如，为由铺路石铺设的圆形区域换一个中心

左图： 如果仅用砾石覆盖，地面看起来相当无趣。若要增加质感和图案，可以加入温暖的赤陶色缸砖或小方砖。

巧用瓷砖碎片拼接马赛克

· 使用彩色、带图案的嵌块做装饰性镶边，或者作为铺装区域中的一小块或一条蜿蜒的曲线。

· 使用户外防水瓷砖黏合剂和勾缝剂，将瓷砖碎片固定在光滑的混凝土表面上。

· 让地面上瓷砖碎片组成的图案延伸至墙面和花池的侧面。

· 利用彩色釉面瓷砖碎片和鹅卵石（或贝壳），创造马赛克图案，如简单的花朵或抽象的鸟类。

· 用破损的地砖铺设菜地之间的小径，保证地面排水。

用鹅卵石拼接马赛克图案

几处小面积的马赛克铺装，在某些位置取代普通的单色地砖，能创造出奇妙的质感和引人注目的图案，凸显地中海风格。如果使用鹅卵石，而不是马赛克嵌块或瓷砖碎片，铺设过程会更简单。像这样的一个图案一小时内就能完成。先在类似大小的区域试验一下，这样你就能知道每种类型、每种大小的鹅卵石需要多少。

1. 起掉一块铺路板，准备做马赛克，或者铺设时就预留出空间。在夯实石填料上铺一层建筑用沙。用一块木头夯实，检查表面是否平整。

2. 加入一袋干粉砂浆混合料。戴上手套，以免石灰灼伤手。操作时膝盖下垫个垫子，那样会更舒适。检查一下，看看鹅卵石铺设之后，表面是否与其余铺面齐平。

3. 通过标记两条对角线的交点找到中心。现在可以开始铺设鹅卵石了，从中央有金属质感的蓝色圆石开始，然后是一圈圈白色、黑色和灰色鹅卵石。

4. 继续一圈一圈铺设，将较小的鹅卵石边角朝上，会更有趣味性。用木方和橡皮槌检查鹅卵石表面是否与周围铺路板处于同一水平面。

5. 边角处用较大的鹅卵石，颜色尽量选棕色和浅灰色，布置时尽量靠近铺路板，不要有太大距离。其余部分均照此原则完成。

6. 用更多鹅卵石填充剩余空间，选择合适的尺寸，尽量填补空隙。尽可能将鹅卵石布置得更紧凑。将要完工时，你可能会用更合适的鹅卵石取代之前布置的。

7. 用木方和橡皮槌再次检查水平。使用尼龙手刷将干粉砂浆填充到鹅卵石之间。砂浆凝固后会形成经久耐用的耐候表面。

8. 用手动喷水壶喷水，润湿砂浆，露出凸出的鹅卵石。通过喷水以及用湿布擦拭，清除多余的砂浆，但不要移动鹅卵石，也不要刮掉过多砂浆。

9. 经过润湿的砂浆最终会凝固。如果可能下雨，或天气炎热干燥，可用塑料布盖住。保证最终鹅卵石与铺路板齐平，人可以轻松地在上面行走。

地中海风格庭院的围墙

地中海风格设计可能会与庭院周围的建筑风格不搭。如果庭院四周不是普通的抹灰围墙，而是其他建筑物，那么我们可以通过使用不同的"伪装"和装饰手法，来创建符合地中海风格的背景墙。

上图： 灰突突的石墙，在蓝色木门和盆栽天竺葵属植物的衬托下变得生机勃勃。

油漆墙面

厚重的、质地粗糙的砖石漆，可以为凹凸不平的墙面做伪装。这类墙壁可能是砖石结构，也可能是个别区域带有抹灰的建筑墙体。追求速度的话，可以通过喷漆的方式，使用专门的喷涂工具，或者使用油漆滚筒。如果庭院四周都是高墙，只需粉刷到一楼门窗上方即可，这样有助于更好地界定庭院空间。

炎热的、阳光充沛的地区，房屋经常是白色的；但在凉爽、潮湿的气候下，这种颜色很快会变色，在灰色的天空下略显萧索。可以考虑搭配一点粉色、绿色、珍珠灰或天蓝色，或者选择典型的地中海色，比如赤陶色或怀旧的摩尔蓝。相邻的墙壁可以漆成

上图： 暗淡的赤陶色墙壁看起来像年代久远的灰泥墙，为这个地中海风格庭院营造出温暖闲适的氛围。

不同的颜色，明艳的颜色可以集中在一面墙上，营造一种户外巨型画布的感觉。

色。通过抹灰让这些特色与墙面更好地融合。

抹灰墙面

不甚美观的砖墙，比如使用轻型砖的建筑墙体，可以用水泥抹灰粉刷，作为庭院的背景。使用古朴的石器、新古典主义风格雕花托臂或陶土材质的挂墙面具，或者为蜡烛和油灯配个"壁龛"，这些方法都能令砖墙显得别具特

左图： 想要营造淳朴的、饱经风霜的感觉，可以使用木材染色剂，而不是木制品油漆。

右图： 颜色凸显了内墙和外墙的对比。

打造灰暗的陶土墙面

我们可以让一面简单的抹灰墙呈现出饱经风霜的灰泥墙的外观，为庭院营造一个古老的背景。这种效果更适合乡村风格的地面铺装、朴素的陶土花盆和优雅的掐丝金属家具。下面的例子使用的是一种偏棕橙色的柔和色调，也可以尝试将蓝色和绿色与少量铜色混合，以获得铜绿效果。或者，在浅色底漆上涂刷深蓝色或红褐色。

1. 确保抹灰墙完好。去除剥落的油漆，清除蛛网和污垢。如有必要，用聚乙烯醇（PVA）密封表面，干燥后上白色底漆，再上浅赤陶色乳胶漆。

2. 将少量深赤陶色颜料混入托盘内调好的颜料中，例如美术用亚克力颜料或油漆测试桶中的油漆。用一块海绵将涂料轻轻擦到墙上，产生斑驳的效果。

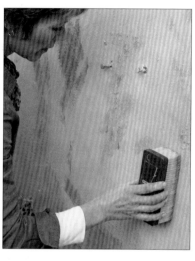

3. 用混合后颜色变深的涂料大面积涂刷墙面，工具使用壁纸刷、装饰刷，或者如图中所示，用一块海绵也可以，以圆周运动的方式涂抹。

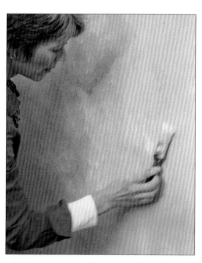

4. 用小漆刷随意涂上一些白色乳胶或亚克力颜料。刷子与墙壁接触，向下拖动，或用刷毛的尖端接触墙壁。

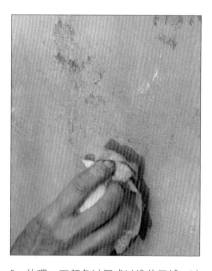

5. 处理一下颜色过深或过浅的区域，过深处用抹布擦掉多余颜料，过浅处填补颜料。白色区域是模仿墙面上渗出的盐粒轻。干燥后，上户外亚光清漆。不同的颜色可以使墙面更有质感，表面凹凸不平，更有年代感。

6. 这个背景非常适合地中海庭院温暖闲适的氛围。墙面上特别适合应用古旧质朴的装饰物，例如图中的铁制蜡烛灯，或者摩尔风格的掐丝金属屏风。

用格架装饰墙面

　　这种装饰格架的风格，已经在"传统风格庭院"的章节中有过提及（见 p.36）。装饰格架也适合地中海风格庭院，方法是用格子板搭配壁挂式花盆，红花绿叶从花盆中悬垂下来，与格子板相得益彰。格子板还可以打破红色或黄褐色砖墙一马平川的单调感，不失为一种既时尚又相对便宜的改造方法。可以选择方形或装饰感更强的菱形格子图案，搭配普通或弧形顶板，以适合整体氛围为宜。格子板之间可以安装栅栏柱，能产生一种"格架是不依赖墙面而独立存在的结构"的错觉，也能带来视觉上的节奏感。

　　用螺丝将格架拧到横向板条构成的框架上，如 p.19 所示（格子板后留出间隙，为藤本植物和爬墙灌木留出空间）。可以将格架漆成浅色或鲜艳的颜色，与砖墙形成对比，让视觉焦点前移，离开墙壁。后面的墙壁可以用反光的油漆粉刷，进一步增强这种效果。

上图：曾经的壁式喷泉改造成窗户造型的壁龛，用装饰性瓷砖做"窗框"，粉红色的天竺葵属植物从窗口溢出，形成一个引人注目的焦点。

上图：蓝色菱形格架，成为摆放花盆的框架，井然有序。

上图：通过粉刷墙壁，让墙面与藤本植物形成对比，比如这里的三角梅。

上图：干燥的石墙上可以栽种耐高温的高山植物和耐旱的多肉植物。

活的伪装

使用固定的木制格子板或用镀锌钢丝拉出水平或垂直的框架（参见 p.18 的方法），都能作为藤蔓的支撑结构，帮助我们用植物来伪装墙壁。郁郁葱葱、生长迅速的藤本植物适合阳光充沛的庭院，包括西番莲、智利悬果藤（橘红色花）、皱果茄（白色或紫色花）等。常绿的小木通，有杏仁香味，晚春开花，叶有光泽，看起来颇具异国情调。素方花和金银花让人联想到闷热的夜晚。金银花在阴凉处茁壮生长，适合与攀缘的绣球属植物（如冠盖绣球）或有奶油色斑点的加拿利常春藤（如"马伦戈荣耀"）搭配种植。

灌木也适合在庭院中种植，注意要修剪成一定形状，并进行适当绑缚，以防止过度生长。四季常青、带有蜂蜜香味的伊夫普莱斯荚蒾，花期贯穿整个冬季，可以修剪成半锥形。如果喜欢花叶、株形圆润的种类，可以种植薄叶海桐"阿伯茨伯里金"或"银公主"，以及相对比较耐寒的意大利鼠李。

创造边界

新建一堵砖石边界墙的成本可能会令人望而却步，不过我们可以使用相对便宜的混凝土或轻型建筑用砖（煤渣空心砖）。要让围墙融入设计，可以用抹灰处理墙面，然后刷上油漆。墙头可以考虑使用压顶石或瓷砖。墙顶可以用回收陶土瓦做成坡面，或者用石板或陶土效果的铺路板做成平顶。如果可能的话，可以点缀一些细部处理，如扶壁或窄窗，增加趣味性。

标准的木制围栏，特别是不同风格混合使用时，需要按照地中海风格庭院的特点，用统一的材料进行伪装，如竹子或芦苇栅栏。这类材料都可以成卷购买，使用重型钉枪固定到围栏后即可。如果要在庭院内划分空间（例如，划出一个私密的用餐区），可以使用同类材料制成的格子板或格架。轻型格子板只需要直径 8cm 的支撑柱。可以将支撑柱固定在金属座上，便于未来更换（混凝土地面也适合这种方法）。或者，可以考虑使用带种植槽的格架，栽种植物非常方便，植物的色彩和香味也会为格架增色。如果把滑轮固定在底座上，格架还可以方便地移动。

上图：芦苇或竹条板材，可以用作果蔬区的背景。

地中海风格庭院的植物和种植容器

上图：大号的克里特陶罐，成为庭院中一个引人瞩目的焦点。

毫无疑问，布置地中海风格庭院的两个最重要的元素是植物和种植容器。陶土是标志性材料，而植物基本上都是能适应地中海地区几乎无霜冻气候的品种，如葡萄、柑橘、棕榈和多肉植物。

地中海风格的花盆

各种形式的陶土花盆是地中海风格庭院的理想之选。一定要购买具有防冻标识的花盆，而不是听信卖家的保证。不同种类的黏土，在较高的温度下烧制，都能制作出高质量的花盆。不要用有明显裂缝或有表皮剥落的花盆。用指节轻轻敲打，听听是否有类似铃响的声音。如果听到沉闷的砰砰声，花盆可能有细微裂缝。为了防止水分流失，除了那些需要快速排水的植物，如多肉植物，可以将薄塑料垫在陶土花盆里，但不要盖住排水孔。用与花盆匹配的配件将花盆垫高，不仅外观更优雅，而且有利于排水。

上图：回收的器物可以用作种植容器，比如这个带手绘图案的水槽，里面栽种了天竺葵属植物和蔓生荆芥。

上图：金属架上的陶罐变成了栽种秋海棠的花盆。

如果是比较精美的非防冻花盆，冬季可能需要保护。可以用气泡膜（带泡泡的塑料纸）、温室保温羊毛毡或以稻草填充的麻布袋将花盆原地包裹起来。或者，也可以将花盆移至无霜冻的位置。

简单的、传统造型的花盆可以比较随意地组合使用，对大多数设计来说都适用。有些表面带一层淡淡的白色光泽的花盆，特别容易让人联想到地中海地区炎热干燥的花园，还有些花盆的造型和表面设计也很适合地中海风格。罗纹橄榄缸下粗上细，开口

小，通常不适合种植植物，但具有不容忽视的体量感，跟一系列小花盆摆在一起可以"镇场"，或者我们也可以将其改造成水景。古希腊或罗马风格的双耳细颈瓶，有圆形底座和把手，通常置于金属架上，也可以放在地上，种上多肉植物，看起来就像植物从瓶口溢出一样。这两种类型的容器都适合希腊罗马式、摩尔或希腊岛风格的设计。如果是意大利文艺复兴或里维埃拉风格的庭院，可以使用装饰性更强、更华丽的花盆和花瓶。如果是偏乡村风格

上图：大号陶土花盆种植银叶菊，小号花盆种植天竺葵属植物。

多肉植物和仙人掌

即便处在凉爽的温带或海洋性气候地区，庭院有充足的降雨，但这并不妨碍我们选择一些耐旱植物，这类植物能让庭院显得干燥而温暖。一年四季都可以在户外种植的植物包括长生草属植物，还有看起来与之类似的神须草属植物。这两类多肉植物被戏称为"母鸡和小鸡"，因为其生长习性是匍匐群生，母体植株被旁边长出来的幼株包围。这类植物适合种在浅盆里，使用快速排水的堆肥土，或者也可以嵌入地面或墙面铺装的缝隙中。

大多数匍匐生长的高山景天属植物也耐寒，冬季能保持常绿，只要做好排水即可。其中，有些植物具有鲜艳的色彩，如蓝白色

上图：陶瓷种植槽里的长生草，极具观赏性。

的质朴型庭院，可以使用杂乱的廉价容器，如旧橄榄油罐，刷上油漆，颜色可以是与门和百叶窗相同的天空蓝或薄荷绿。

的白霜景天和深紫红色的红毯景天等。同时，也可以用这类植物装饰屋顶花园。

栽种龙舌兰

多肉植物，比如极具造型感的龙舌兰，是盆栽植物的不二选择。但这类植物需要比较特别的栽种方法才能保持其健康生长。排水至关重要。多肉植物可以在花盆里生长几年，完全不用担心被花盆束缚，不过夏季定期浇水和施肥会有助于生长。而冬季则应大幅度减少浇水，并将其转移到有顶棚的、明亮的、无霜冻的地方，比如无暖气的温室。如果没有这样的条件，可以把多肉植物搬到常绿植物下方，或者搬到阳光明媚的墙角，也能起到庇护作用，使其免受霜冻损害，并保持相对干燥。

1. 使用西班牙或摩尔风格的细颈花盆意味着未来移栽的时候必须打破花盆。需要在花盆底部放一块瓦片或石头，以防排水孔被土块堵死。

2. 将普通盆栽土壤与一定量的园艺沙混合，确保排水良好。土壤过湿会导致根部腐烂。冬季气温下降时，快速排水有助于植物存活。

3. 将混合好的土壤倒入花盆，放入植物，试试大小。土壤表面应位于花盆边缘下一点儿，以便浇水。用土壤填补根球周围的空隙，轻轻压实。充分浇水。将花盆置于底座上，确保排水畅通。

其他多肉植物

能在阳光明媚的庭院里生长的多肉植物，品种多到超乎我们的想象！只要花盆保持干燥，越冬也不成问题。不妨试试石莲花属植物和十二卷属植物，玫瑰花般的造型仿佛精美的雕刻。另外，还有鲨鱼掌、青锁龙和芦荟的一些品种也不错，尤其如果是人工栽培的品种，通常还会开出鲜艳的橙色或粉色花朵。

大株的多肉植物，种在花盆里非常吸引眼球，不过想要越冬的话，一定要放在温室里，比如龙舌兰（栽种步骤见 p.69）和"黑法师"（景天科莲花掌属，叶近黑色）。也可以选择多刺的仙人掌，扁平椭圆的造型颇具观赏性。

上图：墙头摆放一排盆栽龙舌兰，别具亚热带风情。

花朵：形态和气味

地中海地区的天然景观通常散发着各种香味。我们可以选择不同的香味，比如各种松树，以及草本地被植物和灌木，如青蒿、百里香、牛至、鼠尾草、迷迭香、薰衣草、岩蔷薇、木糙苏（别名"耶路撒冷圣人"）等。尽可能用花叶或彩叶的草本植物作为开花植物的背景。另外，薰衣草、迷迭香和柠檬马鞭草这类不耐寒的灌木尽量布置在靠近门口和座位区的地方，这样每次微风吹过都会散发出迷人的香味。同样，散发水果香味的洋甘菊、芳香扑鼻的百里香和科西嘉薄荷很适合栽种于铺装缝隙中。

除了有晚香的素方花、金银花、胭脂花（别名"秘鲁奇迹"）等，拱门和藤架上也可以种植紫茉莉，芳香的花朵刚好垂在头顶上方。也可以选择藤本月季。

大量的、五颜六色的盆栽开花植物是地中海风格庭院的典型特征。可以选择一些经典植物，如天竺葵属植物。用来装饰小天井的植物可以选择玛格丽特雏菊、蓝眼菊、绣球（八仙花）、百合以及能开出橘红色花朵的勋章菊和非洲雏菊。澳大拉西亚的开花灌木越来越受欢迎，从红千层属植物到一些不太常见的植物，如铁心木属植物和银桦属植物。如果有温室的话，还可以选择一些更不耐寒的灌木和块根植物，如紫色的巴西野牡丹、气味芳香的白花木曼陀罗（木曼陀罗属植物）、美人蕉属植物等。

上图：草本植物和喜光芳香植物，如薰衣草和摩洛哥薄荷，平添了一丝地中海野生自然景观的味道。

上图：大号陶土花盆，内衬塑料，可以种植永久性植物，如藤蔓植物或月桂。

葡萄藤整枝法

p.70 右下图所示的种在意大利陶土花盆中的葡萄藤,是按照单蔓形式进行的整枝。支撑物是凉廊坚固的柱子,水平的枝蔓刚好在屋顶下。结果的时候,一串串葡萄就会垂下来。土壤可选用园艺店出售的堆肥土,掺入腐熟粪肥,因为葡萄藤会在这个花盆里生长好几年。

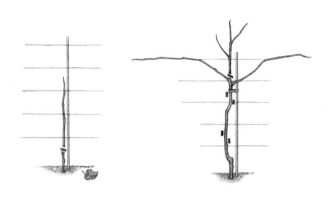
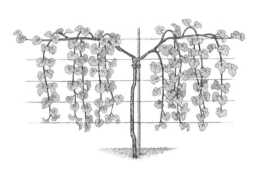

1. 先选一株已经生长一年的葡萄藤冬季种植,将主枝在离地约 15cm 的地方剪断。夏季,随着新的主枝生长,进行绑缚。冬季时,再次剪断主枝,这次留下前一年长出部分的一半。在主枝生长的过程中进行绑缚。持续此操作,直到达到所需高度。

2. 第三年隆冬时,除去主枝上所有侧枝,除了位于钢丝下方的两根。把这两根侧枝弯曲,绑在水平钢丝上。夏季,这两根侧枝上又会长出侧枝并垂下,即悬枝,形成别具特色的悬藤造型。

3. 让悬枝每隔 30cm 出现一根。除去其他侧枝。植株长成后,在冬季修剪,保证所有悬枝只留 1~2 个向上的芽。前一年生长的支脉上留一根侧枝。大串的葡萄可以进行疏果处理,以得到更大的果实。

特殊造型

棕榈属植物,如棕榈和欧洲矮棕,以其巨大的叶片,可以为庭院平添一丝异域风情。树蕨也有类似的外观,适合栽种在阴暗的角落,特别是如果下面那截"树干"长得好,会更具观赏性。

如果想要"绿叶喷泉"的效果,可以种植澳洲朱蕉。普通叶片品种的澳洲朱蕉很耐寒,只要排水良好就能越冬,最终长成一棵小树。澳洲朱蕉是常见的庭院盆栽植物,品种有紫叶和花叶,只要不受霜害,可以多年存活下去。如果庭院完全露天,没有庇护,可以选择更耐寒的麻兰。麻兰有一簇簇粗壮的带状叶子,对土壤也不挑剔。人工栽培品种的叶片有紫色、黄色、铜粉色及花

上图: 澳洲朱蕉细长的叶子为这个热带庭院拓展了纵向的维度。

上图: 凤尾丝兰有漂亮的花穗,堪称"活雕塑"。

叶等,但不像天然品种那么耐寒,但做盆栽确实更美观。丝兰属植物的尖叶也很吸引眼球,特别是

黄色的品种,如金边凤尾丝兰和明亮边缘柔软丝兰。

地中海风格庭院的构筑物和家具

轻松悠闲的地中海式生活方式，总是离不开闲坐、吃喝和露天烹饪。藤架和凉廊这类结构也必不可少。大多数地中海风格庭院的家具都很简单。我们可以选择普通的木质座椅，再添一张马赛克或大理石桌面的桌子，就可以轻松享受地中海风情。

上图： 看似不匹配的长椅和靠垫，营造出一种随性之感。

左图： 凉亭背景墙采用蓝色和赤陶色，非常吸引眼球，搭配大体量盆栽植物，营造出浓郁的地中海风情。

可以从园艺店或家装店购买配套的组装件，如果想营造乡村氛围，可以考虑使用回收利用的木材。如果是混凝土地面，可以在金属座上打入螺栓，固定藤架的立柱（见 p.185 的方法）。避免使用花里胡哨的格架。确保头顶有足够的高度，一旦藤本植物生长起来，下面不会产生令人恐惧的幽闭感。2.5m 的净空，通常就足够藤本植物生长了。大而结实的立柱，包括天然石材或抹灰砌块，以及厚重的横梁，都会给人一种坚固可靠的感觉。

意大利式凉廊是一个开放的、有顶棚的区域，靠墙建造，在这里可以全天候观赏花园。倾斜的顶棚上可以铺设旧陶瓦，立柱则可以使用回收利用的橡木或硬木梁，营造一种年代感。可以将内墙漆成白色或淡粉色，反光效果更好，可以在地面铺设装饰地砖或鹅卵石。

如果庭院足够大，可以搭建木质小凉亭，尤其适合建在角落。用陶瓦代替普通的屋顶毡盖，能让凉亭看起来更朴实。使用木材染色剂或户外油漆，营造地中海风情，颜色可以选矢车菊蓝，这

遮阴藤架

藤架虽不是地中海风格庭院的专属元素，但确实很适合地中海风格。藤架能给阳光充沛的庭院带来一片惬意的阴影，阴影处可以布置座椅。木质藤架，无论是独立结构还是靠墙搭建，均可以用廉价的芦苇垫作棚顶，夏季会在地面上投射出不断变化的斑驳的阴影。年底时可将藤架移走，以免挡光，对于气候凉爽、多云的地区很重要。出于同样的原因，建议在藤架上种植落叶藤本植物，如葡萄藤、攀缘蔷薇、紫藤、皱果茄、素方花等。

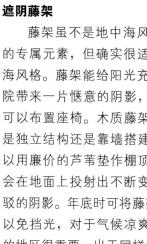

上图： 藤架上缠绕着紫藤，为这个阳光明媚的地中海式露台带来一丝惬意的阴凉。

是非常适合搭配赤陶色的背景色调。像这样的构筑物可以容纳并隐藏水疗池，而更常见的北欧风格的小木屋则会显得格格不入。

小庭院的储藏空间往往是个问题。有现成的木棚可以购买，但用在地中海风格庭院里看起来可能不太理想。可以靠着房屋侧墙用混凝土砌块建个披屋，墙壁进行抹灰处理，使用回收利用的旧木门，屋顶上种植多肉植物。此外，可以在抹灰矮墙上建造储物空间，通过铰链式木椅进出。

户外用餐

地中海风格庭院的一个常见做法是靠墙布置简单的木炭烧烤炉箅，旁边是储藏木料的地方。如果空间允许，还可以安装一个传统的带烟囱的烤箱。嵌入墙内的壁橱可以放置碗碟、玻璃杯、

香料和调味品，花池的矮墙可以改造成休闲座椅。

一张大号餐桌，比如由回收木材或石板制成，可以一年四季都留在外面。精心挑选，这样的桌子可以用作雕塑。夏天餐桌周围可以摆放一圈各式各样的椅子，比如柳条编织的座椅，能营造一种希腊小酒馆的随性感。

左图：靠近后门的地方布置一个简单的用餐区，露天烹饪和就餐都很方便。

如果空间有限，可以选择小的、正方形或圆形的咖啡馆风格的桌子，搭配折叠椅。马赛克桌面搭配金属框架，这样的桌子非常适合意大利或摩尔风格。也可以使用大理石桌面，下面用厚重的铸铁底座支撑。

金属丝工艺桌椅能够平添一丝优雅，赋予旧时代风格的庭院以个性，比如爱德华时代的风格（英国国王爱德华七世统治时期）。劳埃德织布机扶手椅也很适合这种风格，周围可以摆放郁郁葱葱的盆栽绿植和鲜花。华丽的黑色熟铁桌椅能让人想起威尼斯的别墅，精巧的配套餐具和玻璃餐桌则适合更精致的环境。铁制品要避免直接铺在地面上，以免出现锈迹。

木头摸起来很温暖，不像金属，无论是坐在摩洛哥风格的雕花凳子上啜饮薄荷茶，还是舒展四肢躺在老式的折叠躺椅上，都能领略到木材的自然之美。木制家具风格各异，从浮木制成的粗凿长凳到成套的经典硬木桌椅等，不一而足，最好再配上殖民地风格的帆布遮阳伞。热带或温带硬

上图： 马赛克桌面，搭配涡卷装饰工艺熟铁框架，为这个庭院的用餐空间增添了一丝意大利风情。

木，可以从可持续种植园中取材，非常耐用。不过，更为环保的做法是就近寻找回收材料制作家具。在地中海地区，我们经常会看到家具在户外使用，比如农家风格的厨房餐桌。旧物市场上能找到这种二手家具。

柳条或藤条不防风雨，但可以用在凉亭或凉廊里。如果喜欢

柳条那种闲适的感觉（天然的或者漆面的），也可以选择由经UV表面处理的亚克力材料制成的替代品（UV表面处理是一种依靠紫外线光来固化涂料或者油漆的方法）。一般比较便宜的产品都是喷涂的，着色层容易磨损，而比较贵的产品则是整体着色。

上图： 这个简单的马赛克桌面以蓝色的几何图案为主题。

上图： 石桌、长椅、装饰性地面铺装，营造出一个宁静的空间。爬满藤蔓的藤架在地面投下斑驳的阴影。

如何制作马赛克桌面？

地中海色彩与马赛克桌面相结合，就是一件引人瞩目的家具。下图中的桌子由13mm厚的户外胶合板制成，天气好的时候可以在室外使用，但在雨季或冬季需要移至室内。以下介绍的是一个简单的花卉图案，也可以自己设计更抽象的图案，不需使用模板。例如，可以设计成一系列波浪线横穿正方形或长方形桌面，或者简单地构建一系列直径不同的同心圆，使用不同的色调形成对比。

1. 在胶合板中心钉一枚图钉，图钉上拴一根绳子，绳子另一端系一根铅笔，画出桌子的周长。用锯将桌面锯下来。把选择的设计图案描在描图纸上，用软铅笔粗粗地画线。

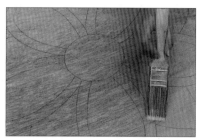

2. 将描图纸放在胶合板桌面上，铅笔线朝下。将中心对齐，用铅笔在线条上摩擦，让图案转印到胶合板上。用稀释的聚乙烯醇（PVA）密封胶合板，包括边缘。

3. 戴上护目镜，用瓷砖钳把玻璃马赛克瓷砖切成1/2和1/3大小，这样便有了各种不同的宽度。每种颜色放一小堆。留些完整的瓷砖，以便后期切割成其他大小和形状。

4. 用一把小刀将防水瓷砖黏合剂涂抹到桌面上，一次涂抹一个区域，厚度约3mm。选择4种颜色的瓷砖碎片，将其压入黏合剂中，碎片之间留一点间隙。

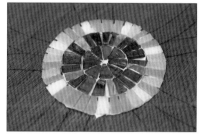

5. 准备铺设下一个区域，溢出的黏合剂要及时擦去。圆圈中心部分用两种颜色的马赛克填充。为了实现整体设计效果，瓷砖碎片应为楔形。

6. 按照同样的方法，填充花瓣部分。首先用瓷砖碎片的边缘勾勒出花瓣的轮廓，然后填充。就该设计而言，这部分宜用浅色瓷砖。瓷砖可灵活切割，以便填充整齐。

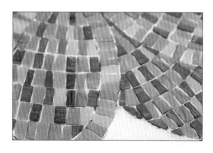

7. 用深色瓷砖碎片填充尖尖的花瓣。用最浅色的瓷砖填充花瓣与桌子边缘之间的空隙。完成后，干燥一天。

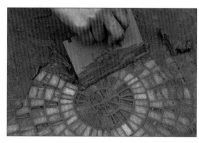

8. 戴上橡胶手套，在桶里搅拌水泥浆。使用瓦工抹刀将水泥浆注入马赛克之间的所有间隙。用湿海绵擦拭桌面和边缘，去除多余的水泥浆。最后，用柔软的干布擦净。

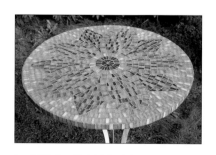

9. 干燥后，将桌面翻过来，用聚乙烯醇（PVA）涂抹背面，然后晾干。将瓷砖黏合剂均匀涂抹于背面，进行密封。干燥后，用螺丝将桌面固定在金属底座上。

地中海风格庭院的装饰和水景

在地中海风格庭院中，装饰通常来自功能性元素，如马赛克地面铺装、铁制格栅、涂漆百叶窗以及小件的家居物品。花盆和种植容器、家具或灯具也能起到装饰作用。沟渠、水池和喷泉能让庭院空间更加丰富，引人注目。

上图：一只简单的水罐，置于池边，就是很好的装饰。

摩尔风格

许多元素或隐约或直白地暗示着摩尔风格，比如漆成古旧陶土效果的抹灰墙、独特的拱形门或窗洞、雕花木屏障以及华丽的瓷砖地面铺装。水景可以是规整的水渠、雕刻大理石（或合成树脂材料）喷泉或马赛克水池。后者可以简单地用马赛克片材装饰，用防水瓷砖胶泥（防水且防冻）固定在混凝土基底上。马赛克片材就是单片的方形瓷砖（镶嵌砖）呈网格状排列固定的片材。只需用灌浆工具把水泥浆灌进缝隙里，然后把多余的水泥浆擦掉即可。

家具、花盆、织物和照明的选择可以带来更多的变化。可以选用上面有复杂雕刻花纹的摩洛哥六角形木桌，搭配配套的凳子。也可以选择大号黄铜雕花水壶，或壁挂式置物架。还可以选用摩洛哥金属灯具，以及色彩丰富的靠垫和沙发套。

典型装饰元素

地中海风格庭院通常到处都是花盆和种植容器，为装饰带来许多机会。罗纹橄榄缸、双耳细颈瓶、陶土花瓶和罐子这类东西可以少量使用，作为空间的焦点。即使是破碎的花盆，种上多肉植物，看起来也很"地中海"。

除了粉刷墙壁，营造一种做旧的效果之外，我们也可以使用模板，比如 p.85 介绍的瓷砖图案模板。用砂纸摩擦部分涂漆区域，可产生做旧效果。

也可以在墙上挂一些装饰性的牌子，以突出选择的设计风格，包括陶土或金属材质的徽章，尤其适合那种质朴的、以白浆粉刷围墙的庭院。生锈的熟铁格栅可以从园艺商店购买，安装在围墙上的小窗洞里，或者花园大门上方。或者，格栅和墙之间可以放置一面镜子，营造一种有光线穿过的错觉。最后，布置五颜六色的窗栏花箱或壁挂式盆栽。

新古典主义风格的壁挂面具和陶俑饰品适合意大利风格的庭院，我们也可以在壁龛或墙上的石雕托臂上布置一个小雕像或半身像以及一盏油灯。

上图：壁龛让装饰物更突出。

上图：废弃的铁制品，也可以善加利用。

上图：古怪的马赛克图案，很适合家庭庭院轻松的氛围。

上图： 马赛克地砖让这个小喷泉更醒目。

左图： 砖砌拱门，藤本植物，以及简单的抹灰墙，让雕塑更突出。

水池。如果空间足够，想让水在视觉和听觉上都充斥整个空间，就建一个狭长的水池，配弧形喷水器，让人联想起西班牙的阿尔罕布拉宫。不过，切记，流水声可能会变成一种噪声，并不像我们想象中那么惬意！

上图： 摩尔风格的瓷砖水池，搭配棕榈属植物和涓涓流淌的喷泉，让空气更凉爽。

水景

　　通常，庭院地面空间有限，因此壁挂式水景就非常理想了，例如独立的陶土壁式喷泉，或者壁式喷口，将水注入矩形或半圆形壁式水池中。设计可以根据构想进行调整。如果选择摩尔风格，可以考虑给水池贴瓷砖，四周用深蓝色；如果选择希腊岛风格，水池的侧壁可以用抹灰处理，四周铺设陶土砖，可以坐人。

　　如果是面积狭小、光线不好的庭院，中央喷泉能让空间显得更加轻盈灵动。注意！设计不要太复杂。如果空间有限，可以让水跌入下面隐藏的水箱，而不是

庭院水景小妙招

· 用鹅卵石和植物来伪装连接喷泉的电线和水管。

· 调整水泵的出水口，使其发出柔和的流水声，或在水流进入水池前用石头作为缓冲。

· 尽量选用大的隐藏式蓄水箱，里面垫一层塑料布，以减少水分流失。

安全提示

采取预防措施，防止儿童靠近水池或其他水景。

水渠的建造

地中海风格庭院，尤其是融入了西班牙或摩尔风格的庭院，可以使用浅水渠来突出规整的布局，或创建一条中轴线。狭长的水面看起来像一根水银线，映照着天空，尤其适合阴暗的庭院，能充分利用自然光。水渠的源头处可以布置一下，如下图，摆一圈盆栽植物，非常简单，效果也不错，值得借鉴。

1．在水渠的排水处建一个足够大的蓄水池，以容纳渠中所有水。将潜水泵放入充满水的蓄水池中，顶部放一块铺路石，以防光线和杂物进入。

2．在拟定的水渠位置，使用衬层材料和混凝土模子，建一条防水浅渠。

3．在混凝土水渠旁，在较浅处埋入一根波纹管，将水输送到水源点（本例中是一个陶土水瓮）。波纹管有不同口径，可直接购买，安装在潜水泵出口处，另一端通过陶土水瓮的排水孔接入。接入陶土水瓮的水管，连接不需要完美匹配，因为接入点高于瓮内水面。特别重要的一点是，如果水渠的末端不靠近墙，最好用茂盛的植物或大量盆栽来遮挡入水点。

4．潜水泵开启时，水在陶土水瓮中冒泡，溢到水渠里，流回蓄水池。随着水的蒸发，需要不时加水，以维持水位。

水渠侧视图

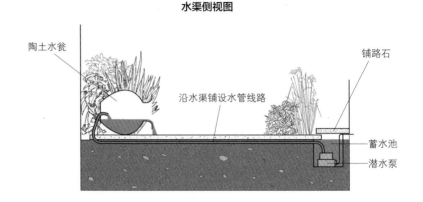

水渠剖面图

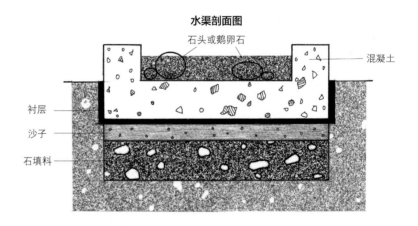

右上图： 侧视图显示了水是如何自动循环的，从蓄水池到陶土水瓮，再到水渠。

右中图： 水渠需要坚实的地基，以防止由于地面固结不良而导致的塌落或开裂。

右下图： 简单的脚踏石可以起到桥梁的作用，实现了庭院两部分之间的衔接。

溢水瓮的制作

　　自给自足的水景，比如溢水瓮，是没有足够空间容纳水池的小庭院的理想选择。这种水景对儿童来说很安全，而且因为泵是低电压，不连接变压器，所以安装也很安全。通常情况下，这样的一个水景花几个小时就能制作完成。

1．选择一个适合庭院风格的陶瓮，内外涂几层稀释的聚乙烯醇（PVA），既是防冻处理，也能让水溢出得更均匀。

2．将这个陶瓮放在花池里。高于地面的位置会让水景效果更显著。如果庭院里刚好有个混凝土底座，则可以把陶瓮放在上面，而不是向下挖埋进土里。

3．清除边缘锋利的石头，用水池或地毯衬垫遮盖开口，再盖一块丁基橡胶。折叠一块衬垫或橡胶，垫起支撑陶瓮的砖。用水泥将上述部分固定在一起。

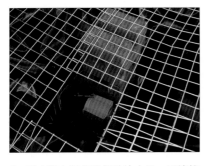

4．用小型水平仪确保砖块水平。用镀锌金属网覆盖在开口上。边缘重叠，以确保支撑牢固。用钢丝钳在金属网上剪一个孔，以置入潜水泵。

5．把潜水泵放入水箱，穿过花池后部的金属网将电线送入。将潜水泵接入置于防水外壳或建筑物内的变压器。请专业电工检查所有连接。

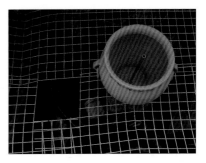

6．在陶瓮上钻一个排水孔，以容纳直径10mm的水箱连接器。或者，在陶瓮中固定一个直径10mm的硬铜管，切割铜管，使其与陶瓮的边缘齐平。连接软管处，密封。

7．在不破坏密封的情况下拆卸水箱连接器。将陶瓮放在砖底座上，通过顶部的槽将软管送入，然后向下穿过缝隙将其固定到位，并将其连接到潜水泵的出水口。

8．水箱中注入水，使用潜水泵的出口调节器，调节通过铜管的水流量。把喷口关小，让水面微微起泡。用土工织物覆盖金属网，以免杂物进入。最后用鹅卵石进行装饰。

地中海风格庭院的照明

当夜幕降临，在私密的庭院中，点燃桌上所有的茶蜡，会带来一种惬意又浪漫的仪式感。摇曳的烛光和油灯，营造出地道的地中海风格庭院氛围。出于方便和安全的考虑，可以适当地用电灯代替。

上图：浪漫的白光透过彩色玻璃鱼透射出来。

左图：铜绿色壁灯负责露台的泛光照明；向上照明的吊灯点亮了藤本植物。

传统风格的木雕或铁艺家具、马赛克桌面和摩尔风格瓷砖，这样的照明会是完美的画龙点睛。也可以购买具有类似设计特征的陶瓷灯笼。简单的黄铜灯、铜油灯和凝胶灯适合用在这种风格的庭院中，特别是布置在熟铁三脚架上，或挂在拉线上。

照明创意

照明灯具的选择取决于想要呈现的效果是：荫凉的绿洲，像马拉喀什传统住宅的中庭那样，还是简单的希腊岛风格庭院或者意大利别墅精致优雅的露台。

如果庭院有简单的抹灰墙和地砖，可以在壁龛、窗台或水池边缘布置宝石色玻璃茶烛架，增添一丝别致的浪漫。与之类似的彩色玻璃罐烛光灯，带金属丝手柄，可以挂在藤架或树枝上。想要星光效果，可以在藤本植物或爬墙灌木上布置拉线白色小灯。最简单的创意往往能带来最现代的效果。试试将大块蜂蜡或教堂蜡烛与朴素的陶土花盆相结合。用沙子、砾石或彩色碎玻璃将其固定在适当的位置或适当的高度，也可以布置在植物中间，或沿墙基均匀排列。

精致的黄铜或银色金属灯笼是北非的标志。当灯光点亮后，阴影图案投射到墙上，会营造出一种奇妙的氛围。如果你用的是

安全提示

不要让明火无人看管，确保灯具放置的位置安全。灯具可能会变热，应小心移动。

上图：彩色玻璃灯发出的柔和灯光，烘托出地中海氛围。

壁灯

威尼斯人对整个地中海地区的建筑产生了深远的影响。优雅的黑色熟铁壁灯，非常适合传统的意大利风格庭院，这类庭院通常有陶土花盆、月桂树雕和盆栽橄榄树。现在这种灯具大部分都是通过电力照明的，但也有一些壁挂式蜡烛灯，更能让人想起那个古老的时代。生锈的铁制品或铜绿效果能营造一种古老的优雅氛围，适合与乡村或老式风格的物件搭配。回到古典时代，火把式铁艺灯自带戏剧性效果，特别适合户外用餐空间，现在还能买到电力照明款，尤其好用。铁艺烛台是一种奢侈的享受，经常出现在搭配壁灯的设计中。

雕塑照明

向上照射的不显眼的黑色或拉丝金属迷你灯，非常适合给雕塑、花盆和水景投光，应布置在地面下或铺装层中，让灯具更加不显眼。有节制地使用这类灯具，可以巧妙改变庭院夜间的景象，或者让那些白天可能会消失在背景中的设计亮点凸显出来，尤其是阴暗的角落。

从侧面向上照明，能凸显雕塑的立体造型，呈现出最佳视觉效果。如果是经典的半身像或壁挂式面具，从下面向上照明效果会更具戏剧性。

上图： LED 节能灯织成一张细密的网，模拟灯光透过摩尔风格的回纹屏风的效果。

左下图： 弧形铁艺灯具与地中海地区常见的威尼斯风格相呼应。

下图： 像这样的一盏传统摩洛哥灯具，为摩尔风格的庭院增添了点睛之笔。

案例分析：托斯卡纳一角

这座庭院以赤陶色和深褐色为主色调，设计质朴，可以让人联想到周围环绕着橄榄林、葡萄园和薰衣草田的古老乡村农舍。房屋外墙保证了一天中最热的时候一半的庭院空间都在阴凉下。夏季，盆栽蕨类植物环绕的瓷砖水池会成为庭院中一个凉爽的焦点。

上图：进入庭院的台阶以盆栽鲜花作装饰。

这个庭院的抹灰墙和花池都是用廉价的煤渣砖建造的。边界墙的墙顶用的是回收的黏土屋顶瓦，简单的波形瓦看起来随意自然。墙面是温暖的杏色，对铜锈效果的桌椅和蓝色瓷砖水池来说是理想的背景。与瓷砖相同的图案也出现在墙面上，墙面进行了做旧处理，营造出一种古老的感觉。

另一个简单的设计是地面铺装的处理。夯实的底层石填料上铺了一层暖色砾石，颜色与墙面呼应，人走在上面，脚下会发出令人愉悦的嘎吱声。户外地砖铺设在砾石上，形成简单的网格形，兼具质感和趣味性。

其他低调的装饰元素包括双耳细颈瓶，以及陶土花盆中的绿雕植物。极具造型感的植物烘托了地中海氛围，品种包括油橄榄、金边凤尾丝兰、加拿利海枣、林刺葵、麻兰、无花果等。霜冻在这里很少见，所以花池之间的空地上种植的是温室植物。

从 p.84 的手绘效果图上可以看出，这个庭院是按照"休闲私密户外空间"的设定来设计的。可以通过外部楼梯从楼上进入庭院，也可以通过水池后面的法式大门从地面进入。天气温暖时，法式大门可以保持打开状态。瓷砖水池有摩尔风格的色彩和图案，是庭院中一个宁静的焦点。这里不需要复杂的园艺劳动，备用植物、喷壶、防风雨设备、堆肥土等都可以藏在影壁墙后。

右图：矮墙墙顶使用旧陶土砖，在这个地中海风格庭院四周形成了一圈极具质感的影壁墙。

打造地中海风格庭院

地面铺装
· 使用沙滩砾石或燧石渣，与缸砖或粗糙的石板区域形成对比。
· 可以考虑用砂岩地砖，搭配陶土/黏土小方砖或镶嵌鹅卵石。

围墙
· 粉刷砖墙（或煤渣砖墙）和花池挡土墙，营造一种暗淡的陶土效果。
· 边界墙墙顶采用陶土波形瓦或凹凸不平的石板。

植物
· 选择常绿的基础植物，如细高的意大利柏树、甜月桂、丝兰、耐寒的棕榈、橄榄树和简单的绿雕植物。
· 花盆中栽种耐旱的多肉植物和天竺葵属植物。
· 阴凉处种植锦熟黄杨、八角金盘和蕨类。
· 靠墙的花池能为香草、沙拉蔬菜和地中海藤本植物带来温暖的环境和良好的排水条件。

种植容器
· 选择朴素的陶土花盆，比如传统的克里坦花盆或双耳细颈瓶。
· 用钢丝将花盆固定在墙上。

构筑物和家具
· 使用简单的木制和金属折叠家具，更具乡村风情。
· 试试马赛克桌面、上漆的破旧木家具、旧的钢丝椅或柳条椅。

水景
· 一个小水池或壁式喷泉，能带来夏日的清凉。

"托斯卡纳一角"庭院平面图

花盆和幼苗储藏区

壁挂植物

壁挂面具

房屋外墙

砾石

墙面印花（见 p.83、p.85）

台阶

希腊双耳细颈瓶

植物列表

1. 七叶鬼灯檠
2. 欧紫萁
3. 变色龙鱼腥草
4. 凤头蕨
5. 麻兰
6. 大花木犀
7. 矮锦熟黄杨
8. 锦熟黄杨
9. 红叶木藜芦"彩虹"
10. 加拿利海枣
11. 油橄榄
12. 金边凤尾丝兰
13. 榕树"棕色火鸡"
14. 黑叶芋"黑魔法"
15. 百里香"粉色印花"
16. 大叶假虎刺
17. 银香菊
18. 红盖鳞毛蕨
19. 天竺葵属植物

上图：矮墙温暖柔和的色调，搭配圆润的绿雕植物以及尖叶的丝兰和麻兰，形成和谐的背景。

上图：锦熟黄杨修剪成圆润的球形。

上图：百里香"粉色印花"种在花池里的橄榄树下。

上图：欧紫萁让冷硬的水池边缘显得更柔和。

上图：银香菊可以种在花盆里，也可以用作地被植物。

水池的建造

　　侧边高于地面可以让水池更突出，还可以坐在池边休息。右图所示的是一个独立式水池，也可以靠墙建造，还可以加个喷水口。

1．划出水池的位置。整平并夯实该区域。挖一个方形沟槽作为墙基（30cm深）。添加石填料并夯实，上面覆盖20cm的混凝土并整平。

2．用煤渣砖砌筑池壁，用砂浆黏合。用水平仪检查侧面是否平坦，以及是否与池底垂直。

3．墙砌好后，用5cm厚的软沙填实基层并夯实。

4．用一块黑色丁基橡胶池衬做防水，角落处折叠起来，侧壁的煤渣砖多覆盖一些。注入水后，池衬的位置会有移动。

5．池壁用抹灰粗略处理，或铺设防冻瓷砖（使用防水的户外勾缝剂）。让池衬保持在适当的位置，池边铺设压顶石或瓷砖，形成池边座椅。

水池剖面图

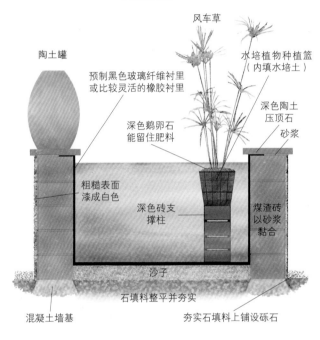

陶土罐

风车草

水培植物种植篮（内填水培土）

预制黑色玻璃纤维衬里或比较灵活的橡胶衬里

深色陶土压顶石

砂浆

深色鹅卵石能留住肥料

粗糙表面漆成白色

深色砖支撑柱

煤渣砖以砂浆黏合

沙子

混凝土墙基

石填料整平并夯实

夯实石填料上铺设砾石

墙面印花的制作

　　摩尔风格庭院经常使用墙面砖来增加色彩和质感，但很难买到真正的摩尔风格瓷砖。下面的方法帮助我们用油漆呈现同样的效果。这里选取的是一本杂志上的瓷砖设计图案，经过简化和放大。颜色都是传统的油漆色，经过柔化，呈现出古旧的效果。

1．将设计拓到马尼拉油纸模板卡上，用工艺刀切割出要上色的部分。图案要留出足够的空白边距，以便形成瓷砖的形状。

2．把模板固定在墙上。用3种颜色的美术用丙烯酸颜料或墙面印花颜料涂色，花瓣颜色要深一些。

3．排列布置模板，营造随意的图案。模板要对齐，以便使图案之间有相同的间隙。揭掉模板。

4．干燥后，用高级砂纸将图案擦一遍，创出古旧效果。最后，刷一层户外无色亚光清漆进行密封。

入户式庭院

　　室外空间可以被打造成类似室内空间的个人生活空间，即一种介于室内和室外之间的过渡空间。庭院如果这样处理，就不再是一个独立的空间，而是室内空间的延伸，同时也要延续室内家具和装饰的风格和主题。这样的入户式庭院是休闲和待客的不二场所，也是远离都市喧嚣的一片宁静绿洲。

　　在入户式庭院里可以玩陶艺或做游戏，用餐或聊天。在这里可以展示各种艺术品，也可以成为野生动物的栖息地。日落后，当灯光点亮，可以营造出神秘或浪漫的氛围，此刻，入户式庭院的戏剧性潜力越发凸显出来。温暖的夜晚，可以和朋友们围坐在烛光晚餐桌旁，也可以蜷缩在星空下的摇椅上，让背景音乐或水流声抚慰心灵，多么惬意！在室外用餐，周围是由绿叶和鲜花烘托出来的宁静和芬芳，你会发现，庭院带来的极致享受，竟可以如此简单！

左图： 大胆的木质藤架营造了一个私密的户外就餐露台，既界定了空间，带来一种封闭的感觉，又不妨碍赏景。木质桌椅进一步凸显了这种简单而强烈的风格。

露天起居室

一个成功改造的入户式庭院会带来额外的生活空间，相当于家里的房子扩建。这种庭院风格与其说是一种视觉上的表现，不如说是一种让生活空间最大化的方式。家具、烹饪区、床、水疗区等，都可以安排在室外。植物就是这个空间中天然的绿色装饰，硬质景观则充当墙面和地面铺装。

上图: 人造藤条扶手椅搭配软垫，营造了一个舒适的私密角落。

营造庇护所

一方面，在建筑密集的城市环境中，室外空间很可能由边界墙来界定，进而产生一种私密感和庇护感。另一方面，高处的露台或阳台可以提供一个扩展家居空间的绝佳机会，也许还能从此处眺望河流或自然风景。如果两者皆无——既没有围墙造就的封闭环境，也没有绝妙风景，那么，简单地以绿植作隔墙（也许是竹篱或覆满藤本植物的隔板），也可以营造一个私密的角落，让人们享受静谧的阅读时光。

围墙提供了一个极好的机会来布置庭院背景。在庭院有限的空间里，我们可以大胆使用色彩，这样的色彩用在大庭院中可能会很突兀。同时，围墙也是展示雕塑或其他艺术品的绝佳背景。棕榈属植物和蕨类植物长着充满异国情调的叶形，在彩色墙面的衬托下如同浮雕一样，夜间可以通过灯光来凸显这种效果。

入户式庭院变成了一个现实生活中的舞台，傍晚可以用蜡烛和电灯来布置。树木影影绰绰，白色的花朵闪着微光，从下方照明的水池显得异常幽深，喷泉的淙淙水声赋予空间新的活力。

功能与风格

入户式庭院充满无限的可能性，我们可以为聚会或活动布置任何主题。无论是正式严肃还是浪漫唯美，都可以让客人在月光下的露台上尽情探索：高高的花瓶中插着芬芳的百合花，花瓶之间布置向上照射的射灯，嵌入地面的音响系统通过扬声器播放着柔和的音乐。帐篷状的遮阳篷下面布置一些大靠垫，能营造一个充满异国情调的休闲空间，最好再摆些香味浓郁的盆栽鲜花，如素方花和栀子。

如果说夜晚的庭院充满柔和的光影，那么到了白天，则是一片光明，无所遮掩。色彩和质感成了关键，茂盛的藤本植物装饰着墙壁，鲜花从花盆中伸出。早餐在鸟鸣声的伴奏下呈现出新的面貌，而晚些时候，在爬满植物

上图: 阴凉处摆放了一把铝材与竹材结合的轻便座椅，成为一个打盹的好地方。

的藤架下，我们可以在阴凉中享用一顿简单的午餐。

家具在入户式庭院里扮演着重要的角色，无论是在功能上还是风格上。需要注意的是，家具应该强化整体装饰主题。如果喜欢现代的品位，使用了光滑的意大利座椅和同样闪亮的厨房，那么庭院也应该体现这种风格。线条简洁的家具适合高科技风格的室内。室外就餐是一项主要功能，轻便的铝制餐椅非常实用——尤其是搭配美观低调的尼龙网编织物，能与石板台面的桌子完美结合。或者，也可以使用宽大的藤椅和躺椅，这是休闲放松的理想选择。

硬质景观在庭院结构的营造中起着重要作用，其材料也应该符合整体设计风格。光滑的浅色石灰岩板材可以与深色条石搭配使用，用于铺设地面或台阶，或者喷泉和水池。低调的植栽，以观叶植物为主，最适合衬托这种铺装。摇摆的细长草叶，剑叶的麻兰，再点缀一丛丛淡紫色的柳叶马鞭草，都有助于营造这种清新的感觉。

右图: 木条构成侧面隔断和棚顶，让这个优雅、现代的屋顶露台形成一个有安全感的封闭空间。

入户式庭院的地面铺装

空间的外观很大程度上取决于地面铺装。地面铺装不仅能界定空间，也是创造色彩、质感和意境的关键因素。虽然室内和室外原本是完全分开的两个部分，但事实上，两者之间流畅的过渡是完全有可能实现的。

上图： 弧形硬木拼接出独具一格的木板地面铺装。

选择材料

适合室外铺装的材料很多，包括木板、天然石材、砖、预制板或砾石等。适合的永远是最好的。重量可能是一个考虑因素，尤其是屋顶露台或阳台。材料需要穿过房屋时，是否便于进出和搬运也很重要。

木板

选择地面铺装材料时首先要考虑的是如何延续室内的材质。木板目前是一种流行的室内装饰材料，可以很自然地延伸到室外，同时也延续了一种温暖的氛围，特别适合自然风格庭院。不过这种过渡需要使用适当的木材，能够承受极端的天气条件，包括雨淋、日晒和霜冻。

硬木耐用、美观，最易维护。热带木材，如柚木和绿柄桑（非洲黄金木），品质和价格双高，前者光滑，有长纹。如果全用硬木，应检查材料供应来源是否环保、可持续。橡木是一个极好的选择，不过必须做好风干处理，以去除可能污染周围材料的单宁酸。硬木表面可以刷一层清漆，使色调更深，或使其随着时间推移呈现出一种素雅的银灰色。

软木价格合理，但不太耐用。软木必须用防腐剂加压处理，但即使这样也可能扭曲变形。

硬木有经济实用的替代品——西部红雪松和南方黄松（实用性不如前者）。这两种木材天然耐用，因为其本身含有耐腐树脂，以及自身固有的结构强度高。

降水量高的地区，木材表面容易变得湿滑，应定期刷洗或喷射清洗，以清除藻类。表面加凸起花纹可以减少这类问题。

木板地面越来越受欢迎，但这种选择背后的原因往往是便宜。其实很多地方如果用传统硬质景观会更好。木板铺装确实能很好地满足某些要求，比如建造凸起区域时木板很有用，能带来高度的变化，也方便实现不同类型材料之间的过渡。同时，木板也适合沿水边铺设小路时使用，或者搭建穿过种植区的蜿蜒木栈道。

上图： 小露台上用木板搭建出一个用餐区，醒目又有趣。

上图： 由锯开的木材铺设的陡峭楼梯，两边是木围墙。

上图： 木板铺装是遮掩不太美观地面的一种简单方式。

简单的木板铺装

在大一些的 DIY 商店里我们就能找到铺设简单的木板地面的所有材料，包括预先切割好的连接部件以及使用经过加压处理的木支架。要注意，支架应离地，防止腐烂。最简单的木板铺装不需要太多切割，尽量充分利用木板的长度，避免多个角度或弧线形的设计。

1．支架下铺设混凝土块或梁木，加固该区域。将这个支撑结构布置在混凝土地基上（混凝土地基位于软土之上），确保其水平。

2．用防腐剂处理切口，使用景观专用膜防止杂草生长。以 40cm 为间隔钻孔，拧紧框架。

3．将木板铺于格架上，用镀锌钉固定。板条之间留出 6mm 间隙，以便排水，也给木材膨胀留出空间。

铺装花样

木板可以铺设出各种花样，a 是最简单的。预制方格（b）易于铺设（详见 p.90）。对角线的设计更动感，包括人字形图案（c），效果更现代。d 是 c 的简化版，图案像箭头一样，指向一个焦点。e 也很时尚，同时也在非专业人士的动手能力范围内。f 更静态，营造出一种宁静的氛围。如果想要更多纹理，可以尝试简单的锁扣设计（g），铺设很简单。或者，如果有动手天赋的话，可以考虑斜切版（h）。可以使用嵌入式地板灯来突出铺装的花样。

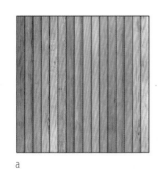

a

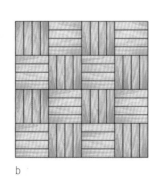

b

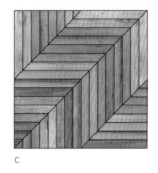

c

d

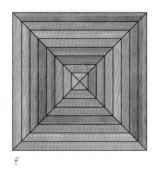

e

f

g

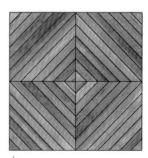

h

为这种材料通常太脆弱，不能用作步行区表面。瓷砖有千变万化的颜色，所以很适合拼接复杂的马赛克图案形成焦点，让朴实的铺装表面活跃起来，或者也可以用瓷砖给铺装区域的边缘增加细节，或者给小径镶边，起到突出的作用。

天然石材是室内地面铺装的流行选择，特别是厨房，其极具质感的表面提升了环境品质。浅色石灰岩能呈现出一种低调的优雅，而且可以延续到露台上，突出一种冷静、低调的效果。石板，因其成分不同，可显现出柔和的苔藓色和素雅的灰色，也具有类似的低调感。经过锯切和细致的表面处理，两者都具有现代的、极简主义的外观。

市面上的混凝土铺路板有各种形状、颜色和质感，有些可以用于经典的"错视画"（trompe l'oeil）地面铺装设计。这类铺装

衔接空间

厨房和备餐区通常是室内到室外的过渡地带，所以装饰设计可以从这里开始，然后延伸到室外空间。出于实用性的考虑，室外地面铺装材料相较于室内可能需要调整，但颜色和质感可以延续，实现无缝衔接。

地砖与铺装

地砖是厨房常用的饰面，有陶瓷砖和陶土砖两种。不过，室外地面很重要的一点是要做到防风雨，而且针对地砖来说，最重要的是防冻。天然陶土砖用在室内效果很好，但这种材料一般有孔隙，而陶瓷砖通常很薄。高温焙烧过的室外瓷砖很适合地中海风格或乡村风格，这种材料有一个优点，即在室外不会吸水，因此不太容易受到霜冻以及随后解冻造成的损害。室外地砖也必须防滑，订购前一定要与商家核实。

大面积的瓷砖看起来会比较硬，而且有些单调，所以铺设出有趣的图案是个好主意。单一颜色的铺装区域也可以用不同材料镶边或增加细节处理，形成对比，以打破沉闷感。大理石片材是实现这种效果的理想选择，因

上图：浴室外铺设木板平台，实现了自然的过渡。

上图：芬芳的香草中铺设几块造型随性的石板，形成一条有趣的步道。

右图：小块的材料，如马赛克和砖，有助于实现复杂的设计效果，比如这个弧线形、充满东方韵味的铺装。

适合传统建筑，而且比天然石材便宜很多。

砖铺装

几个世纪以来，砖一直是一种流行的建筑材料，现在也广泛用作饰面材料。如果房子是由砖砌筑的话，用砖进行地面铺装会非常和谐。铺砖用途广泛，且尺寸小，因此可铺设多种图案（见p.122）。砖可以作为细节，为大面积石材铺装增加趣味性，在台阶和矮墙的建造中也很有用。回收的旧墙砖有一种温暖的质感，但是完全不适合铺路。为了避免霜冻的损害，一定要使用高温焙烧的低孔隙工程砖。

其他选择

如果坚固的地面铺装无法实现，那么松散的砾石可能是最好的选择。这类材料显得轻松随性，能让人联想到地中海的露台，可

上图：旧红砖铺出编篮图案，为这个露台奠定了柔和的背景。

以轻易地将多年生植物和农舍风格结合起来。这里就完全可以使用旧砖来铺设花池边缘的细节。

有现成的砾石可以购买，价格低廉，而且铺设简单。砾石有不同的等级，包括从细小的锋利碎片到大的、光滑的圆形鹅卵石，后者可以用于创建海滩风格。颜色从白色和灰色到黄褐色和浅黄色不等，因此能够广泛应用于各种场合。

铺设砾石，先要有一个简单的基层，即夯实的石填料。然后再加上一层中等等级的砾石和少量干水泥。浇水，形成一个抗杂草的屏障，接着铺更厚的一层砾石（表面层）。也可以在砾石下面直接使用杂草抑制垫（见p.20），或垫在石填料下。

几块独立的铺路板就能创造一条悠闲感十足的日式小径，行走很方便，样子也招人喜欢。在第二层，也就是中等等级的砾石

上独立铺设石板，然后再填充间隙。如果区域比较小，可以用细砾石代替填缝料，填充于松散地铺设在沙子上的石板之间。这种非永久性的方法很灵活，外观看起来也更柔和。

创建基层

铺设任何类型的石板或瓷砖之前都需要牢固的基层。先铺一层石头和砾石，夯实后，再铺水泥层，这样能防止基层移动，避免瓷砖开裂。否则，所需材料的重量和体积可能超出建筑结构的承重能力。

入户式庭院的围墙和隔断

从格架到油漆墙，从篱笆墙到织物，各种各样的隔断定义了庭院的风格。对于具有室内风格的入户式庭院来说，这类选择尤其重要。我们可以灵活使用色彩、质感和植物，就像在室内空间中做的一样。

上图： 木板条隔断将屋顶露台分隔成几个独立的区域。

使用格架

格架为入户式庭院提供了一种快速、现成的装修设备。对任何庭院来说，使用格架都是一种有用的方法，可以创建装饰性背景、私密区域，或者隐藏不甚美观的区域（参见 p.36 的古典格架，以及 p.66 用格架装饰墙面）。

要让格架成为入户式庭院的定制款，我们可以使用户外油漆来改变其外观。在色彩的选择上，可以使用内敛灰和油灰色，或者，如果想要得到更具活力的效果，使用明亮的蓝色能将绿叶和鲜花衬托得尽善尽美。

可以把格子板直接固定在墙上或栅栏上，形成一种有趣的浮雕效果（见 p.19 的方法）。或者，使用格子板创建独立的隔断，以立柱支撑（见 p.95）。这种格架隔断是藤本植物的完美载体，比如金银花和素方花，两者花期都很长，芳香扑鼻。可以再种些藤本月季和铁线莲属植物，这样从初夏到秋季就都有鲜花盛开了。

没有天然种植土壤的地方，可以在一个长槽中布置格架隔断。这种槽的材料有很多，比如木材（上漆或天然）、轻质树脂或更现代的波纹铁板，这些材料都非常适合装饰屋顶露台，因为屋顶的重量越小越好。槽的下面可以安装滑轮，形成可移动式隔断。

上图： 菱形格子板固定在坚固的木框架上，形成半透明的隔墙，以花盆点缀，既美观又实用。

创建隔墙

隔墙开辟了空间结构的新机遇。以左图为例，一堵独立的隔墙划分出一个与庭院完全分离的空间，同时形成一个干净的背景来布置家具。隔墙用脚手架金属杆固定，这是一种廉价的装置，用作结构支撑。侧面开放，不妨碍视野。屋顶结构可以支撑滑动织物遮阳篷。封闭和开放的隔墙上都布置了长条种植箱，地面上布置了大型种植箱。

左图： 脚手架金属杆，搭配不透风的隔墙，搭建出一个自成一体的入户式庭院。

格架隔断的制作

格架是一种多功能的材料，在不同的环境条件下都能很好地应用。以入户式庭院来说，独立的格子板可以为用餐区或座位区营造一种私密感。由于格子板透光，所以在创建类似室内房间的小空间时，其实用性优于不透光的隔墙或围栏。此外，还可以加些"窗户"，可以从高端供应商那里购买特型格架材料。格架上的孔可以是方形、拱形或圆形的，需要根据不同的庭院风格来选择。

1. 挖一个60cm深，直径约23cm的柱坑，以容纳第一个栅栏柱以及一定量的速凝预拌混凝土。如果需要挖多个柱坑，可以租用专门的挖掘工具来操作。

2. 将立柱放置到位，确保完全直立（可用水平仪检查两侧，相应调整角度）。如果是自己一个人操作，可以将木条钉在立柱上，以进行固定，防止立柱移动。安上固定支架后，检查立柱是否垂直。

3. 最好有人帮忙扶着立柱。倒入砾石、沙子和水泥混合物（可以买到现成的专门用来安装栅栏立柱的这种材料）。把混合物抹入柱坑中，包在立柱周围。等立柱牢固后再拆下支架。

4. 用格子板比量着，挖第二个柱坑。如果地下没有很多石头的话，也可以不挖柱坑，选择钉状金属插销，用专用工具将其打入地下。

5. 混凝土凝固后，以一定角度钉入若干镀锌钉，将格子板牢牢固定在立柱上。用砖块将格子板抬离地面，钉钉子时使其保持在正确的高度。

6. 继续此操作，直到格架隔断达到所需大小。给格子板刷上户外木材防腐剂、装饰漆或着色剂。注意用塑料布或报纸保护地面铺装。

彩色墙面

有围墙的庭院有着无数的装饰可能性。但在这样一个有限的区域里，过多的装饰容易让人眼花缭乱。水泥抹灰墙面显然需要色彩处理。色彩会完全改变空间的氛围。想想在摩洛哥的马拉喀什，伊夫·圣洛朗的著名的马若雷勒花园，浓重的蓝色让人难以忘怀，还有墨西哥建筑师钟爱的令人惊艳的粉色高墙。运用强烈的色彩，可以创建大胆的背景来衬托异域风情的植物，营造一个热带天堂。

强烈的泥土色调，能让人联想到南部的沙漠景观，并将庭院的氛围引向圣达菲（Santa Fe，特色是经典的黏土建筑）。黄褐色和焦棕色的墙壁，既有视觉上的戏剧性效果，又能营造温暖、轻松的氛围。这些色调形成强大的视觉背景，适合布置造型大胆的植物，包括丝兰、林刺葵等，能带给人一种气候炎热、空气干燥的感觉。

墙壁并不一定要有鲜艳的色彩，可以依靠质感或浮雕效果彰

左图：热情的植物和彩色有机玻璃板，与红墙相互呼应。

上图：马拉喀什的马若雷勒花园，墙面是大胆的蓝色。

显设计感。灰色和奶油色的中性背景，作为一种柔和的装饰，古典和现代环境都适用。可以通过刷漆来引入色彩，不过需要定期重刷。或者，可以用颜料给水泥混合物着色，产生永久性、低维护的效果。

增加细节

一堵单色的、坚实的墙可以营造出一种压倒性的视觉效果。可以通过某种形式的设计或装饰上的细节来打破沉闷感。例如，可以在石材或陶土材质的浮雕壁板上增加有趣的细节，而在摆放半身像或雕像的壁龛上雕刻一些图案。独立的柱基和柱子为雕塑或植物搭建了优雅的平台。或者一组不同高度的柱子，可以为趣味性的植物布置带来更多可能性。

上图：露天壁炉为夏末的夜晚带来舒适与惬意。

墙壁上的开窗会减轻墙体的体量感，同时也是看向远处的窥视孔。如果不影响隐私的话，可以采用固定的玻璃窗，采光、扩大视野、遮挡风雨都能实现。或者也可以用木制百叶窗，开窗区域好像被框起来一样，效果更加突出，而且能关闭，以保护隐私并保证安全。

栅栏的选择

如果庭院没有现成的围墙，就需要用栅栏围住边界。预制编织围栏板是个廉价的选择，但既不出彩，也不耐用。我们可以从一堆材料中挑选，进行自己的设计。比如用竹坯板或枯树枝篱笆，可以固定在木柱上。这些都要安装在混凝土底座上，或者使用特殊的金属固定桩，能够在地面条件允许的情况下快速解决问题。也可以直接购买镶木边的芦苇栅栏，优雅又随性。柳条编织栅栏则适合作为乡村风格的背景。我们也可以自己动手，制作酷炫的

日式隔断，方法是用绳子把竹竿绑成对角线和垂直线的组合（见p.153）。如果想要现代的栅栏或隔断，可以使用窄木条，在水平或垂直方向上平行布置。木条之间如果留下小间隙就会不那么坚固。或者也可以做成双层，彻底保护隐私。

织物隔断

临时隔断可以把入户式庭院变成一个私密的待客空间，让人充分利用宝贵的夏日时光。使用织物隔断是一种简单的方法。用钢索或结实的绳索穿过孔眼，将织物垂直固定在木架或金属架上，营造出一种私密的围合感。如果也想遮住上方，比如遮阳或者为了保护隐私，可以将织物水平固定在藤架上方的钢丝上。这样，织物便可以沿着钢丝来回拉动，像手风琴那样折叠起来。

织物轻巧，安装方便，可以打开也可以关上，能够满足不同的需求。合适的材料包括传统帆布和许多新的高科技合成材料，这类合成物能防水，易于清洁和维护。只要能承受微风，这类织物就可以安装在相对固定的结构上。不过，织物会起到帆的作用，给支撑架施加额外的张力。如果想要更柔和的效果，可以考虑飘动的薄纱帘幕。

垂直固定的罗马百叶窗，打开时拉成扁平折叠，是一种多功能隔断。经典的条纹棉布是一种很好的织物选择，可能会使人想起法国南部的阴凉庭院。百叶窗可以简单地连接到固定在房屋外墙上的藤架的横梁上，或者用粗糙的木料建一个临时的独立框架，供夏天使用。这类装置需要牢固固定，以抵御风和恶劣天气。

如果无法修建一个独立的结构，现成的用餐凉亭也可以考虑。这种凉亭类似帐篷，配有帘幕，拉上之后可以遮挡阳光或细雨，也可以装上细绳，来回拉动。这种凉亭易于组装，可折叠存放。

左图： 原木堆叠在金属框架内，形成一堵别具特色的墙。

最左图： 芦苇固定在木架上，形成规整的隔断。

入户式庭院的植物和种植容器

入户式庭院的风格决定了应该选择什么样的植物和种植容器。如果庭院与房屋直接相连，二者紧密结合，那么就需要一种协调感，室外的设计最好能反映室内的质感和氛围，两个区域之间形成一种舒适的视觉过渡。

上图：吊花篮、鲜花和绿叶构成精致、持久的装饰。

左图：维多利亚风格的温室连接着露台，年代感十足的金属丝工艺品和铸铁花盆衬托着绿植。

经典方法

传统风格让我们有机会使用一些洛可可设计元素，比如带底座的精致花瓶，或者铸铁、铸铅的罐子，包括用陶土模制而成的罐子。这些东西上经常有精致的装饰花纹，比如精雕细刻的小天使、绑着缎带的糖果，或者做成浮雕效果的水果和花卉。这类物件往往很重，因此会给屋顶花园或者人很难上去的地方增加隐患。在这种情况下，可以使用树脂或玻璃钢模制的仿制品。

世纪之交风格的金属丝网也是一种不错的选择，重量很轻。精致的金属丝交织，成为优雅的植物支撑架，其网格状结构尤其适合陈列一系列花盆。还可以垫上水苔或塑料内衬，装上土壤后直接种植植物。

想要营造浪漫的种植风格，可以使用传统的花盆，里面种满色彩鲜艳的花朵，全年可以更换。季节性的地被植物会在入户式庭院里泼洒下短暂的大片色彩。不耐寒的天竺葵属植物喜欢充足的光照，是最好的盆栽植物，只需少量浇水和养护，就能给夏季带来无尽的色彩。开粉色和红色花的灌木，可以在大型种植箱中展现得淋漓尽致；而开艳丽的紫红色花朵的各种蔓生常春藤属植物，则适合在高大的瓮和花瓶中展示其优雅的蔓生习性。矮牵牛也喜欢阳光，蓝色、粉色或紫色的花朵很适合与蔓生拟蜡菊属植物的银白色叶子搭配。对于阴凉的地方，明艳的凤仙花是不二之选，能够持续呈现灿烂的色彩。

现代选择

现代入户式庭院需要更大胆、结构更鲜明的设计。造型简洁的花盆，没有多余的装饰，可以起到雕塑的作用，尤其是体型巨大的一对，或者按顺序排列的一组，效果尤其好。高而窄的植物，本身就拥有造型潜力，花盆可以搭配柔和的圆形或者刚硬的方形。这类植物可以与修剪整齐的灌木相结合，尤其是修剪成低矮形状的常绿植物，如锦熟黄杨。灌木可以修剪成圆形或立方体，以平衡花盆的高度，突出雕塑效果。这样的设计能营造一种冷静、低调的欧洲景观风格，尤其是搭配黑色、灰褐色或奶油色的陶土花盆。

尖叶植物或外来植物在现代环境中也能很好地发挥作用，营造出一种对比鲜明的活力风格。大体型的植物，如龙舌兰和丝兰，完全符合这一要求，棕榈树和香蕉树也可以。不过，这类植物往往长得很宽，有时顶部很重，因此需要比较宽大的种植容器，有足够的重量和体积来维持这些充满活力的"巨人"。

花卉也可以在现代环境中应用，但为了配合造型感强的植物，需要以一定的结构来应用。可以将粗犷、简单的花卉分组种植，保持单一协调的色调或造型。具有异国情调的美人蕉，造型大胆，叶子引人注目，花朵有橙色、黄色和红色。百子莲属植物绿色的茎高而细，搭配一串串蓝色或白色的钟形花朵，神圣而优雅。

花卉色彩

天竺葵属植物喜欢充足的光照，是最好的盆栽植物，颜色鲜艳，浇水少，易养护。开粉色和红色花朵的灌木，可以在大型种植箱中展现得淋漓尽致；而开艳丽的紫红色花朵的各种蔓生常春藤属植物，则适合在高大的瓮和花瓶中展示其优雅的蔓生习性。欧陆风的窗栏花箱，可以选择种植鲜红或粉色的花卉。有些植物，比如欧芹，适合打造成绿雕。

牵牛花颜色从浅蓝到深蓝，可以搭配出无尽的迷人组合。对于阴凉的地方，猩红色、橙色和粉红色的凤仙花，可以呈现色彩斑斓的效果。想要乡村风格，可以将鲜黄色的万寿菊和橙色的旱金莲搭配使用，再加上蓝菊属或鹅河菊属植物。

上图：单一品种的大量壁挂盆栽，效果令人惊叹。天竺葵属植物是这种处理方法的唯一选择，因为需水量很低。

壁挂花篮的制作

光秃秃的墙壁上似乎不适宜种花。不过，一个马槽式花篮或干草架（大小为图示花篮的两倍）就能提供足够的空间填充大量堆肥土和各种各样的植物，包括小型常绿灌木和春季开花的鳞茎植物。多个花篮组合，效果更佳。如果院墙边没有供藤本植物和爬墙灌木生长的地方，这种方法很实用。长长的蔓生植物，包括夏季的矮牵牛和冬季的常春藤属植物，会用绿叶覆盖裸露的墙壁。

1．抓几把水苔垫在篮子里，形成一个能够容纳植物和堆肥土的"巢"。或者，也可以用聚乙烯材料做内衬。

2．篮子底部放少量堆肥土，以支撑植物的根球。水苔上抠几个洞，将植物枝条从洞中伸出，颈部留在篮子内，就好像围着一圈水苔的"领子"。

3．继续上述操作，达到一定高度后，加入较大的植物，如图中所示的花叶倒挂金钟和常春藤属植物。用盆栽土填充空隙，充分浇水。

左图：浅灰色调让这个小空间感觉更宽敞。植物柔和的银灰色和白色烘托出清爽、通透的感觉。

凉棚的立面更有存在感，有些还有香味。普通的素方花和名贵的络石是为数不多的常绿开花藤本植物，具有浓郁的东方风情的香味。要想更具欧洲风情，可用芳香的月季，如"阿尔贝里克"和"卡里埃夫人"这两个品种，散发出勾起旧时回忆的香味。所有这些花都是白色的，因此夜间会在反射光下发光，同时向空气中散发香气，夜晚尤其浓郁。

开五颜六色花朵的藤本植物在阳光下会产生强大的视觉冲击力。西番莲"紫水晶"开紫花，适合栽种在避风的地方；经典的蓝花西番莲也喜欢光照充足的墙壁，夏末还会结出艳丽的橙色果实。要想填充空间，可用铁线莲属植物与其他藤本植物结合，特别是与藤本月季组合，以延长花期。这类植物可以种在独立的三脚架

感官种植

温暖的夏夜让人联想到慵懒的沙拉和烤肉。所以，不妨考虑用盆栽香草来为菜肴添些风味和色彩。迷迭香和百里香为烤肉增味；味道强烈的茴香，籽和茎能为鱼增添特别的味道。别忘了欧芹、香菜、牛至和龙蒿。

夏日傍晚温暖的空气也会让花香越发浓郁，为庭院带来一丝夜间独有的浪漫。这类植物有一年生的白色"近缘烟草"和夜间飘香的紫罗兰，花香弥漫在夜晚的空气中，令人沉醉。海桐（一种叶面光滑的常绿灌木）和墨西哥橘，年复一年给我们带来甜甜的柑橘香味。百合有着与其香味匹配的迷人花形，而木曼陀罗属植物（虽漂亮，但有毒）要一直等到黄昏才散发香味，吸引夜间传粉昆虫来到它巨大的挂钟形花朵旁。盆栽栀子花和黑鳗藤适合摆在餐桌上，散发出令人回味无穷的香味。

植物的高度

藤本植物能让院墙、藤架和

右图：蓝色的白花丹，完美衬托了色彩浓烈的蓝色墙壁。

最右图：木曼陀罗属植物的巨型悬垂花朵极具观赏性。

上，成为庭院局部一景，也可以在格架上攀爬。艳丽的三角梅是适合在炎热气候下生长的一种无与伦比的藤本植物，花色有橙色、红色和紫色，搭配白花丹淡雅的蓝色小花，尤其别致。

容器很重要

在入户式庭院中，种植容器能实现一些重要功能，在庭院中建立视觉焦点，也能根据季节变化来改变或突出种植设计。种植容器本身就是设计元素，所以，选择容器时要慎重，确保在材质、色彩和造型上传达出正确的信息。一般来说，最简单的方法就是选择在材质或造型上相配的种植容器进行布置。这样，我们可以将一组容器搭配使用，形成强烈的视觉特色。

我们在室内可能已经种植了一些植物，那么在入户式庭院的设计中，就可以重复室内花盆的造型或色彩。东方风格的炻器花盆（介于陶器和瓷器之间的制品，如水缸），既有优美的曲线造型，也有竖高的直边设计，放在哪里都很适合。这类花盆也有质感粗糙的饰面款式，适合低调的现代设计风格。釉面花盆也不错，色彩丰富，从灰绿色到深蓝色和紫色，可以营造梦幻般的组合效果。这种釉面可以将色彩元素低调地引入入户式庭院中。这种花盆通常是防冻的，这意味着相同的花盆可以在室内外同时使用，确保风格一致。

瓷盆和陶土盆比炻器花盆多孔，里面的黏土胎对釉面能达到的厚度有影响。这类花盆通常可以在色彩鲜艳的釉面花盆中找到，颜色包括黄色、红色、绿色、蓝色等，适合风格比较热烈的设计。但是，请注意，这种釉面通常很脆弱，容易渗水，这会导致寒冷气候下的损坏。购买之前，一定要确认花盆是否适合户外使用，否则冬天时需要把花盆里的泥土清理干净，最好将花盆存放在干燥无霜冻的地方。

入户式庭院的构筑物和家具

入户式庭院的构筑物和家具包括藤架和遮阳篷，以及休闲或待客用的桌椅。很多人想要一个现代的、流线型的烤肉架来准备食物，或者想要乡村风格的火塘。另一种令人向往的室外空间设施是泳池、按摩浴缸或淋浴间。

上图： 夏日的傍晚，尽情享受露天烧烤的乐趣。

木制构筑物

木材是一种能保证入户式庭院持久性和稳定性的材料，也易于采购和加工。因此，可以使用传统的木制花园构筑物，如藤架、架子和座椅，也可以自建或者定制一些构筑物，让室外空间具有和室内空间相同的永久性特征。粗大的木头是理想的立柱材料，能够保证强度，也能与不同的屋顶结构和风格融合。窄木条可以制作优雅、轻巧的顶棚，也能像坡屋顶一样有一定的倾斜角度。另一种选择是用钢丝穿过横梁，支撑临时遮阳篷，既阴凉，又时尚。

悬挑屋檐

坚固的悬挑屋檐能创造出适合全天候使用的室外空间。屋顶结构的材料可以使用瓷砖或石板，带来极佳的遮阳效果，尤其适合特别炎热的气候。较为温和的地区，阳光和煦，屋檐材料可以有一定的透明度。在这种情况下，屋顶可以穿插一些有机玻璃，能够保证不影响恶劣天气下的保护作用。

烧烤和用餐

可以搭一个独立的藤架，为烧烤和用餐创造一个单独的空间。可以考虑用墙把两边围起来，以更好地保证私密性，同时也能遮挡风沙。墙壁能支撑烧烤架，也方便布置烟囱，沿墙还可以布置备料区。烧烤架、温暖的火焰、舒适的沙发，即使寒冷的夜晚也会吸引大家来到室外。

这种设计适合建造室外厨房，还可以配备电源和管道，满足备餐、冷冻和烹饪的需求。室外厨房会给人们的日常生活增加一个维度。如果热衷户外烹饪，还可以准备一个户外比萨烤箱或面包烤箱。只要天气不太恶劣，这种藤架在任何季节都能使用。

上图： 狭小的空间可以考虑纵向开发。绿墙、水景、隐蔽的橱柜和立式自行车停放区，为遮阳篷和长凳留出了空间。

上图： 隔墙和遮阳篷为室外厨房带来时尚的保护。

上图： 隔墙上有可关闭的开窗，搭配木条屋顶，既保证采光，又能防潮防风。

热量和火焰是最引人瞩目的元素。火塘是夜晚社交聚会的绝佳地点。火塘是个简单新颖的概念，基本上就是在地上挖一个坑，燃烧木材或煤炭。火塘可以用来取暖，也可以简单改造，满足各种规模烹饪的要求。火塘可以建在露台边，露台上布置座椅或用餐区，非常方便。对于家庭装修爱好者来说，火塘非常适合，因为建造起来很简单，只要用砖或水泥砌块砌筑即可。也可以用独立式炉排代替火塘，有多种风格的产品可以选购。

通用家具

室外餐厅需要实用的家具。风格的选择取决于个人品位和喜好，但如果想要家具经受住阳光、雨水和不同温度的严酷考验，那么其材质和制作方式就至关重要了。

一张宽大的桌子是必需的，即看起来很结实、很稳固的款式。简单的食堂木餐桌风格就很好，可以使用长凳，搭配桌子的简单线条。长凳简单随性，可根据客人数量进行调整。这种简洁、干净、日常的外观可以搭配各种织物，比如坐垫和桌布，让整个空间活跃起来。

现代室外家具设计通常将木材和金属结合在一起，创造出优雅、流线型的桌椅产品。这种桌椅的风格与笨拙的传统造型截然不同，它们重量更轻，布置起来很灵活，可以很好地融入现代或传统风格的环境。现代室外家具需要适应更快节奏的生活方式。大型派对和意想不到的客人，使得我们需要能够调节大小的桌子。许多设计都配备可连接的部分，以延长长度，但两张方桌可能更适合。平时可以单独布置在庭院中，人多时拼起来。要真正享用漫长、悠闲的一餐，餐椅应该保证舒适。坐垫是必需品，有些座椅用柔软的合成纤维制成，也可以起到同样的作用。椅子最好轻一点儿，方便搬动。考虑到冬季存放，最好选择可以折叠或堆叠的款式。

上图： 由树脂纤维仿藤条制成的自然风格的椅子，雕塑般的造型，设计感十足。

市面上有各种舒适、耐候的室外家具可以购买。最新塑料技术生产出的纤维可以编织成"篮子椅"，魅力不输柳条，又具备活泼的现代风格特征，似乎专为室外客厅而设计；而舒适的沙发，配上宽大的扶手椅和低矮的桌子，则是专为餐后聊天而设计的。如果想捧一本书，享受片刻的宁静，可以选择沙发床或者更抢眼的、巨大的圆形躺椅，头顶上是曲线优美的编织遮阳篷。自然的色彩，如沙色、咖啡色和奶油色，可以营造出精致的外观效果，用在室内外都很适合。

软装

庭院空间总是很宝贵，所以最好有几个大号地板垫，不需要时可以堆放起来。这种垫子外面有耐候织物，有些是单色，有些是丝网印刷的超大花叶图案。配

套的帆布躺椅和遮阳伞对热带花园来说不可或缺。要想让室内外环境风格一致，可以尝试使用其他具有相同色调的软装饰品。

下图： 地板上的垫子和低矮的花岗岩石桌，营造出一个享用寿司的绝佳角落，舒适又时尚。

凉亭是度过懒散的午后时光的绝佳去处。有很多设计风格可供选择，通常是熟铁材质，看起来很漂亮，一年四季都是庭院的

下图： 坐垫和床垫将一张低矮的东方风格的长桌变成了一张极好的日光浴床。

上图: 简洁、现代的日光浴床,营造出放松身心的私密一角。

左图: 狭小的屋顶露台上,角落里的户外淋浴能让人在炎热的日子里神清气爽。

风景。

　　夏季可以为凉亭配备合适的遮阳篷和帘幕,遮挡阳光。将东方风格的坐垫简单堆叠在地板上,就成了一个简易的贝都因帐篷。

下图: 热水浴缸安装简单,木板平台巧妙地隐藏了进水管。

室外沐浴

　　室外沐浴现在已经是一种可以实现的奢侈享受了。最简单的就是小型冷水池,可以让人在炎热的天气里迅速凉快下来。冷水池可以高于地面建造,隐藏在阶梯式木板台中,这样就不需要耗资巨大的挖掘工程了。如果喜欢温暖,可以在院子里放一个按摩浴缸或热水浴缸。狭长的小型健身泳池对于热衷游泳的人来说是真正的奢侈享受,也会是庭院中一个非常优雅的元素。先进的泳池技术使真正的家庭游泳运动成为可能,即使空间非常有限。可以将喷射器嵌入池壁,强大的喷射力量会让人们体验到逆流而上的感觉。

　　一个安静、阴凉的地方可以让人在阳光下享受清凉。建筑物并不总是最理想的选择,尤其是当需要空间感和运动感时。帆船可以与水和空气自然地结合,这

一海洋技术已经应用到陆地上。最新的遮阳篷融入了风帆原理,将高科技纺织品拉伸成优雅的、几乎像鸟一样的形状,似乎飘浮在绷紧的支架之间。在室外空间中,这会是一个美丽的设计元素。这种遮阳篷可以布置在泳池边,下方布置座椅,在室内和室外之间形成衔接,或者作为沐浴的休息区。

　　室外淋浴是开始或结束一天的一种令人神清气爽、精神焕发的方式。找一个靠近房子的角落,布置一个小淋浴区。设置一面隔墙以隐藏管道。安装一个或多个淋浴头。需要一条渗水沟来处理用过的水,可用板条盖板适当遮挡。毛巾和肥皂可以放在篮子里,置于长椅上,方便又随性。如果可能的话,把淋浴设在可以从浴室或卧室直接进入的地方,享受更奢华的沐浴体验。

入户式庭院的装饰

入户式庭院是一个展现装饰和建筑特色的理想空间，也是花园的舞台和背景。不过，由于该空间可能有一系列用途，因此，展示和装饰的程度与类型应该能够灵活调整，以满足不同的需求。

上图： 动物造型的雕塑，比如这只金属丝网编织的鸡，让庭院别具趣味。

上图： 有机造型的高脚凳，金属支脚的曲线造型，充分彰显了现代家具之美。

风格的一致

一个边界明确的空间，比如入户式庭院，给人的印象也应该清晰明确。空间非常珍贵，因此最好严格控制装饰品的数量，最好将其作为整体装饰的一部分，而不是冗余的摆设。颜色不宜过多，避免产生杂乱的视觉效果。同时，注意材料的质地。重复一些室内的设计元素有助于保持室内外风格连续统一。浅色背景，比如柔和的灰色或奶油色，能加深空间印象，使装饰元素能更清晰地展现出来。

用途与美观

家具本身具有装饰性，但也会占据大量空间。选择家具时要谨慎，确保所用家具成为整体设计的一部分。

椅子，尤其是现代风格的椅子，具有很强的装饰性。新型塑料和模塑工艺让各种雕塑般的造型成为可能，因而装饰性更强。左图中的高脚凳让我们看到了一些这方面的可能性。自然的形态让金属支腿看起来像植物的茎一样，凳子则像绽放的花蕾或爆裂的豆荚。

种植容器也能起到装饰作用。传统的地中海风格橄榄罐曲线优美，尺寸可以很大，能令人眼前一亮。这种容器由陶土制成，柔和的色彩和质感使人联想到地中海阳光充沛的气候，会给庭院增添一丝温暖气息。

雕塑造型

入户式庭院中使用的雕塑可以很随意，比如陈列当代艺术品、有艺术感的商业产品或任何偶然发现的有趣物品。但这些物品要延续室内装饰的主题。

现代雕塑通常造型抽象，不过也有曲线优美、灵感来自人或动物形体的造型。或者，也可以选择有棱角的几何造型，与冷静、理性的建筑风格更搭。

实用物品也有重要的装饰作用。例如，灯罩的造型完全可能提升整个空间的视觉价值。隔墙的存在本身就是对遮阳篷的呼应，还可以在颜色上做文章，通过使用相同颜色的油漆，创造两者视觉上的呼应。p.107 的案例中，有机造型的雕塑体型巨大，原本可能会给人带来压迫感，但一致的色调使之与整体空间十分协调。

墙面装饰

外墙可以通过添加饰物变得生机勃勃，而且不会占用宝贵的地面空间。回收利用的家庭用品经过改造，可以在墙上开启新的生命旅程。装饰性的房门、老旧的院门或铁栏杆，通过油漆改造，

上图： 相同造型、大小不一的陶制油罐，体现出强烈的雕塑之美。

上图：一个富有戏剧性的空间。线性排列的装饰性木柱和墙上的窄幅三联画，搭配球体雕塑和造型别致的屋顶。

可以产生妙趣横生的"错视"效果。更传统的做法，是使用雕刻或模制的牌匾。这种牌匾可以呈现精美的细节，并且易于固定在墙上，或者嵌入墙上的窗洞。

类似物品集中摆放

在空间允许的情况下，类似物品集中摆放可以呈现出很好的装饰效果。金属丝编织的一组古老的窗栏花箱，会为传统的露台增添趣味。引人注目的花盆和花瓶，作为一种装饰排列摆放，会产生强烈的装饰效果。

右图：维多利亚式壁炉，本不是必需品，但在这里已经成为植栽设计的一部分，装饰着边界墙。

入户式庭院的水景

水景的设计手法有很多种，从风格上可以分为自然的和规整的，从目的上可以分为功能性的和装饰性的。对于入户式庭院而言，"规整 + 功能"是一种很好的组合，所以可以选择能用于沐浴和烹饪的水源，或者让水景突出建筑特色。

上图：规整的小水池可以用奇特的喷泉效果来增加活力，就像图中那样。

取悦感官的水

水能吸引鸟类、蝴蝶、青蛙等野生动物，为入户式庭院增添活力。水面在阳光下闪闪发光，还能倒映光影。水景可以设计成多种形式，从发出咕噜声的充满活力的瀑布，到水面宁静的倒影池，鸟类可以在池中嬉戏或沐浴。

规整的水景，由于其有组织的结构和外观，跟入户式庭院可能结合得更好。比如水池，不用太大，周围留出足够空间让人走动，这样一个水池就能成为一个规整的庭院中引人瞩目的焦点。水池的建造可以高于地面，侧墙使用抹灰砌块、砖或石材建造。或者，也可以挖出一个水池，四周采用与地面齐平的装饰性封边。这两种结构都需要防水衬砌和过滤水的处理，以保持水池清洁透气。

圆形水池是永恒的经典，与地面齐平似乎效果更佳。凝视水面是令人愉悦的体验，而这种风格四周还能加上可以坐人的宽大平台，代替传统方形水池狭窄的边缘。与地面齐平的水池还有个优点，就是适合从楼上观赏。水池可以设置在木板平台上，也可以嵌入地面铺装中。不规则造型

的水池可以与建筑结构相结合，让背景墙更突出。或者，也可以选择长方形水池，周围布置长椅，营造出宁静、惬意的环境。

深色、宁静的池水，具有一种平静心灵的效果。水池中还可以种植睡莲，进一步强化这种效果。一条狭长的浅水池会给入户式庭院带来另一种维度，同时也是一种划分空间的有趣方式。甚至可以在长方形水池中加入一条由脚踏石构成的小径，巧妙地划分空间。

流动的水

假如喷泉是庭院设计的一部分，无论水池高于地面还是与地面齐平，流动的水都能带来动感和悦耳的声音，营造一种充满生机和能量的感觉。根据所用的水泵和出水口的不同，喷泉可以呈现各种视觉效果。例如，水池中央单独设置一个喷水口，会产生精致的层叠水滴的古典浪漫效果。更现代的喷射口可以单独或成组布置，产生或高或低的喷水效果，打破水面的宁静。

矩形水池可以采用嵌入式喷水池壁，产生瀑布效果。这种池壁可以是独立的隔断，也可以内置到水池的支承墙中。水泵的设置可以让水从出水口快速流出，

右图：由木材和玻璃搭建的一间简单的小屋，成就了终极沐浴享受，屋外是一系列规整的水池和茂盛的植被。

右图： 洗完桑拿泡进冷水池中，舒服至极。这种高于地面的类型最适合搭配木板平台。

也可以让水在宽阔的池边平台上缓缓流动。选择成品不锈钢喷泉是一种为庭院引入一些闪光元素的简单方法。

水的听觉效果可以根据需要调整。许多水景都会发出各种各样的声音，有些轻柔舒缓，有些充满活力。如果空间很小，应当考虑喷泉距离邻居家是否很近——他们可能不想让噪声进入自己的空间。另外，柔和的瀑布或快速的水流冲在石头上的声音可以有效掩盖城市的喧嚣。

水的容器

任何防水防冻的容器都适用于创建小型水景，并且非常适合高架板或屋顶平台上的区域。这些地方，创建传统的水池可能不现实。这类容器有很多选择，从几何造型的钢盆到宽而浅的石盆或混凝土盆。木桶也是很好的盛水容器，在大多数园艺店都能买到，已经做好了防腐处理。此外，独立式石制水池或水槽、大号陶土盆或曲线造型的瓮也可以为迷你睡莲打造临时栖息地。大的水盆或花盆（可以购买带排水孔的那种），里面也可以布置小喷泉，水泵设置在底部平整处，外包塑料的电线穿过底部的孔，然后用硅胶树脂密封。而且，大多数小型水泵都能用家里的电源。种在桶或盆中的植物最好放在篮子里，便于控制其生长，也便于养护。

这种小型种植水景最好使用雨水。注意，避免将水景种植容器置于过热的地方。

安全提示
儿童靠近水时应始终小心看护。防护栏可以挡住蹒跚学步的孩子，但如果知道孩子会在庭院里玩，最安全的措施是不要设置水景。

上图： 一道小小的瀑布，从混凝土出水口注入下方的鹅卵石池。

上图： 涓涓细流带来生机勃勃的动感和柔和的声音。

上图： 这个不锈钢花盆可以种植水生植物和喜湿植物。

入户式庭院的照明

庭院的照明必须兼顾装饰性与实用性。避免过度照明产生"监狱院子"效应，进而产生破坏庭院的亲切感。为入户式庭院选择的照明应取决于空间的功能。现代按摩浴缸和木板平台区域需要的照明，与优雅、怀旧风格的用餐空间截然不同。

上图： 用蜡烛和罐子制作的小灯，挂在树上，装点节日的气氛，再合适不过。

基础照明

台阶和其他有地面高差的地方需要基础的安全照明（参见p.199），烹饪区周围也需要有足够的照明。这些做完之后，我们就可以发挥自己的创造力了。入户式庭院在照明的考虑上与室内房间基本相同。

我们要做的第一件事，就是拆除墙上所有朝下照射的泛光灯，因为这种照明只能起到安全作用，无益于营造轻松的氛围。此外，安装太多灯具也会产生不必要的光污染，不但可能令人敬而远之，也会剥夺自己欣赏星光的

上图： 这个小露台采用了两种照明方式，围绕双开门布置的灯串，以及地面布置的灯笼，为餐桌提供向上照明。

上图： 嵌入地面铺装中的迷你泛光灯柔和地将墙面照亮。

机会。额外添加的照明应布置在相对较低的高度，类似室内摆在桌子上的照明灯，或者用现代壁灯向上投射光束。即使是装饰圣诞树的彩色小灯也能起到一定的照明作用。

SPA 照明

可以考虑将白色或彩色光纤照明安装在热浴盆周围的木地板中。因为需要在地板上钻孔，所以这项工作在铺设地板的最后阶段完成会容易得多。也可以用LED 霓虹灯点缀在地板中，环绕着浴盆，或者直线布置，突出台阶的位置。

户外浴室的照明需要营造一种轻松的氛围。SPA 浴缸通常本身带有一体式照明，可能是蜡烛或球形陶瓷油灯，可以柔和地照亮周围区域。

可以试着将周围的观赏性植物或造型别致的树木点亮，创造一种绿洲效果，或者将照明的焦点集中在一个可以从浴缸中看到的雕塑或水景上。

星光下用餐

在气候寒冷的地区，户外就餐的机会有限，因此要充分利用那些宝贵的温暖宜人的黄昏。如果是传统风格的环境，烛台或哥特式枝状台灯会令餐桌显得古色古香。立柱上可以缠绕常春藤属植物，低矮的花丛中可以布置些教堂蜡烛，同时，使用透明玻璃烛台。如果餐桌在藤架下面，可以考虑在藤本植物中缠绕一些LED小彩灯（见下面介绍的方法），或者高高低低悬挂一些彩色玻璃茶烛灯笼。还可以将LED小彩灯穿过餐桌周围的格架隔断，营造更私密的空间。

左图： 华丽的玻璃灯笼、星星点点的茶烛和粗大的教堂蜡烛，为这个户外用餐区平添了柔和、浪漫的色彩。

LED 小彩灯的安装

现代户外LED小彩灯有多种颜色，比安装标准灯泡的照明灯更明亮、更耐用。可以用这种彩灯为户外用餐空间增添一丝梦幻感。可以将它们安装到格子板等结构上，方便又安全；也可以尝试安装到藤架、小型景观树或绿雕植物上。或者，如果想营造现代效果，可以将它们缠绕到竹竿上。可以缠得密一些，增加光照强度。

1. 将LED小彩灯缠绕到格子板上，保持灯泡均匀但无序布置。把电线捆起来，穿进穿出会容易很多。用临时插线板接通电源，检查LED小彩灯的分布情况。

2. 使用外包塑料的金属线或黑色尼龙扎带绑缚，使LED小彩灯牢牢固定在正确位置上。如果要固定在植物枝条上，请使用软绳而不是金属线，后者随着时间推移会割伤植物。

3. 如果变压器位于室外，则需要防水外壳。如需安装新插座，需专业电工操作。细电缆穿过室外，接入变压器。

案例分析：摩洛哥之夜

这个色彩斑斓、充满异国情调的小庭院，结合了多层次的地面高度、特色鲜明的建筑元素以及用于就餐和休闲的单独区域。华丽的细节不仅带来视觉上的刺激性，也兼顾了使用上的舒适性。这是一个典型的入户式庭院，设计风格和使用方式都模仿室内环境，只不过没有封闭的天花板，取而代之的是辽远的天空。

上图：民族风的地毯和靠垫，赋予长椅丰富的色彩。

上图：柔和的粉陶色墙面，为用餐区营造了宁静的背景。

生机勃勃的摩洛哥风格充斥着这个庭院的每个角落。庭院里种植了郁郁葱葱的植物，包括藤本植物、大型棕榈和色彩缤纷的芳香花卉。城垛式女儿墙和阿拉伯式锁孔门构成了别具一格的围墙。墙面通过抹灰打底进行处理，然后漆成柔和的粉红色，与浅色陶土地砖相呼应，与蓝色和金色的马赛克瓷砖以及地面上同色系的拼接图案相得益彰。

高大的立柱围成私密一角，种植了茂盛的植物，配有舒适的长椅。另外一角则更为安静，适合赏景，配有金属桌椅，可以用餐或待客。桌上摆满了富丽堂皇的蓝色和金色碗碟，长椅上覆盖着五颜六色的毯子和天鹅绒靠垫。这里是消磨几个小时慵懒时光的绝佳场所，也是在享受户外烛光晚餐后与好友一起放松身心的不二选择。另外，还设有一个大理石的石盆水景，底座镶瓷砖，盆中溅起轻柔的水花。为石盆供水的贮水池很浅，表面贴了釉面瓷砖。

地面高差的变化丰富了庭院的纵向维度。台阶贴瓷砖，通向下沉中庭。这里的焦点是一个长方形水池。水池尽头高大的结构名为"宣礼塔"，常见于清真寺，材料为熟铁，造型上模仿摩洛哥卡萨布兰卡哈桑二世清真寺中的宣礼塔。塔的下面，浸在水中的底座上，摆放了一个造型优雅的双耳细颈瓶，里面种的是花叶龙舌兰。池中是静水，非常适合种植白色睡莲。同时，布置了两块方形脚踏石，能够拉近人与水的距离。

后面是这个花园的平面图，以及建造台阶和台阶侧壁贴瓷砖的操作说明。

右图：门洞是锁孔造型，里面是内院，种植了密集的植物，高大的柱子上贴着深蓝色和黄色釉面瓷砖。

打造摩洛哥风格入户式庭院

地面铺装
· 地面铺设陶土地砖，可嵌入装饰地砖来拼接图案。
· 采用台阶来创造高差变化，台阶可贴马赛克砖。

围墙和隔断
· 墙壁可进行暖色的抹灰处理。
· 垂直表面上可用贴瓷砖的方式增加装饰图案。
· 雪松或熟铁材质的折叠镂空隔断可为庭院引入垂直装饰元素。

植物和种植容器
· 可用高大的棕榈，叶形巨大，适合观赏。
· 用曲线别致的陶土花盆丰富庭院中的造型。
· 柑橘树、黑鳗藤和木槿会给夏季的花园带来异国风情。

构筑物和家具
可修建高大的砌块墙，保障庭院的隐私。
· 使用城堡或垛口式装饰元素，贴合设计主题。

· 使用拱形或曲线造型。
· 选择熟铁椅子和马赛克贴面的桌子。

装饰和水景
· 墙上设置锁孔形壁龛，布置灯笼或其他装饰元素。
· 水景应包含带喷泉的水池。
· 如果空间够大，可增设水渠。

照明
· 使用拉线小灯，营造灯光闪烁的浪漫效果。
· 桌上使用精致的烛灯。

"摩洛哥之夜"庭院平面图

宣礼塔

抹灰砌块墙

摩洛哥式墙柱

双耳细颈瓶

长方形水池

台阶

台阶侧壁贴瓷砖

左图: 锁孔形窗洞削减了高墙的体量感,作为壁龛,还能摆放观赏性植物,比如这盆龙舌兰。

下图: 丰富的地面高差变化能让面积有限的空间显得更宽敞。低矮、宽阔的台阶是通向下方长方形水池的最佳过渡。

植物列表

1. 欧洲短棕
2. 紫叶麻兰
3. 凤尾蓍"金织"
4. 玫瑰"爱尔兰之眼"
5. 滨南茉萸
6. 侯氏堆心菊
7. 美人蕉"小国王"
8. 迷迭香
9. 银旋花
10. 南非金钟花"非洲女王"
11. 白色睡莲
12. 加州庭菖蒲
13. 龙舌兰
14. 肾形草"紫色宫殿"
15. 万寿菊——宝石系列
16. 蒿草"银色布顿"
17. 光环箱根草
18. 花叶龙舌兰
19. 八角金盘
20. 玫瑰"雪球"
21. 芦竹
22. 大翅蓟
23. 加拿大红叶紫荆
24. 总序金雀花

上图：舒适的靠垫柔化了冷硬的墙体和瓷砖。

上图：餐具也与整体风格一致。

上图：橙色和紫色的植物很好地衬托了陶土墙。

台阶的修建

地面高差能增加庭院的趣味性。低矮的台阶很容易修建，无须专业建筑工人帮忙。设计时，仔细规划台阶的布局，选择能融入周围环境的材料。首先在方格纸上画出横剖面图，然后用木桩标出施工区域。

台阶剖面图

石板踏面
台阶立面（砖）
砂浆
夯实石填料
混凝土地基

1．测量台阶所在区域的整体高度和宽度。每级台阶的高度应为10~15cm，每级台阶的宽度应为30~40cm。

2．在台阶区域开挖并铺设混凝土地基，第一级台阶前面稍微留出空隙。混凝土干燥后，在第一级台阶的位置铺设一排砖，以砂浆砌筑，形成第一级台阶的立面。

3．砖的后面用石填料填充，用木棍夯实，使其稳固。

4．在砖和石填料上铺一层砂浆，其宽度与踏面宽度一致。铺设石材踏板，使其突出于台阶的垂直立面约2.5cm。用木工水平仪检查石板的水平性，确保有一定坡度，以实现雨水径流。

5．沿踏板的后部铺一层砂浆，砂浆层上铺一排砖，形成第二级台阶的立面。

6．用石填料填充后面，然后铺设石材踏板，方法如前。

7．继续铺砌，用水平仪检查标高，确保有轻微坡度。确保最上方的踏面与上部地面齐平。

8．每级台阶的立面可用砂浆贴上符合整体风格的釉面瓷砖。

台阶立面的瓷砖贴法

精致的细节，比如台阶立面上的瓷砖，有助于模糊室内外空间的界线，并可以与其他装饰、色彩和设计风格相一致。在本例中，选择了摩尔风格的蓝色和金色。

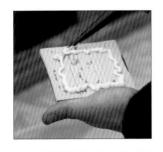

1．用刷子清洁台阶。沿台阶等距排列瓷砖，以计算间距，然后用快速黏合的户外瓷砖水泥固定每块瓷砖。

2．和些砂浆，加入足够的水，使其达到一定稠度。用一把小巧的水泥抹子，将砂浆抹入瓷砖之间、瓷砖上方和下方的间隙。

3．将砂浆抹平，与瓷砖齐平，但顶部除外；顶部（即石板下面）的砂浆略微倾斜，以尽量减少雨水滞留和污染。底部也是如此。

4．用湿布裹住食指，仔细擦去多余砂浆。然后用干净、干燥的布擦拭瓷砖表面，去除所有污迹。

果蔬庭院

  打造一个可以种植季节性作物的庭院，包括新鲜水果、蔬菜、烹饪香料、食用花卉和插花花卉等，其挑战在于如何有效利用空间。通常情况下，种植区域可能仅限于一个小露台，但通过巧妙规划和精心挑选适合所在位置的作物，庭院或天井也可以为我们带来新鲜的、自家院子里产的食材。

  各种各样的作物都可以在大花盆、花槽甚至吊篮中种植，也可以种在简单易建的花池中。果蔬庭院至关重要的一点是实用性，地面要能适应各种天气。除了种植作物外，更多的装饰性植物，如香草、花卉、灌木、藤本植物等也能吸引传粉昆虫和益虫（作物害虫的天敌），同时又能保持庭院的美观。

左图：高于地面的花池可以全年种植作物，即使在没有天然土壤的地方。可以使用厚木板，但要注意排水问题。

自家院子里的作物

乡村风格的庭院是将可食用的作物与可装饰房子的插瓶花卉完美结合的不二选择。还有什么比用自家种植的蔬菜水果准备一顿饭更令人满足呢？用采摘的新鲜香草为热菜和冷盘调味增色，还可以从院子中剪下花朵插瓶，装饰餐桌，也不失为一种乐趣。

上图： 茄子、南瓜和甜菜与旱金莲争夺空间。旱金莲又名豆瓣菜，可用于制作沙拉。

设计与选择

要想打造一座鲜花盛开的果蔬庭院，我们需要采用自然设计风格，包括作物和材料的选择。作物的种植可以比较轻松随意，只要留出足够的"边缘空间"即可，这些空间会是实现庭院特殊功能的关键。

可以用小径划分空间，在小径上铺设砾石，两边种些香草。还可以通过引入垂直元素来扩大种植空间的范围和维度，比如爬满藤蔓植物的凉棚、隔断和拱门。

可以种植大量的传统农舍作物，包括蜀葵、白羽扇豆、飞燕草和耧斗菜，玫瑰的下方可以种些猫薄荷，感觉更柔和。种植方式可以看上去很随意、没有计划

性，各种颜色、质感和香味混杂在一起，或者也可以把颜色搭配和谐的作物种在一起。

要想充分利用有限的空间，可以在装饰性种植框架内布置菜地。这不仅可以让果蔬庭院在一年的大部分时间里保持趣味性，而且还能通过吸引食蚜蝇和草蛉等益虫来保护作物免受虫害。

藤本月季、忍冬和啤酒花，经过适当修剪，都能在墙上或篱笆上生长，或者爬到凉棚及隔墙上。五颜六色的南瓜小果（藤本植物，主要种类为笋瓜和西葫芦），也会令人眼前一亮。阳光充沛的地方可以考虑营造地中海风情，方法是种植高大的洋蓟，下面种植芳香的薰衣草、百里香和鼠尾草。

经过整枝处置，苹果也可以沿着篱笆桩和钢丝生长，形成低矮的隔断。矮李子和樱桃树结出的果实可以做果酱和馅饼。光照好的地方可以靠着朝南的墙把桃树和杏树培育成爬墙果树。

即使空间非常有限，也可以在花盆和其他种植容器里种植作物。之后我们会惊讶于能有那么多产出！选择能找到的最大的花盆或容器，让作物根系有足够充裕的生长空间，也能提供充足的水分和营养。废弃的工业容器，如油桶，是很好的种植容器，但要确保在使用前彻底清洁。

可以沿墙壁布置特制的大型木制种植箱和花槽，让作物得到温暖和庇护。或者，这种种植箱也可以用来分隔空间。在天然土壤深度不足或质量不佳的地方，花池是很好的选择。用厚木板或铁路枕木形成侧墙，并用庭院中现成的土壤和新堆肥土混合填充，再加入大量腐熟的农家肥或马粪，一个高于地面的花池就建好了。

种子品种

花卉和蔬菜种子的选择从未如此广泛。五花八门的改良新品种使选择和试验成为真正的享受。通过种植一些古老的蔬菜品种能够让我们收获在商店里永远找不到的食材。条纹番茄、粉红胡萝卜、黑色菜豆……这些五颜六色的诱人品种，可以放在用自家种植的蔬菜烹制的菜肴中。为了充分利用狭小的空间，最好选择适合采摘食用的蔬菜，如菜豆、小胡萝卜、樱桃番茄等。

水果也有很多新品种，所谓的"院子品种"，包括一些低矮的乔木，如苹果、杏、桃、梨、樱桃等。这些果树会迅速成为果蔬庭院中的宝藏。

上图： 盆栽番茄放在光照充足的墙边，长势良好，但需注意养护。

右图： 这个庭院种植了蔬菜、水果和花卉。竹竿搭成的锥形结构上会爬满五颜六色的豆类，丰富了庭院的垂直维度。

果蔬庭院的地面铺装

果蔬庭院应实用，易于种植、养护和采摘。对小庭院来说尤其如此。地面铺装应具有实用性。小径应足够宽，便于手推车通过。花池应该容易够到，便于经常养护、浇水和采摘。

上图：铺路板小径看起来很随性，为庭院增加了一条安全的走道。

砾石和碎石片

砾石易于铺设，价格低廉，可以自然渗水，是果蔬庭院的理想选择。通常，店里出售的砾石都是洗过的豆状砾石，用于制造混凝土。我们可以从建筑商那里买大袋的，也可以让对方散装送货。略带黄灰色的色调让砾石能与大多数建筑背景融为一体，因此有着广泛的应用。

将砾石直接铺在夯实石填料上。不过，要知道，砾石踩上去会移位，所以边缘应额外铺设一些材料使其固定。陶土砖或石材镶边砖都适合这个用途，或者用木板也可以。

砾石是铺设花池之间小径的理想选择，因为花池的侧壁既可

上图：菜地四周砾石环绕，外围的灌木和树木形成保护边界，可以让作物免受冷风侵袭。

上图：砾石小径尤其适合果蔬庭院，比如图中这个。

以挡住花池里的土，又能挡住外面的砾石。避免铺设厚度超过5cm，否则手推车很难通过。也可以将砾石铺在杂草抑制垫上（见 p.20）。另一种方法是将砾石与少量干水泥混合，缓缓加水使其凝固并压实到位。

碎石片是一种同样很随性但更时尚的地面铺装材料。这种碎石片比砾石更大，颜色是柔和的灰色，看上去更现代，尤其适合异国情调或地中海风格的植物环境。碎石片是银叶草本植物（如银香菊和薰衣草）和蔬菜（如洋蓟、茄子、黑豆和番茄）的绝佳搭配。

砾石地面上的一条小径会让人的脚更加安全，推重型手推车和耕耘机也会更轻松。脚踏石是一种不错的选择，很适合这种类型的庭院。先把脚踏石放置在地面上选定的位置，然后在其周围铺设砾石进行填充。或者也可以用回收的厚重木板，如果能跟花池侧墙材料相匹配就更好了。

混凝土

看起来非常像风化木材的混凝土枕可以从建筑商那里或大型家装店买到。这种混凝土型材长度易于处理，铺设在砾石中，能为庭院增添独特的边界。铺设前要将地面彻底整平，石填料夯实，上面铺一层沙子，因为不平或土壤移动可能导致出现裂缝。这种材料可以用来铺设整条小径、经

久耐用的台阶、庭院重点区域或边缘。

铺路板

　　果蔬庭院中最实用、最耐磨的一种表面材料是铺路板。铺路板和砾石不同，如果把泥土弄到砾石上，那里会变得杂草丛生。而石材或混凝土材质的铺路板，或者缸砖，则很容易通过水管或刷子进行清洁，也不容易长杂草。在石填料和沙子层上铺一层水泥，适合给任何类型的铺装打底，而且表面耐磨、光滑，易于维护。

　　如果想要获得那种看起来很轻松的感觉，可以把地砖或石板直接铺在地上。首先整平并夯实土壤，然后铺上厚厚一层沙子，将地砖或石板向下压入沙层，将其固定。随着时间的推移，铺装表面可能会变得略微不平，但那只会增添庭院的魅力！

上图： 砾石是一种实用的地面铺装材料，搭配了波纹铁板种植箱，里面种了粉红色花朵、芳香的天竺葵属植物，以及卷心菜和百里香。

下图： 混凝土中嵌入铺路板，安全又实用。陶土花盆和烹饪香草使之看起来更柔和。

右图： 长方形混凝土块，在木质模具中成型，铺设在砾石小径中。

上图：回收利用的小方石，没有使用砂浆，方便排水。

上图：粗犷的鹅卵石铺装，方便刷洗或用水管冲洗。

上图：作物种植箱下面是石板地面铺装，既美观，又坚固。

厨房花园

"厨房花园"，或者叫菜园，是庭院中的劳作区，所以类似于马厩院子的风格会比较适合。有几种铺装的方法可以实现这种效果。这类铺装材料外观独特，相较于其他材料要厚得多，表面面积更小。

鹅卵石和小方石

马厩院子，或者两侧排列着马厩改建住房的街道，一般传统的习惯是用鹅卵石铺装，因为鹅卵石的形状有利于排水，而且也易于用水管冲洗。

鹅卵石通常铺设在水泥砂浆中，石块之间留有间隙，以便排水。鹅卵石很光滑，潮湿时闪闪发光，但在上面行走会不太舒服。

从建筑材料回收场获取鹅卵石也许可行，不过如今更常见的方法是使用新的花岗岩块，我们称之为"小方石"。这是一种方形石砖，表面平坦，人走在上面不易滑倒。其材质致密耐用，非常适合使用频繁的路面。常见的做法是将小方石铺设在混凝土中，也可以铺设在沙子中，更有利于排水。

如今的混凝土铺装可以模仿各种各样的外观。混凝土小方石做得最逼真；混凝土铺路板常用于车道铺装，有各种尺寸、颜色和质地可选，也可以作路面、台阶和边缘的铺装。

砖

在维多利亚时代或者爱德华时代的带围墙的果蔬庭院里，常常可以看到古朴的砖砌小径。如果想为果蔬庭院营造一种年代感，可以使用下面的一种模式铺设砖砌小径。回收的防冻砖用起来很漂亮，不过普通墙砖会更柔和，但只适合轻型交通地面。如果想要耐用，可以使用坚固耐磨的工程砖（用致密黏土在高温下烧制而成，防水防冻）。选择深紫红色和近黑色等颜色，看起来更现代。

铺砖的方式会影响庭院的外观。使用频繁的区域、传统农舍花园区域和小径，可以使用简单的图案或顺砖砌合，就像砌砖墙一样。人字形砌合更具装饰性，但需要把砖块切割成三角形来填补边缘的空隙，比较复杂。编篮图案是单元组合形式，因此，如果铺设区域在方形或矩形花池周围，这种方式会很实用，而且在较大的区域内效果更好。

与地面齐平的种植

树篱是构筑果蔬庭院花池边

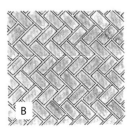

上图：铺砖时，可以使用简单的图案或顺砖砌合（A）、人字形砌合（B）或编篮图案（C）。

界的一种传统方式，与砖砌小径是绝配，砖的大小刚好与花池边缘的小型作物体量契合。

如果想让蔬菜和花草看起来更规整，可以仿照花坛的设计。可以规划几个花池，以小径划分，小径边种植常绿植物。锦熟黄杨是一种理想选择，深绿色，生长缓慢，一年只需修剪1~2次。薰衣草和银香菊也不错，还能开花，芳香扑鼻。

还可以更大胆一点，一整片地全部种植作物。可以采用结纹园的形式，常绿植物和砾石搭配，形成复杂的设计。这会成为庭院中的核心景观，对茂盛的蔬菜和花卉来说也是完美的陪衬，一年四季都有看头。

右图：这个花坛四周种植锦熟黄杨。黄色的是野甘菊，橙色的是万寿菊，中间是做蔬菜沙拉的作物，红红绿绿的叶子形成规整的几何图案。

花坛的修建

结纹园和花坛有许多不同造型的图案（结纹园是图案交织在一起，而花坛是几个单独的植物区块组合）。下面的图案很简单，在植物繁茂生长之前，图案已经很清晰了，按照位置移栽、播种香草和作物即可。种植边界的锦熟黄杨之前，土地需要进行彻底翻耕，加入大量有机肥，这样能让植物长得更好，花坛更快成形。

1．使用三角尺检查外围方格的直角。创建对角线，在中心的交叉点固定一个桩，拴上一截绳子，画一个圆。

2．用沙子或白色标线漆在地面标示出这个简单的图案。每隔15~20cm种植一株矮锦熟黄杨。

3．两年内，锦熟黄杨就会枝叶交缠，形成树篱。使用手剪进行修剪，晚春一次，夏末一次。

4．根据庭院的规模和需求，图案中的每个部分可以只种一种植物，或者也可以在其中进行划分。

上图：朝南的墙，最适合葫芦生长。

果蔬庭院的围墙

　　围墙在果蔬庭院中扮演着许多重要角色，不仅可以防风避寒，还能支撑爬墙果树和藤本植物，并有助于为植物保持稳定的微气候。任何原有围墙都应作为设计的一部分加以利用。在此基础上可以根据作物的需要增加新的隔墙，如篱笆、围栏、树篱等。

爬墙果树

　　砌体墙由砖、石头或砌块砌筑而成，具有保温性能，使其在众多隔墙选择中独具优势。砌体墙是培育不耐寒爬墙果树的理想选择，如樱桃树、桃树、杏树等。气候寒冷的地区，梨树也需要这样的环境保持。

　　根据品种的不同，在"墙树"类（通过修剪，使侧枝从中心主干向外横向生长）和"扇形"类（几个侧枝从植物底部生出，呈扇形均匀向外生长）之中选择（见p.71葡萄藤整枝法）。

　　这类修剪和培育需要墙壁的支撑。最实用、最不显眼的方法是横向固定一系列钢丝，随着植物生长将其固定到位。可将坚固的镀锌钢丝固定在楔形销片的孔眼上，使用张紧装置拧紧（见p.18

上图：木屋侧墙边布置休闲区，环境隐蔽。侧墙也是爬满藤蔓的藤架的支撑。

下图：啤酒花的根会爬满任何它能够到的墙壁或隔断。

水果种在哪？

· 朝南的墙：适合种植无花果、桃、杏、葡萄和梨。但对苹果来说会太热。

· 朝西的墙：适合一切水果，极度需要阳光和温暖的除外。番茄最适合种在这种环境中（正午阳光强烈时需要一点阴凉）。

· 朝东的墙：只有上午有阳光，所以适合比较顽强的水果。早春时节，冰霜在上午的阳光下融化，会对花朵造成损伤，所以这里不要栽种开花早的水果，比如覆盆子。

· 朝北的墙：最阴凉的地方，可以种植酸甜的莫利洛黑樱桃、烹饪用的苹果、黑莓，但结出来的水果不会像生长在阳光充足地方的水果那么甜。

· 格架隔断、拱门和藤架：任何有攀爬习性的果蔬，如南瓜小果、小南瓜、西葫芦等，都适合生长在这种有两个方向光照的地方。葡萄和猕猴桃在藤架和拱门上生长良好。格架上可以尝试种植无刺黑莓和杂交浆果。

培育爬墙植物）。想要支撑更牢固，可将钢丝穿过一系列孔眼，间距不超过 1.8m。

多股不锈钢丝是另一种选择，比镀锌钢丝更坚固，但也更昂贵，包括固定件。藤本植物和爬墙灌木都很重，尤其当果实累累之时，所以要确保所有螺栓和孔洞都有足够的尺寸和长度，以便牢固地固定在墙上（参见 p.71）。

修筑新墙

对于传统的带围墙的果蔬庭院，我们有时希望用更高的围墙替换原来的围栏或矮墙——如果相关法规允许的话。高墙挡光，但却能带来庇护，有助于营造微气候。传统的带围墙的庭院常砌筑砖墙。轻型建筑用砖很便宜，施工也简单，有经验的人都可操作。砌好后抹一层水泥，墙面会更干净整洁。色彩会增加趣味性：白色干净明亮；黄褐色或赤陶色更温暖，有助于吸收阳光热量。水泥抹灰里可以加颜料着色，赋予墙面永久的色彩，或者可以定期刷漆，保持颜色鲜艳。也可以建造砖垛，或用工程用砖为由轻型建筑用砖砌筑的墙建墙顶，用这种方法引入砖这一元素。

下图："警戒线"法，保留一根主枝，侧枝绑在横向钢丝上。

下图："墙树"法，既高产，又有良好的装饰性，适合温暖的高墙。所有果树都可以用这种方法种植，常见的有苹果树、梨树、李子树等。

上图：茂盛的红花菜豆，用一根金属杆支撑缠绕的枝条。

左图：现成的格子板即买即用，非常方便。格子板固定在墙上，漆成浅绿色，使之更好地融入环境。

爬藤作物的格架

使用木质格架是种植爬藤作物的另一种方法。可以购买现成的格子板，适合重量较轻的一年生藤本植物，如菜豆、甜豌豆、雪豌豆、香豌豆、杂交浆果等。这种格架也适用于喜欢横向攀爬的作物，如南瓜小果、小南瓜、西葫芦等，但不适合初始生长期较长的水果和永久性灌木。格子板通常直接固定于墙上或栅栏上（见 p.19 安装格子板），中间用小木块隔开，为植物缠绕留有气隙。

隔断既有装饰作用，也有实用功能，既能将花池隔开，又是其他植物的背景。格子板可用作爬藤作物的格架隔断（方法见 p.95 格架隔断的制作），让植物四周都有光照和空气。格架可以用粗糙的木板条和木棍制作，这样网格的大小就可以按照我们喜欢的尺寸来决定。建材店可以买到单元组合式的栅栏隔断，有各种风格和款式，一般用金属杆搭配黑色金属丝网，为藤本植物的生长打下良好基础。

右图：一条砌砖小径，两边是郁郁葱葱的韭菜、甜菜和万寿菊。小径穿过木质藤架和格架，架上缠绕着红花菜豆。

条编栅栏

条编栅栏是除格架之外的另一种选择，看起来更具乡村风情，很适合果蔬庭院。过去几年，乡村手工艺品开始流行起来，现在很容易买到各种尺寸和风格的乡村条编栅栏。

这种栅栏是用柳树、榛树或栗树的树枝编织而成的隔断，美观的同时又有一种年代感。不过，这类产品质量差异很大，所以如果想多用几年，不要选廉价的。

条编栅栏主要不是用作藤本植物的支撑物，而是用作菜地周围的边界和防风屏障。枝条间的空隙能让空气缓缓流过，从而避免了使用实心隔断可能导致的空气涡流问题（涡流会抑制植物生

长）。条编栅栏也可以防风保暖，吸收阳光，为植物带来更好的保护和气候条件。

左上图： 柳条栅栏可以起到防风作用，为苹果树苗营造适宜的微气候。

右上图： 乡村风格的条编栅栏构成一道低矮的围栏，将菜园与庭院的其他部分隔开。

条编栅栏的安装

传统的条编栅栏可以用柳树、榛树或栗树的树枝编织而成。栅栏会形成一个自然的背景，而如果用其他围栏板可能会造成视觉上的不和谐。除了为果蔬营造一种宜人的乡村背景外，我们还可以用栅栏来分隔堆肥区，或者隔出一个花卉香草区。安装方法是将栅栏固定在坚固的木桩上，或者，如果想更现代风格，可以使用铝柱。

1. 测量栅栏宽度，按照这个距离，使用速干混凝土或金属底座将木柱牢牢固定于地面。将栅栏的一端固定在立柱上，方法是让栅栏边缘与立柱重叠，穿过栅栏，在立柱上钻孔。

2. 使用长镀锌螺钉将栅栏固定到立柱上。如果栅栏较低，也可以用角铁打入地面来固定。用电线扎带穿过角铁上的孔，将栅栏绑到角铁上。

3. 将栅栏另一端固定到另一边的立柱上。重复相同操作，将栅栏连成围栏。栅栏最好离地，减缓底部腐烂。树篱还在生长，尚未成形时，栅栏也可以用作庭院的临时隔断或边界。

果蔬庭院的作物和种植容器

想要果蔬生长旺盛，选择的作物要符合庭院的面积、朝向和光照等条件。井然有序的种植有助于识别哪些作物长在哪里，而混合种植显得更随性，能让庭院看起来更柔和。

上图： 厨房外摆放多肉盆栽，营造了一道美丽的风景线。

上图： 高于地面的花池，可以种植需要较深土壤的作物。这些柳条编织的大花篮里，种满了番茄、洋蓟和香草。

选择种植容器

有些蔬菜需要一定的土壤深度，木桶是理想的容器。马铃薯、胡萝卜、红花菜豆和韭菜可以种植在深一些的容器中，如旧的防锈镀锌垃圾箱或洗衣盆。

其他适合农舍风格的种植容器，还有带孔眼的大号金属滤锅或滤盆，里面垫上内衬即可，可以进行悬挂种植。或者，用旧水槽或石槽打造一个"沙拉园"，整个夏天都能收获新鲜蔬菜。可以种叶片颜色鲜艳的莴苣，包括叶片紧致脆嫩的绿叶莴苣，如"小宝石"，还有采摘后会再生长的皱

叶莴苣，如"沙拉碗"、紫色的"罗莎红"和略带红色的"桑格里亚"。

可食用的、有香味的花和叶可以作为蔬菜沙拉和米饭的香料，是理想的容器植物。种植容器可能不太美观，但这些作物本身能带来色彩和趣味，比如芳香的香草或蔬菜。可以选择紫红色和黄色的堇菜，橙色和红色的旱金莲，以及粉色的胡椒。

香草的选择

如果空间有限，可以把香草种在其他作物种植区边缘，或者种在花盆里。可以选择烹饪时常

用的香草，还有那些装饰效果好的，以及很贵或者很难买到的品种，比如罗勒或香菜。可以在一个大容器里种满富含维生素的欧芹，另一个容器种满韭菜，这两种作物都是烹饪时会大量使用的香草。百里香作为一种烹饪香草有多个品种，可以根据口味选择不同的辛辣程度。类似的还有紫色和绿色的鼠尾草、直立和匍匐的迷迭香，以及牛至。薄荷在开阔地上生长十分迅速，在容器中也可以长势良好。

吊篮的制作

如果空间有限，无法布置花池或落地式种植箱，那么吊篮会是一个理想选择。在吊篮里可以种香草、蔬菜、水果、食用花卉等。大多数香草，包括百里香、鼠尾草、罗勒、薄荷、牛至、欧芹、韭菜等，都能在吊篮里生长得很好。其他作物包括沙拉叶菜、"不倒翁"（番茄的一个品种），以及采摘后还会生长的蔬菜，比如彩虹甜菜和小菠菜。不过，吊篮容易干燥，所以需要定期浇水，至少每天都需要浇水。

1. 种植前，在塑料衬垫上打孔。优质堆肥土中掺入缓释肥，填至吊篮的2/3。

2. 先把较高的作物种在中央，比如彩虹甜菜，然后在四周种上旱金莲。

3. 种些高山草莓，枝叶会从吊篮边缘垂下。"不倒翁"或矮菜豆也可以。

4. 用较小的作物种满篮子，如法国万寿菊。加满土，浇水，置于阴凉处。挂在避风的墙上。

左图: 吊篮可以挂在厨房门外，这样可以保证不会忘记浇水。

吊篮的养护

· 如果种植番茄，中午要给吊篮遮阴。

· 定期浇水，摘除枯花枯叶，保持植物健康。

· 一次采摘一点儿，给植物继续生长的机会。

· 从仲夏开始用液态番茄肥。

· 用小花盆备一些蔬菜沙拉类作物、一年生香草和食用花卉，用以替换吊篮中枯死的植物。

· 剪掉叶菜和香草的花梗，如欧芹和薄荷。

· 冬季时取下篮子；多年生植物剪枝清理；掐去枯叶；去除一年生植物。把篮子放在一个大花盆上，置于一堵避风墙的墙根下。春季重新种植，更新植物组合，添加新品种。

草莓瓮的种植方法

草莓因其鲜艳的色彩和香甜口味而备受喜爱。草莓瓮有小侧袋或孔洞，植株能在这里生长。这样，植株在容器的整个深度内都能结果。草莓瓮的底部必须有排水孔，防止烂根。种植完成后，一定要将草莓瓮放在光照充足的地方。

1．先将陶土草莓瓮弄湿，否则瓮中的黏土会把水从土里吸出来。要么把瓮放在水中约 1 小时，要么用水管把瓮冲湿。也有塑料材质的草莓瓮，但陶土草莓瓮更美观。

2．将土壤填入瓮中约 2.5cm，然后覆盖薄薄一层豆砾或小石块或碎陶渣，这样有助于排水。

3．继续往瓮里填土，直到土壤达到最下面的孔洞。在这个高度上的每个孔洞中插入一株草莓，周围填塞土壤，轻轻固定。确保植株顶部高于土壤层。

4．给瓮中以及每个新种植的孔洞中浇水。继续填土，直至下一层孔洞中。重复上述过程。同时，将一根直径 2.5cm 的钻孔 PVC 管垂直立于瓮中央，这样所有植株都能得到充足的水分。

5．土壤达到瓮口边缘以下 5cm 时，停止加土。可以在最上方的土壤中再种植 3~4 株草莓，并在植株周围适当填充土壤。

6．生长季节，需要为每个侧袋中的植株及顶部植株浇水。保持土壤湿润但不过于潮湿。每两周施一次全套肥（半月量）。侧壁有孔洞的草莓瓮更常见，上图这种侧袋形式的瓮比较特殊。

果蔬庭院的作物

为了延长生长季节，作物旁边可以种植各种多年生和一年生花卉，例如美丽的冬三色堇，清冷的季节会继续开花。大量的藤本植物能拓展花园的纵向维度。种植容器中可以种满色彩鲜艳的开花植物。

昆虫和鸟类会蜂拥到充满花粉的锦葵、迷迭香、薰衣草和忍冬花丛中，包括黑种草的种子，也能吸引这些生物，帮助植物繁殖并控制害虫。

混植

某些香草和蔬菜混合种植能通过促进健康生长和转移害虫注意力而相互受益。例如，番茄可以与柠檬薄荷和玻璃苣一起种植，后两者能吸引蜜蜂，帮助传粉。欧芹对番茄、胡萝卜、芦笋和韭菜都有好处。罗勒在餐桌上是番茄的完美伴侣，门口放几盆罗勒可以防蚊蝇。果树附近可以种植大蒜，能驱赶害虫。

上图： 角落里的小花池里种满了作物，包括皱叶甘蓝、金娃娃萱草、草莓、洋蓟、法国万寿菊、莴苣"罗莎红"、茴香、紫甘蓝、玉米、玻璃苣等。

石头种植槽的制作

坚固的石头种植槽很难以便宜的价格买到，而且也很重，难以搬运。不过，可以用人造石或水泥混合物制作仿制品。这里用的是一个釉面水槽，涂上水泥混合物，使其符合农舍庭院的风格。制作完成后，石头种植槽可用来栽种香草和沙拉菜，以及其他各种植物。

1．将水槽放在一个比它窄的底座上，这样涂上去的水泥混合物不会黏附在底座上。如果使用釉面水槽，可用瓷砖切割器在釉面上划线，使涂层粘得更牢固。

2．水槽涂上工业胶水，放置直到变黏。将等量的水苔泥炭（或类似替代物）、沙子（或沙砾）和水泥混合，缓慢加水。

3．戴上橡胶手套，从下往上将混合物涂抹于水槽上。覆盖层应足够厚，使其看上去有粗糙的质感。

4．用塑料布盖住水槽，放置一周，直至干燥。在干燥的覆盖层上涂上液体肥，以促进苔藓的生长，并且看起来有古旧感。

果蔬庭院的构筑物

我们可以通过开发垂直维度来利用庭院的每一寸空间。边界墙是爬墙果树和藤本植物现成的背景；而凉棚和拱门，以及一些临时构筑物（比如柳枝搭建的锥形结构），可以为可食用作物和装饰性植物提供更多的可能性，同时保护了庭院的隐私。

上图： 柳枝搭建的锥形架，支撑着高产的圣女果。

左图： 苹果树爬在藤架上，是下方休闲区的保护伞。

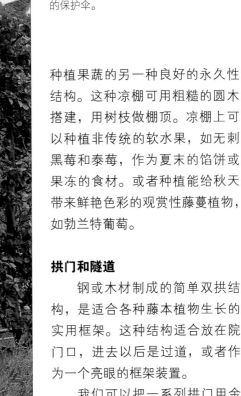

种植果蔬的另一种良好的永久性结构。这种凉棚可用粗糙的圆木搭建，用树枝做棚顶。凉棚上可以种植非传统的软水果，如无刺黑莓和泰莓，作为夏末的馅饼或果冻的食材。或者种植能给秋天带来鲜艳色彩的观赏性藤蔓植物，如勃兰特葡萄。

拱门和隧道

钢或木材制成的简单双拱结构，是适合各种藤本植物生长的实用框架。这种结构适合放在院门口，进去以后是过道，或者作为一个亮眼的框架装置。

我们可以把一系列拱门用金属丝连起来，形成一个"隧道"。在这个隧道里面可以种植的果蔬包括黄色的南瓜小果、观赏性葫芦、橙色小南瓜、红花菜豆、爬藤旱金莲、香豌豆等。紫色的爬藤法国豌豆既好看，又好吃；迷人的扁豆堪称"菜园女主角"，不但樱桃色的花非常漂亮，而且开花之后还会结出闪闪发光的紫色豆荚，可以食用，也是极好的装饰。这些植物都需要非常温暖、光照充足的环境。

上图： 钢拱架可以很好地支撑藤蔓和爬藤南瓜，还可以种梨。

培育作物的构筑物

经过剪枝培育，作物可以长在搭在房屋或院墙边的藤架或凉棚上，营造一个静谧的用餐区。爬满葡萄藤的藤架能为庭院带来夏日的阴凉，秋季时可为餐桌供应一串串甘美的水果。

如果庭院所在地气候温暖，可种植中国猕猴桃，藤条粗壮多毛，支撑着极具造型感的枝叶和多汁的果实。

熟铁或木材搭建的凉棚，是

简易藤架的搭建

我们可以在大型家装店、园艺店或苗圃店买到搭建藤架所需的套件，包括需要的所有紧固件（如钉子、螺丝等）和支架，以及预切割的木材件。也可以单独购买各种部件，自行组装。下面介绍的是使用未切割的木材和护栏立柱制作一个立方体造型的藤架。这个藤架会是我们享受劳动成果的理想场所。通过安装格子板、拉金属线，可以让果蔬的藤蔓和果实挂满藤架。例如，无刺黑莓可以在短时间内覆盖大片区域，既有美丽的花朵，又有丰富的果实。棚顶上可以尝试种植葡萄或猕猴桃。

1．使用挖沟铲挖掘一个 45~60cm 深的洞。浇水筑基，加入干燥的预拌混凝土。夯实混凝土，然后浇水。

2．使用高 2.5~3m、10cm 厚的立柱，完工后藤架的净空高度约为 2.3m。使用一根横梁和木工水平仪检查立柱是否完全水平。

3．使用建筑工人用的三角尺检查直角。将横梁放在地面上，以计算下一个要挖掘的柱洞的距离和位置。

4．使用一根 5cm×10cm 的横梁和水平仪，检查相邻的两根木头是否垂直和水平。有任何歪斜立即纠正。

5．将第一根横梁放在两根立柱上，两端留出足够的悬挑尺寸，在横梁上标记立柱的宽度和位置，以便确定槽口固定件的位置。

6．将横梁固定在工作台上，用锯切割槽口，形成 4 段。然后用锋利的木凿子去除每个部分，如图所示。

7．在两端将横梁锁定到位，并在立柱上预钻孔。用 70mm 长的镀锌螺钉固定横梁。与之平行的另一根横梁，重复此过程。

8．再取两根相同的木头，测量交叉梁的位置。用锯子和凿子制作槽口，方法同前。将第二组横梁牢牢固定到位。

9．在藤架底部用木条划定边界，将木条固定在立柱上。除掉杂草，铺上园艺专用膜，最后用碎树皮或砾石覆盖。

锻钢是制造曲线造型结构最合适、最耐用的材料。也可以用塑料管，更便宜，能满足多种高度和长度需求。

我们还可以提供尺寸，定制木拱门结构。这样，庭院一定会很漂亮，但成本也会很高。木方是最常见的木质型材，以直立木方支撑板条屋顶最为常见。就果蔬庭院而言，粗糙的木方既实用又便宜，而且非常符合乡村风格，是爬藤红花菜豆的最佳搭配。如果想更炫目一点，可以种粉色绣球"日落"、开白花的马铃薯"西瑞"以及开红花和白花的"油画女郎"蔓绿绒。

比拱门小一点儿的，也有一些简单的框架结构，市场上能够买得到。与简单的栽培袋（填充土壤的大塑料袋）相结合，这种垂直框架可以支撑喜欢纵向生长的、较重的水果和蔬菜。

上图：用阶梯式支撑架培育番茄，充分利用小空间。

高于地面的花池

在封闭空间中开辟菜地，可能会遇到两个问题：土壤贫瘠和光照不足。在挡土墙内建造高于地面的花池有助于同时解决这两个问题。首先，增加了土壤深度；其次，将植物抬高，可接受更多阳光。

砖砌挡土墙很好看，但相当昂贵。可以用混凝土砌块代替，能够降低费用，但随后需要进行

上图：木质长椅用于种植作物。边缘加高，可以起到挡土墙的作用。

左图：高于地面的花池增加了土壤深度，也能让植物接受更多阳光。

一定的装饰，以改善其过于实用主义的外观。

这类装饰有不同的类型，包括抹灰和油漆，或者也可以用陶土瓷砖，或者用编织的树枝，取决于周围环境的风格。不过，有一种更简单、更直接的方式，就是用回收的铁路枕木或其他一些重型木材来做花池的侧壁。

良好的土壤排水对这类花池至关重要。因此，施工前需要先清除多年生杂草，并翻挖使土壤疏松。别忘了在靠近墙基处开排水孔，用管道排出多余的水。

花池中必须使用优质表层土，其中需要含有大量的大块有机物，如园艺堆肥土、粪肥或树皮堆肥。作物的生长状况取决于土壤的优劣。

上图： 使用厚重的木方建造美观的花池很容易。

用枕木建造高于地面的花池

如果庭院不大，必须确保即使是实用的区域也是美观的。满足实用和美观这两个要求的就是高于地面的花池了，非常适合种植蔬菜和香草。这里使用了铁路枕木作为挡土墙。材料的重量和稳定性使施工变得容易，同时，对地基的要求也非常少。现代的枕木通常都用防腐剂处理过，所以枕木内侧要垫上塑料，以防污染土壤。

1. 链锯或圆锯是切割枕木的实用工具。如果对使用这种锯子没有信心，可以请卖家将枕木切割成我们需要的尺寸。

2. 为了避免浪费，尽量让花池需要最少的切割。将第一层枕木铺设在填充有石填料的凹槽中，然后一层层堆叠。

3. 堆叠时，注意枕木的排列，相邻两层的接缝位置不要重合。这样搭建起来的结构更稳固。

4. 使用角架，至少顶层的4个角上要用。这一层有可能坐人，或者有东西斜靠在上面，或者经常被撞到。

5. 用筛过的无杂草表层土和腐熟肥料或堆肥土填充花池。如果用的是经过防腐处理的木材，侧面需要垫上结实的塑料，以免污染土壤。

花池剖面图

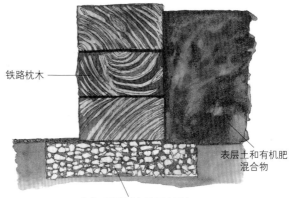

铁路枕木 ——

表层土和有机肥混合物

夯实石填料（与地面齐平）

果蔬庭院的朴素装饰

在"生产性"空间中使用"装饰性"元素，其实并不会像听上去的那么矛盾。实用的物件通常自有其装饰之美，如古老的园艺工具、陈旧的户外用具和种植容器，以及饲养或保护动物的各种装置。

上图： 这样一个小小的鸟舍，能住相当数量的白鸽。

上图： 像这样有特色的工具，在日常使用中能带给我们极大的乐趣。

上图： 一个旧篮子，比如图中这个，用来培育罗勒和番茄，形成一幅赏心悦目的画面。

实用性的装饰

日常园艺活动所用的工具就是庭院中的装饰元素。铁锹、杈子、耙子、锄头等，本身就具有一种功能美，无论是闪亮的不锈钢、带独特把手的各种工具，还是我们多年来收集的园艺工具，概莫能外。仔细选择工具，检查其重量、平衡性和质量，并注意打理，保证定期清洁和上油。

旧式花园和农家庭院的用具可以在旧货商店和集市中买到。铁皮喷壶、水桶和奶桶具有装饰性和年代感。不妨让这些工具回归日常使用。如果太破旧了，也可以再利用，比如把漏水的桶当成种植容器来使用。废弃的家用水箱可以是很好的雨水收集桶，或者也可以利用旧喷壶把水箱做成喷泉。

锈迹斑斑的农业机械设备也可以重新焕发生机，用作爬藤豆类的三维支撑架，也可以摆在花池边当雕塑。古老的长柄耙子、铁锹和杈子可以做成独特的庭院大门，也可以固定在墙上，供一年生藤本植物攀爬。生锈的链条可以挂在墙上或遮阳篷上，适合有卷须的藤本植物攀爬，如香豌豆。废弃物品再利用的可能性是无限的。

上图： 废弃的镀锌水箱，摇身一变，成为庭院里的喷泉，回收利用了宝贵的雨水。

上图： 罐头盒回收利用，喷上色彩鲜艳的油漆，成了漂亮的香草花盆。

上图： 旧金属锅、桶可以做成花盆，简单实用。

上图： 多布置些喂食器，投喂种子和坚果，能吸引各种鸟。

野生动物

　　造访的野生动物给菜园带来了大自然的气息。菜园的生命周期需要蚯蚓、蝴蝶、蚜虫、鼻涕虫等来给鸟类做食物、给土壤通气、给花朵授粉。所以，选择能吸引昆虫的植物，要避免使用杀虫剂和除草剂，否则可能会伤害菜园里的动物。鸟类很容易被各种各样的食物所吸引，包括各种种子、坚果、牛羊油蛋糕、新鲜水果等。选一个安静的、鸟类容易看到的位置，布置桌子、种子分配器和巢箱，保持定期喂食，这会让鸟儿流连忘返。

怎样将容器做旧？

· 想让陶土花盆拥有一种陈年的古旧感，可以将其浸水，然后置于潮湿阴凉的地方，使表面形成一层绿藻。

· 要使镀锌桶"生锈"，请按以下步骤操作（用锈色丙烯颜料代替水绿色）。

制造铜绿、锈和铅的效果

　　风化铜（铜绿）的明亮蓝绿色，很容易在金属和亚光塑料容器上制造出来。这里我们使用了一个便宜的镀锌桶。其实任何回收利用的金属容器，如旧插花桶、橄榄油罐或大号滤锅滤盆（需要安装链条并用塑料作内衬），都可以进行改造，成为沙拉蔬菜、香草或草莓的具有乡村风格的装饰性种植容器。

1. 打磨桶面，上金属底漆（金属表面处理剂）。静置2~3小时，使其彻底干燥。接下来，上金漆，再干燥2~3小时。

2. 刷茶色虫胶清漆，待其干燥。将少量白色美术用丙烯颜料混入水绿色颜料，加水使其具备一定稠度。这就是我们需要的铜绿色。

3. 用海绵蘸些铜绿色颜料擦在桶上，干燥1~2小时。干燥前，用毛巾或抹布擦掉多余颜料。上一层亚光聚氨酯清漆，作用是密封并保护面漆。

4. 如想用桶做花盆，需将其倒置，用一根15cm长的钉子打排水孔。先填充一部分砾石，再填充堆肥土。可以摆一排这样的桶，种紫色卷心菜、薰衣草或韭菜。

果蔬庭院的水

水是果蔬庭院中灌溉作物的必要条件。我们需要建造一个有效、可靠的灌溉系统，适合果蔬庭院和种植的作物。手动浇水很方便，但并不总是最好的选择。我们也可以用一个大桶储存雨水，还可以回收利用家庭废水，确保不浪费水资源。

上图：渗漏管是一侧有小孔的塑料管或橡胶管。

果蔬的灌溉

多产作物特别需要水，不按时浇水会减少大多数蔬菜的产量。因此，我们需要建造一个有效的定时灌溉系统。早晚是灌溉的最佳时间。给作物浇水要深，两次浇水间隔一段时间，让土壤干燥一点儿再浇水。少量浇水比完全不浇危害更大。这是因为表层少量的水会吸引作物的根伸向土壤表面，然后被阳光晒伤。

顶部洒水会是一种有效的方法。不过，这样会淋湿叶子，可能造成病害。灌溉系统能减少水的浪费，直接向作物下方供水，也就是作物最需要水的地方。废胶皮管制成的渗漏管，易于安装在高于地面的花池中（见 p.139），让水慢慢渗入土壤。

另一种灌溉菜园的有效方法是使用滴灌系统，可以购买套件，连接自动定时器。这种方法适合相隔较远的蔬菜，或者是摆放在露台上的一系列种植容器。每隔一段距离将小管插入主软管的孔中，水会在低压作用下灌溉到布置小管的位置。

水的存储

用一个大水桶，通过排水管收集屋顶雨水。与自来水相比，作物更喜欢雨水，所以这会对果树和蔬菜大有裨益。最简单的地上容器是塑料水箱，靠近底部有水龙头和出水口。这些都是功能性的，看起来可能不太美观。我们也可以根据果蔬庭院的风格，选择高大的油罐或石柱造型的容器（树脂制品）。储水容器应置于阴凉处，以保持水质。

工业铁皮水箱，虽然外观上看起来有些扎眼，但是如果被蕨类植物和其他喜阴植物遮住，看起来也会比较和谐，能够更好地融入周围环境。

经过防水密封处理的木桶也可以这样使用。一只完整的木桶只要足够大，就能作为灌溉水箱。如果是比较矮的半截桶，则可以用来制作喷泉。

上图：如果使用喷壶，注意要定期浇水，浇透。

上图：装啤酒或葡萄酒的大酒桶，最适合储水。

上图：这个桶安装了水龙头，接水很方便。

高于地面的花池的灌溉

　　如果用软管从上方浇灌，花池中的蔬菜和其他作物很容易生病，因为长时间湿润的叶子会引发真菌感染。一种实用且简单的灌溉花池的方法是使用软管接头，将渗漏管和常规软管组合起来。这个灌溉系统能确保花池中的植物在最需要水的地方得到良好的深度灌溉，同时，使叶子保持干燥。

1．在花池的侧木板上标记灌溉软管的接入点。在花池的一端，钻一个刚好能容纳标准尺寸软管的孔。

2．计算从每个花池到连接件（见下一步）以及从连接件到水源所需的软管长度。购买软管后，根据计算好的长度切割。

3．使用带关闭装置的双向软管接头阀。这种阀能将一个或多个软管连接到水龙头上，或软管彼此连接。每个接头有一个切断阀，可以改变水流方向。使用内螺纹软管接头连接两条软管。

4．将短软管的另一端插入钻好的孔中。在花池内，将短软管连接到任何长度的渗漏管上。在花池外，使用内螺纹软管接头连接另一段软管。

5．将渗漏管以S形布置在花池中，置于每一行植物底部，使水均匀分布到植物根部。如果不想看到渗漏管，可以埋在土壤下。

灌溉技巧

·使用帆布渗漏管、穿孔塑料渗漏管或滴灌系统这样的灌溉工具，确保水到达植物最需要的地方。这种灌溉方式可以让水以一种长而窄的模式分布，非常适合花池。滴灌的优点是最不浪费水。

·定期、频繁地给花池浇水。花池中有效的排水意味着过度灌溉不易发生。但与过度灌溉相关的问题却增多了，尤其是比较深的花池。

·时刻谨记，浇水的量和频率取决于土壤的持水能力、天气条件和作物喜好。

案例分析：菜园

这个菜园可不寻常，它毗邻树林，繁茂的澳大利亚树蕨和桉树起到挡风遮阳的作用。如此引人注目的环境，就要求大胆地选择与之互补的、同样欣欣向荣的蔬果，营造一个美丽，同时又非常实用的果蔬庭院空间。

上图：这里的花池是用户外胶合板制作而成的。

这个菜园的种植区设置了一系列花池，能够满足土壤深度和质量的要求。较深的土壤有助于避免在干燥环境中耕作会产生的问题。

上图：这只"雄鸡"永远不会打扰高山草莓的生长。

花池大小合适，方便养护和采摘，弧线形有机造型能使其更好地融入周围的野生环境中。花池的材料选择很有想象力，用的是户外胶合板，并用铆钉连接，上土红色漆。通道很宽，独轮车可以轻松通行，地面覆盖着碎石，下面是夯实的土壤和石填料。

坚固的林间小屋式鸡舍，由粗犷、质朴的原木建造。鸡舍屋顶用的是传统的波纹铁皮，用树干支撑。鸡舍对面有个小露台。家具是用回收旧浮木制作的。橙色旱金莲为地面带来生机，与小屋晒白褪色的木材形成对比，成为色彩上的衬托。整体上是荒野中一户生机勃勃的人家氛围。

冬季植物也很茂盛，不但美观，而且富含维生素，包括各种卷心菜、甘蓝、蚕豆等。藤本植物的支撑物是当地树木造型优美的枝杈，二者相得益彰。

大量的香草类植物，包括欧芹、韭菜、百里香等，从花池边缘伸出。盘起来的软管暗示着灌溉用水来自一个隐蔽的地上水箱，收集每一滴宝贵的雨水。

通过 p.142 所示的菜园平面图可以看出，这是一个耕种空间，一个野生环境中的菜园绿洲。p.143 还介绍了两个实用功能系统的设计制作，一个是关于热堆肥箱的制作，另一个是如何在砾石上铺设铺路板，人可以站在上面完成耕种操作，这在菜园中非常实用。

右图：这里的每一寸空间都被味道强烈的芳香植物和质地厚重的甘蓝所利用。

打造果蔬庭院

整地

· 土壤必须够深，并具备良好的结构和质地。

· 加入大量大块有机肥，以改良轻沙土或重黏土。

· 开始整地前，清除所有多年生杂草。

· 用机械设备犁地，或彻底翻挖，以改良土壤结构。

· 播种前，清除石块并细耙表层土壤。

屏障与隔断

· 应保证菜园内一天中大部分时间都有阳光，但在极端天气下，应该有遮阴的树木或其他屏障起到保护作用。

· 在墙壁和其他垂直构筑物上种植果蔬。为爬藤作物，比如红花菜豆或葫芦，安装格架或金属丝网。

养护

· 用网保护豆子、豌豆种子和柔软的水果免受鸟类袭击。

· 采用可由定时器控制的滴灌式软管灌溉系统。

· 种植时，以及在特定区域，确保可以用软管手动浇水。

· 浇水要均匀，以保证植物生长良好，并且要浇透，让植物扎根更深。

· 定期清除杂草，或使用杂草抑制垫。

· 种植和除草时，避免踩踏和压实潮湿土壤。

· 花池中栽种幼苗后，铺上园艺毛毡，以防虫害。寒冷天气需加保护。

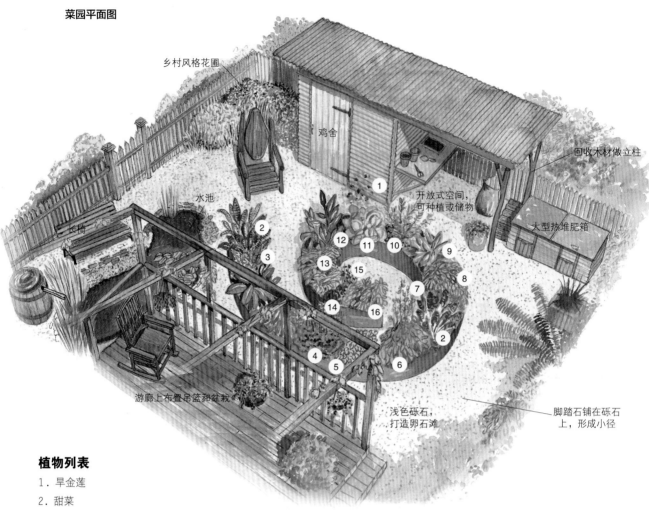

菜园平面图

乡村风格花圃

鸡舍

回收木材做立柱

水池

开放式空间，
可种植或储物

长椅

大型热堆肥箱

①
②
③
⑫ ⑪ ⑩ ⑨
⑬ ⑮ ⑧
⑭ ⑦
⑯ ②
④ ⑤ ⑥

游廊上布置吊篮和盆栽

浅色砾石，
打造卵石滩

脚踏石铺在砾石
上，形成小径

植物列表

1. 旱金莲
2. 甜菜
3. 野胡萝卜
4. 甘蓝 "希斯皮"
5. 欧芹
6. 菜豆变种
7. 圣罗勒
8. 番茄
9. 菠菜
10. 蚕豆
11. 甘蓝
12. 莙荙菜
13. 蔓菁
14. 莴苣 "罗莎红"
15. 北葱
16. 豌豆 "矮甜绿"

下图：蔬菜和较高的香草在生长
初期就用树枝和灌木丛支撑。

右图：宝座造型的椅子，坐在这
里可以看到螺旋形菜地。

上图：豆科植物通过从空气中转化出氮来丰富土壤。

上图：厚皮菜彩色的茎使菜地看起来更具装饰性。

上图：鸡舍为这个闲适的菜园营造了乡村风格的背景。

热堆肥箱的制作

　　每一个果蔬庭院都应该能制作堆肥，循环利用有机物，产生高营养的土壤改良剂。制作堆肥的材料要使用无病且会腐烂的蔬菜。

1．将堆肥箱放在土壤上，浇水并添加细树枝。

2．添加"棕色材料"（干燥树枝等）和"绿色材料"（新鲜果蔬等），二者分层交替布置。这样可以引入氧气，防止堆肥变湿，缺乏空气。

3．每隔几层，添加来自另一堆肥的肥料或庭院的土壤（内含可分解有机物质的微生物）。荨麻或紫草的叶子可以起到催化剂的作用。

4．盖上盖子，保持箱中热量和水分。

富含氮的"绿色材料"包括草叶、生果蔬、水草及水池中的其他植被、茶叶、粪肥、不结籽的一年生杂草和树篱上修剪下来的柔软枝叶。

富含碳的"棕色材料"包括咖啡渣、干燥的植物茎和嫩枝（最好切碎）、揉成团的纸、蛋壳、稻草、干草和撕碎的纸板。给箱里的"棕色"层浇水。

热堆肥箱剖面图

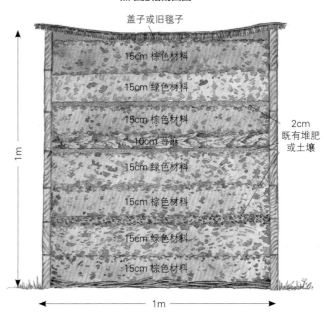

盖子或旧毯子
15cm 棕色材料
15cm 绿色材料
15cm 棕色材料
10cm 荨麻
15cm 绿色材料
15cm 棕色材料
15cm 绿色材料
15cm 棕色材料
2cm 既有堆肥或土壤
1m
1m

在砾石上铺设铺路板

　　如果认为铺装成本太高，砾石是一种不错的材料选择。但如果面积过大，砾石地面会让人感觉单调乏味。这种情况下，可以使用铺路板来丰富地面的质感，如下图所示。或者也可以用枕木（实木或混凝土仿实木效果）。砾石地面上铺设铺路板或枕木的另一个优点是让步行更安全。

1．将地砖或铺路板放置到想铺设的位置。这里用的是表面有裂痕的砂岩石板。我们也可以用缸砖或混凝土仿石材效果的铺路板。

2．将石板周围的砾石清除掉，以此标记需要挖掘的位置。拿开石板，挖一个方形坑，大小刚好能容纳石板，挖出下面的石填料。

3．将石板放入坑中，检查石板与砾石是否处于同一平面。用一根直边木方将砾石填回石板周围，使其平整。

4．缸砖或小石板可以消除大面积的砾石或石板路的乏味感。可以让石板挨得更近，拼接出一个平整的区域来布置座椅。

静修式庭院

　　快节奏的现代生活使我们需要寻找平静与安宁。这个愿望可以在庭院或露台上实现，即通过治愈心灵的植物和大自然的质感，打造一片适合冥想的静修之地。

　　这种风格的一些元素借鉴了东方园林设计的低调美学，其特点是简约自然。静修式庭院是一个避风港，会给予人们精神上的滋养，让人放松身心，是一个能够让人停下、静止和反思的空间。在这里，我们可以接近大自然，通过观察嫩芽、花朵、果实和种子的循环往复，来理解和欣赏四季的交替变化。亲手耕耘是这一治愈过程的一部分，有助于我们振作精神，平静心灵。

左图： 封闭、色彩、光影、声音，这些元素在此处融为一体。中央喷泉汩汩作响，水面折射着阳光；植物以蓝绿二色为主，营造出宁静、轻松的氛围。

室外的韵律

一座静修式庭院应该是自然的、低调的，有序中透着随性。它会刺激人的感官，在身心上吸引我们，带我们去发现郁郁葱葱的植物，感受植物所带来的维系生命的水和氧气。微风吹拂树叶的沙沙声、涓涓的流水声和啾啾鸟鸣声，会让人们在静修式庭院中沉醉不已。

上图：丛丛绿草和开花的多年生植物，营造出舒缓心情的环境。

茂盛的绿植

密集的植物覆盖有助于在静修式庭院中营造一种私密感，而这种远离他人关注的感觉，在繁忙的城市环境中可能是一种稀有而宝贵的财富。

选择合适的植物可以创造"活的屏障"来封闭空间，通过种植一层层的绿色植物来实现这一目的。例如，庭院后部可以种植高大的竹子，形成一道屏障，然后往里一直到庭院前方，逐渐减少种植的高度和体积。这样，我们就引入了一个新的维度，即在常规的高度和宽度内，增加了进深这个第三维度。

树蕨有着令人印象深刻的造型，长长的、弯曲的蕨叶构成巨大的树冠，在树下形成斑驳的阴影。而人工修剪的常绿灌木，如女贞属植物，或者特殊造型的松树，能将大胆的形态引入庭院。

树木之间可以种植娇嫩的青草，环境会更柔和。草叶在微风中摇曳，沙沙作响。树下可以种植多年生植物、蕨类和苔藓。用于修剪塑形的常绿植物可以与落叶灌木以及多年生植物相结合，形成一个微景观，体现季节的变化：从春季精致的花卉到被秋风染红的树叶，再到寒冬里光秃的树枝。

硬质景观与构筑物

可以通过引入硬质景观元素来丰富静修式庭院的结构和质感。一个小空间甚至会因为地面高度的微小变化而让人觉得宽敞了起来。不过，要确保这种高度的变化容易察觉，规避将人绊倒的风险。

不同的地面高度可以用和缓、低矮的台阶连接，沿着台阶进入蜿蜒的小径，引领大家逐渐穿过庭院，让人们有足够的时间欣赏周围环境。松散的砾石或碎石片看起来轻松随性，其有趣的质感与周围柔软的树叶形成对比。

构筑物应该能融入自然的环境设计。其材料应采用质感突出的原始材料，比如天然木材和石材，应以接近其原始自然状态的形式出现。回收利用的枕木和浮木，二者结合，最适合作台阶和挡土墙，而天然石块本身既是实用元素，也可以作为雕塑使用。

观察点

布置观察点的目的是让人们可以更好地欣赏周围环境。在不同的位置布置舒适的座椅，尤其是在那些可以欣赏庭院中突出景致的位置。禅宗风格观景花园可以成为庭院中一个有趣的中心景观。这种花园可以设计成经典的清冷风格，比如细碎的砾石地面，点缀以精心挑选的假山和少量常绿植物。结实的竹篱笆是适合这种风格的背景元素，虽然可能过于简陋了。或者，也可以种植竹子，形成一道绿色屏障，又不会喧宾夺主。

水的魔力

庭院里的水总能让人身心放松，屡试不爽。安静的水池能营造清新、凉爽的空间，水面上有光影和周围环境的倒影。周围种上婀娜多姿的亲水植物，还能吸引鸟类和其他野生动物来饮水沐浴。

上图：禅宗风格观景花园的象征性设计，暗示着山、林、田、海。

右图：构成隔墙的木柱漆成牛血色，辅之以银叶拟蜡菊属植物和红褐色的龙血树。

静修式庭院的地面铺装

静修式庭院的地面应该是简单舒适的。可以选择未经加工的天然材料铺设地面，比如未加工的木材或粗凿石材。自然的纹理和风化的表面有助于给人留下一种印象，即让人觉得这些材料就是在庭院里一点一点地变成这样的。流线型设计有助于营造宁静的氛围。

上图：刷一层清漆能更加突出木材的纹理。

砾石、鹅卵石和碎石片

松散，随性，踩上去嘎吱作响，这样的特点决定了砾石是适合自然设计风格的一种低调的地面铺装材料。砾石涵盖各种大小的碎石料，通常是取自河床上的豆状砾石。这种砾石价格便宜，使用方便，非常适合用于小径或者大面积的、作为背景区域的铺装。碎石片是大理石、石灰石或花岗岩的碎片，主要用作装饰性覆层。

比起砾石，鹅卵石似乎更为优雅。这种石头被海水冲刷得十分光滑，颜色柔和，从奶油色、粉色、灰色到近乎黑色不等。尺

上图：回收的绿色微晶石铺设的一条小径，用砖镶边，与周围的绿色植物相呼应。

上图：大圆石和海滩鹅卵石形成一条质感丰富的步道。

寸从几毫米的小石子（非常适合小径铺设），到大鹅卵石（非常适合应用于水景和草场）。可以将不同尺寸的鹅卵石组合使用，形成一个整体的设计。用小鹅卵石铺设的小径，可以用较大尺寸的鹅卵石镶边，质感更丰富，同时还能防止道路两侧的植物蔓延到路面上来。可以将大号鹅卵石堆成几堆，与远处简单的障景种植形成对照。还可以布置一块巨石，增加观赏性。可以用鹅卵石在自然风格的水池边营造海滩效果，要做到越靠近水池，鹅卵石尺寸越小。

碎石片也是一种不错的选择。其形状让人联想到碎石坡，因此营造出的是类似山地而不是海滩的效果。碎石片上会覆盖绿色和紫红色的苔藓，尤其适合自然风格的种植设计。

碎石片铺在地面上，是一种具有装饰性的保护层；而直径约40mm的大块碎石片，可用于使用频繁的区域，如过道。碎石片最适合用来营造干枯河床的效果，模仿溪流沿着斜坡蜿蜒而下。虽然也可以用鹅卵石代替，但碎石片色调更深，更容易让人联想到水，而且潮湿时效果更好，其颜

上图: 光滑的长方形石灰岩，在喷泉边形成一个看起来很凉爽的露台。

色更具视觉冲击性。

硬质地面

黑色花岗岩是经典的地面铺装材料，也可以使用其他材质的石材。厚重的板岩潮湿时看起来特别漂亮，而含有化石遗迹的印度砂岩能够彰显它的古老起源。沉重的大块岩石间隔布置，也可以暗示一条假想的穿过落叶的小径，但这种小径通常并不是真的供人行走的。

石头与土地有着明显的自然关联，而木材也是静修式庭院中一种有趣的材料。树木是从地上长出来的，而木材通过铺设走道再次与土地联系起来。厚重的大

木块可以作为脚踏石使用，铺设在砾石小径上，极具视觉冲击力，与周围环境形成鲜明的质感对照。

遇到有坡度或高度有变化的地方，可以使用厚木板来挡土，在砾石覆盖的表面形成低矮的台阶。

当脚踏上砾石地面时，砾石很可能会滑动，因此木材也能起到固定的作用，让行走更安全。锯成一块块的铁路枕木或回收的梁木是实现这一目的的理想材料，而大块的浮木还具有一定的雕塑效果。铺设时让木料陷入地下，与表面的砾石齐平。

上图: 历经风吹日晒的木板，铺设在卵石地面上形成一条既安全又富于质感的小径。

左图： 木板固定在下面的地基上，看起来似乎漂浮在水池上，形成一个私密而宁静的观景平台。

小径与步道

在静修式庭院中，小径的主要作用是营造一段缓慢、蜿蜒的旅程，给思考留出时间。小径不应该让人一眼就看到尽头，沿途应该有点儿风景。无论小径地面上的材质是砾石还是草皮，上面都可以放置几块脚踏石，不必嵌入地下，就能轻松营造日式庭院的氛围，形成质感对比的同时，也成就了一条既美观又实用的步道。选择大小相似、形状不规则的粗石板，效果更为自然。

木栈道的引入可以作为静修式庭院中又一个迷人的元素。木板适合设计成很多风格，下面还可以垫桩，让木板离地，增加一个新的维度。用这种方法在水池中间或旁边铺设木栈道，效果会更好，同时，木板下面还能做野生动物的避风港。如果无法建造水池，沼泽花园也是一种不错的选择，具有类似的视觉效果。可以在一片区域内种植高高的芦苇等挺水植物，当中布置一条木栈道。风吹过草叶的沙沙声，下垂的种子穗，意境悠长。

比起木栈道，很多人可能更喜欢观景台。如果庭院建在山坡上，观景台会是理想的选择，可以俯瞰下面的风景。如果要考虑建造水池，那么木板平台可以搭建成非常实用的座位区，特别是悬在水面上时，会让人感觉更接近自然，同时成为野生动物生存环境的一部分。另一个涉及木材的设计方法是用枕木建造高于地面的花池（见 p.135）。

上图： 大块岩石和碎石打造出一种干枯河床的场景氛围。

上图： 脚踏石轻轻嵌入草丛中，与传统的混凝土铺路方式相比，这种形式效果更自然。

鹅卵石海滩的营造

　　天然材料创造的旋涡图案可以为静修式庭院增添赏心悦目的景致。这种设计感十足的、自由流畅的图案，其设计灵感来源于圆形陶瓷住址牌，也象征着阴阳的对立共生。可以布置一块带有日文或中文的圆形脚踏石，或者一个陶瓷浅盘，里面装上水，兼作鸟儿的浴盆。这些都可以作为设计的核心元素。或者，也可以在一块高大、粗糙的岩石周围布置鹅卵石。

1. 首先确定各种元素布置的位置，包括花盆、核心元素和巨石。将核心元素和巨石轻轻陷入砾石中，使其看起来更自然，仿佛经过了时间的沉淀。

2. 将一袋颜色暗淡的棕色和灰色鹅卵石倒入巨石间的空隙中。作为整个微型景观的背景和统一元素，鹅卵石不需要精确布置。鹅卵石部分掩埋巨石，模仿天然海滩。

3. 再用一袋带灰点的花岗岩鹅卵石覆盖一部分之前的鹅卵石，形成自然的过渡。或者，也可以用同样颜色的棕色和灰色鹅卵石，但尺寸要小，用同样方法过渡。

4. 用碎砾石填充较大石头之间的间隙，同时在边缘处混入一些碎石，使其与原始砾石地面衔接起来。

5. 最后，使用白色鹅卵石创建一个旋转波形图案，尾端逐渐消失在盆栽植物中。边缘处的白色鹅卵石要铺得薄一些，让人联想到大海的泡沫。

6. 后方设计竹篾围栏，形成风格统一的背景。再种些东方植物，如莎草和竹子。这样的景致特别适合东方风格的设计，即使在狭窄的过道或阳台也能实现。

静修式庭院的围墙和隔断

封闭感是静修式庭院很重要的一个方面。围墙和隔墙可以使用柔和的天然材料，如竹子建造，也可以用有光泽的、表面反光的材料建造，以增加神秘感。如果隔墙的外观不尽如人意，也可以用一些方法来改进，比如增加织物隔断，或者用绿色植物遮挡。

上图： 小径边悬挂的酒椰叶纤维隔板，在微风中轻轻飘动。

上图： 朴素的墙壁上嵌入一块巨型液晶面板，与旁边高大的竹子交相呼应，共同构成这个宁静小院的背景。

竹子隔断

传统的日式庭院喜欢用竹子隔断，制作方法是将截好的竹竿用黑色细绳绑在一起。这种隔断可以买到现成品，但质量好的可能很贵。其实我们完全可以自己做，但要找到合适的竹竿，直径3~5cm即可。可以交叉排列形成菱形图案，用结实的园艺绳代替传统的黑绳，打统一的结。相对来说，竹子更经得住风吹雨淋，

但要离地，否则会腐烂。可以将防腐木桩以混凝土浇筑的方式固定于地面，再将竹子隔断固定在木桩上。这种隔断舒适透气，用来划分空间或用作背景都是不错的选择。

想要更牢固一些，可以用防腐木条打个支撑架，将竹子固定在上面。首先将立柱垂直钉入地面，在距顶部和底部15~20cm处钉两根水平杆，用于固定垂直竹竿。在立柱上预钻孔，然后用黄铜螺钉或更经济的不锈钢头钉将横杆固定在立柱上。

现成的竹子隔断可以成卷购买，只需用钢丝绳或麻绳将其直接固定在支撑架上即可。这种结构轻巧方便，适合用作防风隔断。建造支撑架时材料可使用木桩（方法见 p.153），或使用细竹竿（用钢丝固定在一起）。

酒椰叶纤维编织的板材具有轻巧透气的特点，可以悬挂起来，任其在微风中自由飘荡，或水平向，高悬于头顶，界定下方区域；或垂直向，标记一条路径。

如果不用"死"竹竿，而是用"活"竹子，那么这种隔墙的效果就会完全不同。有绿叶，有竹竿，颜色从鲜黄、绿色到黑色。竹子是容易过度生长的植物，如果担心其无节制蔓延，可以在园艺店购买成卷的阻根垫。

上图： 现成的竹编板材固定在支撑柱上，形成简易轻巧的隔断。

上图：银桦幼树的树干，构成了一道别致的半开放式隔断。

右图：如果直接插入地面，竹子会受潮腐烂。这里将竹竿固定在木架上，形成一面既美观又耐用的栅栏。

竹子栅栏的制作

在日本，竹子栅栏和隔断的设计与制造是一门高度专业化的艺术，如果想简单一点，可以购买现成的竹子隔断，或者按照以下步骤制作。这里用到的材料随处可见，无须购买昂贵的进口商品，即可制作出地道的日式竹栅栏。

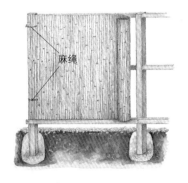

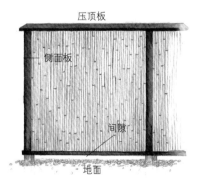

1. 木桩间隔 1.5~2m，在相应位置挖 45~50cm 深、20cm 宽的坑。用混凝土将木桩固定到位，最下方的板条距离地面 4cm。在木桩中间和顶部凿出榫眼，将横板条榫接到木桩上。

2. 将买来的竹栅栏卷材固定到最下方的横板条上，用麻绳将其一端临时固定于一侧木桩上。展开卷材，用麻绳将其固定到横板条上。

3. 用侧面板压住卷材另一端，用螺丝将其固定于另一边的木桩上。削平木桩顶端，使其与竹子齐平。木桩顶部铺设压顶板，既美观，也能防止雨水渗入。将压顶板用螺丝固定。将板材染成灰黑色，与竹栅栏形成对比。

右图： 竹子隔断为开花灌木营造出美观的背景，也能提升庭院的私密性，同时又不完全遮挡光线。

营造氛围

隔断未必需要遵循传统路线，现代隔断可以带来独特的外观，同时又不偏离静修式庭院的自然风格。毫无疑问，古旧的、磨损的、表面生出铜绿的材料，更适合出现在深沉静谧的静修式庭院中。甚至相当现代的材料，随着时间的推移，也能呈现出这样的外观效果。金属板可以用作背景或墙面材料，经氧化后，会演变成有机的颜色和质感。铜会从光亮转变为浅绿色的铜绿效果；锌会从深灰色变为白色粉状表面，与绿叶相映成趣；而钢会生锈，变成深红的锈色。铝、镀锌铁、铜或锌制成的压型金属板可作为室外墙面上的装饰使用。

玻璃隔断用在庭院中可以产生视觉停顿，同时又不会阻断望向远处的视线。玻璃上还能镌刻花纹，增加设计感。半透明的、

类似薄纱的织物也有类似效果，而致密的织物则起到隐藏和封闭的作用。

有一点不要忘记：任何不透风的材料都会挡住风，造成空气涡流。因此，板材之间应留出适当间隙，用固定件牢牢固定，让强风能够通过。

上图： 半透明玻璃隔断上有波浪形凸起花纹，仿佛雨水轻轻流淌。

上图： 金属丝网上铺一层保水纤维布，将多肉植物固定其上。

上图： 这个乡村藤架以轻薄的棉布作隔断，形成一个舒适而隐秘的角落。

静修式庭院围墙的建造要点

· 围墙的视觉效果应明快，避免让庭院显得压抑。

· 隔断墙可以使用不透风材料，如抹灰砌块或上漆压层板，分段布置，两两之间留出种植空间。

· 将截好的竹竿固定在木架上，防止竹竿接触潮湿的地面；将竹竿布置成格子图案，用黑绳绑缚，模仿日式风格。

· 冬季将新剪下的柳树（如蒿柳）枝条插地栽种，形成一道"活的"隔断；可以编织成网格状，增加致密度和趣味性。

· 枯柳枝编成的板材可用作临时隔断，非常实用。

上图：精致的织物隔断，上下用板条拉紧，既能挡光，又不完全遮挡光线和视线。

下图：不透风墙面可以将人像元素嵌入其中，比如这个富有想象力的案例，非常符合静修风格。

静修式庭院的植物和种植容器

无论其他元素怎样选择，植物才是让静修式庭院焕发生机的关键，但并不一定需要大量的植物。抽象、冥想的设计风格，可以通过象征性地使用树木和植物造型，戏剧化地表现出来。

上图：尖叶齿叶猬丝兰（别名"沙漠汤匙"）和热带植物莺歌凤梨组合，极具观赏性。

中性空间的设计

为了实现植物和硬质景观的平衡，庭院中布置一些视觉"休憩"空间很有必要。在西方园林的设计中，这一功能通常通过草坪来实现，有时也使用地面铺装。但按照东方人的思维，光滑的鹅卵石也能起到类似的使人平静的效果。将鹅卵石嵌入曲线设计中，能带来动感和图案，使人联想到起伏的山峦或湖面的涟漪，就像我们在传统的禅宗风格观景花园中看到的那样。这类设计也可以使用精心挑选的大型种植容器和造型感强的植物，而不是用传统上总是跟这种风格绑定的大圆石。

软和硬的平衡

对西方人来说，纯粹的石头花园可能看起来过于冰冷，最好能融入一些有生命的"森林"元素，即用植物来缓和一下。不过也不能让植物喧宾夺主，可以侧重于选择一些造型感强的观赏性植物，而不是让绿植蔓延式生长。修剪出造型的常绿植物，覆满绿苔的小山包，都能呈现具有观赏性的静态造型，而一丛丛羊茅属植物和莎草在风中摇摆，则彰显着动感的魅力。

选择花盆

种植容器是庭院和房屋之间

的过渡，选择时要考虑到静修式庭院的环境，符合东方风格。市面上有很多炻器花盆，有的带釉，颜色有灰绿、暗蓝或神秘的紫红。或者，日本陶盆的深褐色釉面可能更适合营造那种饱经风霜的氛围。炻器通常防冻，但最好跟商家确认一下。

有的花盆没有排水孔，这样的花盆适合种植亲水植物，如莎叶草或沼生驴蹄草。如果没有地方修建真正的水池，炻器装上水就是一个微型"水池"。或者在里面插满鲜花，非常漂亮。冬天如果结冰的话，就不要在这种容器里装水了。高大的水罐本身看起来就很漂亮，不需要用植物来装饰，但如有绿叶衬托则观赏性更佳。

植物造型

修剪在植物的造型设计中非常重要。在西方，人们通常用灌木制作绿雕，常用的有锦熟黄杨和欧洲红豆杉。日本人喜欢将针叶树修剪成具有象征意义的造型，他们称之为"云状修剪"。

常绿松树被尊为稳定和持久的象征。黑松和赤松都有矮生人工栽培种，也能承受必要的修剪。俯卧和下垂的松树，如北美乔松和垂枝赤松，是追求形态造型的庭院的理想选择，尤其适合砾石和碎岩石区域。其他针叶树也能

上图：低矮的草丛，在两种铺装之间实现了自然的过渡。

上图：波纹铁皮花盆表面条纹状的氧化层与薰衣草相得益彰。

做造型，比如云杉属，可以修剪成小巧美观的形态。

塔斯马尼亚蚌壳（俗称软树蕨）也有引人注目的造型：粗犷的纤维状树干，鲜绿色的蕨叶形成宽阔的树冠。尽管一般认为塔斯马尼亚蚌壳（俗称软树蕨）不耐寒，不过在庭院这种有庇护的环境里也能繁茂生长。如果庭院所在的地区没有适合塔斯马尼亚蚌壳（俗称软树蕨）生长的气候条件，选择棕榈和欧洲矮棕也能产生类似的视觉效果。

右图：杜鹃修剪成绿雕造型，与砾石地面搭配，沉着优雅，令人眼前一亮。

麝香兰的种植

麝香兰又名葡萄风信子，有多个品种，气味香甜。可以在每个花盆中种几种麝香兰（注意，这些品种应该同时开花），将花盆摆放在台阶边，每级台阶摆一盆，营造一片梦幻的"蓝色瀑布"。或者把花盆摆在一起，形成一块别致的"蓝地毯"，让庭院在一年伊始之时变得明快起来。花谢之后，球茎不要丢弃，从花盆中挖出，一堆一堆种在庭院里，来年春天会再次开花。

1．在浅花盆底部铺一层碎石片，保证排水。如果花盆较深，排水层也需要更厚。可以先将球茎种在庭院一角，待长成后再移入花盆中进行展览和装饰。麝香兰适应能力强，容易生长。

2．在花盆中装入一半以土壤为基质的盆栽土，然后将球茎栽入土壤表面，注意间距均衡。直径12cm的花盆种7株；15cm的种9株。丢弃干瘪或软的球茎。奇数株更容易做出美观的布置。

3．填充盆栽土至距离花盆顶部2cm，轻轻压实。用喷壶浇水，喷嘴的孔眼要细。从初秋播种时一直到冬季，记得检查是否需要浇水。开花后，用砾石或碎石片覆盖在土壤表面，会更美观。

4．定期浇水，花期能持续数周，丰富的花蜜还会吸引第一批蝴蝶和蜜蜂。一旦花开始凋谢，施高钾肥，为来年作准备。

植被选择

静修式庭院需要常绿植物形成一年四季基本的植被框架，不过，增加一些落叶乔木能反映季节的变化。最能体现东方风格的落叶乔木是樱桃树和李子树，有些品种树皮也很美观，春天还能开出满树缤纷的花朵。没有什么比樱花更能恰当地代表春天的来临。只要一棵小小的樱桃树，比如纯白的白妙樱、深粉的垂枝樱或香味扑鼻、贝壳粉的高砂樱，就足以让人在漫长的冬季后迅速振奋起来。

美丽优雅的山茶花应该在庭院中拥有一席之地。其叶片光滑、常绿，全年可观赏，春天还能开出绚烂的花朵。层层叠叠的重瓣与一枝独秀的单瓣竞相开放，中间的黄色花蕊非常显眼，与纯白、玫瑰粉或深红的花瓣形成鲜明对

上图：阳光下的竹叶，在微风中发出悦耳的沙沙声。

上图：深红色的大马士革蔷薇，掩映在多年生植物丛中，预示着夏天的到来。

比。矮杜鹃也不错，晚春开花，颜色多种多样。

秋天是另一个过渡的季节，花朵凋谢，果实成熟，树叶即将落下。此时，绚烂多姿的枫树迎来了自己的高光时刻。最常见的是鸡爪槭，品种繁多，其标志性的掌状裂叶从春天的鲜绿色变成了充满活力的黄色、金色和红色。

微风中轻轻颤动的植物，能营造斑驳的光影，使人联想到大自然，非常适合静修式庭院。比如竹子，密集排列的细竹竿，风中沙沙作响的竹叶，做成隔断或围墙，最美不过。

观赏型草类也有类似的效果，比如摇曳的细茎、沙沙作响的草叶。草类的高度一般比大多数竹子要低，适合沿小径栽种，或者一簇簇种在一起。芒有很多适合观赏的品种，夏末和秋季有精致的弓形叶子和闪闪发光的羽状花冠，如斑叶芒、细叶芒、银叶芒等。

左图：雄伟的塔斯马尼亚蚌壳，巨大的树冠搭接起来，形成一个封闭的私密空间。

上图：玉蝉花搭配欧紫萁，二者相得益彰。

上图：大型种植容器能栽种许多植物，特别适合露台。

上图：修剪成云状的一株小树，品种是齿叶冬青。

为了呈现最佳的植物造型和花朵的娇美，可将其置于夕阳能照到的地方，以夕阳的余晖作背光照明。若要体现轻盈通透之感，高沼地草和细茎针茅是不错的选择，都在弓形茎上开有羽毛般的粉红色花朵。而蓝羊茅的一些人工栽培种，可呈现出低矮的丛生形态，蓝灰色的叶片非常精致，在阳光充足的地方成簇种植效果极佳。

宁静的水池适合种植低矮的玉簪，这种植物以丰富的色彩见长，搭配叶脉清晰的叶子，观赏性极强。蓝绿色中点缀着醒目的黄色，春绿色中夹杂着奶油色和白色。

蕨类植物有着雕塑般的优雅，叶片一点一点展开，随着生长，颜色逐渐加深。木贼有着奇特的结节状茎，最具观赏价值；命名得恰如其分的螺旋灯芯草紧随其后。这类沼泽种植中，还可以加上开白花的马蹄莲（其花形独特，名为"佛焰苞"），以及燕子花"吹雪"。还有最重要的，凸显宁静优雅的睡莲。

如何修剪云状树雕？

选择一种小叶常绿灌木，如锦熟黄杨、齿叶冬青或紫药女贞。选那种"骨架"或者枝干已经长成，适合做这样修剪的植株。可参照右上角图片，修剪成云状树雕。

1. 双手拨开树叶，露出树枝的骨架。理想情况下，植株有一个或多个主枝，主枝上有粗壮的侧枝。树枝造型奇特是最理想的。

2. 剪掉不需要的树枝，留下比在这个阶段实际需要的更多的树枝。绕着植株各个位置查看，不时站远些，观察造型是如何一点一点演变的。

3. 想要保留的几个主枝，剪去其下部的叶和小枝。形状不理想的枝条，用竹竿和金属丝使之弯曲成所需造型。

4. 保留的主枝和侧枝，修剪枝条尖端以促进其紧凑生长。在每朵"云"之间留下裸露的茎干。夏春两季修剪1~2次，保持造型。

静修式庭院的构筑物和家具

庭院不是平面化的空间——高大的植物和树木、地面高度的变化、边界和围墙，都在塑造庭院的立体感上发挥了作用。庭院空间应该带来三维体验，才能让人充分享受其中。静修的空间不需要明确的区域划分，但封闭的结构可以营造出适合独处的私密领地。

上图： 鹅耳枥属植物形成一道拱门，将视线聚焦到前方的一组绿雕造型上。

拱门和框架

小径是欣赏庭院风景的良好起点，尤其是用拱门或其他结构来突出入口，效果更佳。设计东方风格的庭院，弧线造型是一种充满韵味的形式。框架结构通常引人注目，也可以用来引导观者进入小径。西方的常规做法是做成"U"形框架。相较之下，古典的日式拱门更具异国情调。宗庙花园中常用的古典造型使用高大的立柱（通常是圆形），上方有一个或多个水平雕花栏杆。立柱排列形成一条象征性的通道，象征着从一个世界进入另一个世界。这种风格的拱门单独使用时，其独特的建筑造型会给人留下深刻印象，而当连续使用时，其弧形结构能形成一个藤架或有拱顶的过道。这种拱门也可以适当改造，用在长凳或座椅旁，形成一个半封闭结构。

圆形象征着太阳和月亮，是东方常用的意象图形。圆形框架是分割或终止一条小径的一种不错的选择。独立式的圆形结构在制作上很有挑战性，所以选择材料时要小心。

砂岩或石灰岩可用于制作圆形框架，安装在垂直轴上即可。这会是令人眼前一亮的设计，不过新手肯定是无法自己动手完成的。圆形框架需要支撑结构，可以用相同的材料做隔断墙，让圆形框架与隔断墙连成一体。

也可以选用钢材，制作上就是另外一种方法了。钢材坚固且可塑，T型或H型钢可以焊接成大体量的圆形结构，甚至大到人可以从中穿过。与石材一样，钢结构的制作也是需要技术熟练的专业人士才能完成的。单个的圆

左图： 葡萄叶花纹的铸铁结构，带来梦幻般的效果。

右图： 抛光不锈钢正成为花园中越来越受欢迎的材质。这个轻盈的结构为下方的座椅提供庇护。

形本身就是非常好用的元素，不过圆形的属性决定了我们也可以采用更多不同的使用方式——可以垂直，或者呈一定角度布置；可以单独做框架，也可以多个使用，形成一条小径。分组出现时效果更佳，特别是以一定方式布置时可以形成三维的雕塑效果，更是令人着迷。

也可以使用平板钢材，能带来另外一种效果。在矩形金属板材上切割圆形开口，可以制作穿孔隔断。

生锈的效果在这种风格的庭院里会显得很自然，使用耐候钢即可实现这一效果。耐候钢是专门用来呈现这种效果的，钢材表面会形成橘色或棕色的硬皮。在有些户外雕塑中能看到这种材料，一些现代建筑也用耐候钢作覆层材料。

如果想要自己动手制作，可

下图： 一系列焊接钢环，将视线引向石圈雕塑。

以使用粗钢丝，也能带来类似的效果。粗钢丝容易弯曲，并且可以多层使用，增加视觉重量。钢筋棍和钢筋网是另一种选择，效果也非常好。这类材料通常用于

制作混凝土板，或者修筑混凝土墙。以上这些材料都很便宜，很容易买到。

圆形有多种应用方式，比如可以做成引人注目的开窗，让人忍不住去窥探里面的秘密空间。首先，用实心隔墙分隔空间，隔墙上开一个小窗，透过小窗可以看到里面的景象。如果一条小径直接通向此处，那么单一的开窗最适合不过了，尤其是远处再布置一个雕塑或一棵树，效果更佳。或者，如果小径沿墙而设，那么墙上可以做一系列开窗，带来有趣的步行体验，就像在美术馆欣赏一系列庭院设计一样。

左图： "V" 形木框架结构，外罩钢覆层，为座位区遮风挡雨。

左图： 环形小径以一段弧形木板连接，在郁郁葱葱的水池上立起一座小桥。

实现。木板应足够厚，避免扭曲变形，同时足够长，确保两端稳固搭接于地面。背面用几根横木固定，确保木板牢固连接，然后将木板固定于下方混凝土地基中的桩上。

水的周围，安全是一个重要的考虑因素。确保木板没有移动或沉降的可能性。为了避免在潮湿或结冰情况下滑倒，可以将钢丝网固定于木板表面。

如果想要更复杂的结构或者更炫目的视觉效果，可以选择木桥或石桥，有多种设计方式。木桥和石桥一般借鉴古典设计手法，用拱形结构支撑桥梁，倒映在水面上，形成另一个圆弧。实用的细部，如台阶和扶手，能够进一步为装饰带来更多可能性。

小桥可以购买成品，如果设计的是小型水景，这样做很实用。如果需要处理更大的跨度，则需要定制一些东西。

小径与桥梁

想让庭院充满动感和趣味，可以设计一条通道，沿着这条通道走过，就能从不同的角度欣赏庭院中的景观。在通道的起点可以设计一个特殊的入口，比如布置一座小木屋。小木屋是一种具有引人入胜的神秘感的建筑元素，也象征着规避日常生活压力的避难所。

另一种让通道具有冒险感的方法，是在设计中使用桥梁。桥梁能引入高度和材质的变化，本身也是一个引人注目的建筑元素。即使庭院里原本没有水池或溪流，也可以做一条"旱溪"，同样趣味十足，并且很容易实现，使用鹅卵石和碎岩石即可，里面还可以栽种适当的植物。

桥梁的风格如何选择，很大程度上取决于庭院的风格。简单的、造型自然的桥梁，适合短跨度的距离，用两三块宽木板即可

右图： 回收利用的木板嵌入鹅卵石中，形成简单的独木桥。

最右图： 木板块搭出一座妙趣横生的小桥，刚好搭配这个别致的水景，即瀑布水墙和规整的水池。

上图： 经过风吹雨淋的破旧木材，用在这个接近野外风格的庭院中制作家具，再适合不过。

左图： 独立式弧形木框架支撑着吊床，造型极富表现力。

庭护空间

要想营造静修空间宁静的氛围，可以设计一个庇护空间，一个适合冥想的地方，或者进行休闲活动的地方，比如在那里阅读或绘画。

很多人向往日本茶舍，从而在自家庭院中引入了这样一个令人印象深刻的元素。如果可能的话，把茶舍建在静水池边，增加一个悬臂式木板平台，延伸至水面上方，尽可能接近大自然。

依照经典的日本风格，茶舍通常采用木柱和木板建造，表面用砂纸打磨光滑，搭配坡屋顶，屋外是一个有顶的半敞式走廊。用木板瓦代替屋顶瓦。用精致的铜艺落水链代替水管，将雨水输送至地面。

用粗糙的木杆搭建不太正式的凉亭，是我们可以自己动手建造的庇护空间。若要显得轻盈，可将凉亭建在木板平台上，平台用混凝土地基固定。四周密密地种上观赏性草类，掩盖不太美观的地基，看起来就像一片草甸。使用耐候屋顶板材挡雨，内外均用柳条、芦苇或灌木枝覆盖。侧壁用竹网即可，可以购买现成的卷材，遮阳挡风足够了；或者也可以用致密性更好的材料，如内含金属丝的欧石楠编织垫。

家具的选择应适合庇护空间的风格。回收利用的木材和锯木制成的座椅，是乡村风格凉亭的理想选择。更正式的话，可以选择长而低的石凳或木凳，模仿传统的"观景台"式座椅。

上图： 用大号木方搭建的一个小凉棚。

上图： 石板铺设的一个区域，为赏景和沉思创造了安静的一隅。

静修式庭院的装饰和水景

上图：这组鱼雕摆件为这个规整的水池平添了一丝趣味性。

宁静的空间需要适当的装饰物来带动气氛，刺激感官。静修式庭院的装饰宜选用自然的造型、柔和的色彩和弧线形的形状。水能带来一种使人平静的感官体验，包括移动的倒影、变化的光影，还有梦幻般的拍水声、滴水声与喷涌声。

简单的方式

如果空间有限，只需一个朴素的钵或其他容器，就能做一个微型景观。可以借鉴东方热带花园的露台设计，精心挑选和布置的盆或罐能够唤起完美和平衡之感。容器里面装满水，水面漂浮几朵花，或者在水里放一把木勺，让人在炎热的夏日里尽情享受清凉。

庭院的声音

把鸟类吸引到庭院中来，能为庭院带来声音和动感。为鸟儿们准备一个盛水的浅盘，我们就可以享受观看它们沐浴的乐趣了。还有一种方法是用竹风铃或金属风铃，挂在屋外的半敞式走廊里，或者挂在树上，不仅看起来美观，还能在微风中发出柔和的音符。

要彰显个性，可以自己制作悬挂装饰品。普普通通的东西，串在一起挂起来，就能变成艺术品。可以在鹅卵石、贝壳或浮木上钻孔，制作原创雕塑。锈迹斑斑的金属鸟和昆虫，最适合自然风格的庭院，布置在植物中，会变成庭院中一个有趣的元素。东方风格的物品，如神像或具有象征意义的石灯笼，适当运用，也能作为装饰。巧用壁饰板，可以在哪怕最小的空间里开发装饰的可能性。

静水池

如果空间允许，不妨建个静水池，会令庭院焕然一新。可以选择庭院中的开阔地，规划一个规整的静水池，旁边没有悬垂的树枝捣乱，也没有围墙或建筑物形成阴影。凉爽的水面会带来一种平静的感觉，还能反射光线和移动的云。静水池能营造一个安静的环境，让人身心放松，融入大自然。水面上漂浮的莲叶，是青蛙、水黾和蜻蜓理想的着陆平台。

如果是自然风格的静水池，旁边可以用鹅卵石做成浅滩，更容易吸引野生动物下水（尤其是鸟类）。静水池边缘可以种植亲水

上图：竹风铃丰富了庭院的视觉与听觉体验。

上图：水池中的铜鹤，在大叶草的包围中遥望家园。

上图：半透明有机玻璃柱中的水向上涌出气泡。

上图：扁平鹅卵石通过巧妙摆放，成为自然的雕塑。

上图：睡莲不适合流动的水或喷泉。

上图：东方风格的庭院中把岩石用作山的象征。

植物，如鸢尾属植物、报春花、金钱蒲等，能吸引蝴蝶和其他传粉昆虫。

　　静水池可以与木板观景台结合。观景台可以"漂浮"在水面上，由看不见的柱子支撑，效果更佳。遮阳篷能让池边成为舒适的座位区，可以摆一组装饰性的石罐，里面种植水生植物，如莎叶草，或优雅的马蹄莲。

水池使用指南

· 规整的水池需要有一块开阔的平地，没有落叶树木遮挡。

· 非规整的水池，背景如果是灌木丛和亲水植物，看起来会更自然。

· 水池周围如需种植植物，可在水边形成浅沼泽。

· 静水池需要过滤泵，避免水的停滞和藻类生长。

安全提示

采取预防措施，防止儿童靠近水池或水景。

上图：这个水景极具艺术感。在规整的长方形水池中，鸢尾属植物构成的蜿蜒"小径"分割出一个静水池。可选玉蝉花"南方之子"或其他喜湿品种。

右图：在这个海岸风格的庭院中，喷泉随意布置在鹅卵石上，为环境增添了活力。

流动的水

如果想要流动的水带来声音和动感，可以在水池中加个循环泵。通过布置泵的出水口，让水围绕水池边缘做圆周运动，看起来更加生机勃勃。或者，在靠近水边的一层鹅卵石中布置一系列汩汩作响的喷水口，就像间歇喷泉一样。

自然风格的瀑布能很好地融入非规整水池。开挖水池产生的弃土通常很难处理，不妨通过修建山坡进行废物利用。山坡上布置大圆石和碎岩石，形成一处微型景观，岩石中点缀些矮小灌木、蕨类植物和苔藓。在山坡上修一条水渠，通过隐藏的管道将水抽到顶部，然后让水落入下方水池，池中有五颜六色的锦鲤在旋涡中嬉戏，美不胜收！

缓缓流动的小溪比水池占用的空间小得多，还能以一种有趣的方式将庭院一分为二。可以用水泵将溪中的水抽到溪边的鹅卵石"河滩"上，别具意境。或者也可以采用更加规整的静水渠，笔直的水道从几个矩形花池中间穿过，营造视觉的休憩空间。水道边缘可以用一窄条石头镶边，或者用深色的石片，突出动态植物与深色静水之间的对比。

上图：磨石喷泉，制作方法是在磨石中心钻孔，水泵隐藏在下面。

上图：预制树脂型材打造的山坡瀑布。点缀些沼泽植物，看起来更自然。

上图：像这样的瀑布可以完全新建，也可以建在原有的斜坡上。

鹅卵石喷泉的做法

鹅卵石喷泉的好处在于它可以建在任何地方，不管有没有水，所需要的只有电源。喷泉可以建在地面高度上，也可以建在高于地面的花池中，还可以建在庭院阴凉的角落里，周围种植蕨类、玉簪和竹子，通过汩汩涌动的喷泉展现大自然的勃勃生机，或者建在院中开阔的地方，涌动的水在阳光下闪闪发光，淋湿的鹅卵石熠熠生辉。可以将水泵和电线用砾石、碎岩石以及植物隐藏起来。需要使用防水开关。

1．在地面上标出塑料水箱的直径，挖一个比其稍宽、稍深的坑，坑底铺一层浅沙，然后将水箱置于坑中。

2．水箱边缘与周围土壤齐平，使用木工水平仪检查水箱是否垂直，提起水箱进行校正。用土回填缝隙，夯实。

3．里面放两块砖作为泵的底座，这样能防止泵的进水口被杂物堵塞。检查喷泉的塑料管是否足够高，确保高于鹅卵石。

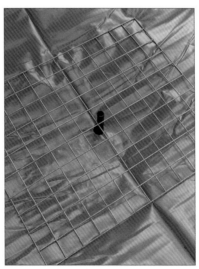

4．改造周围区域的地形，使其像一个浅盘，让水能流回水箱。用聚乙烯塑料布覆盖水箱和周围区域。塑料布中心开一个孔，让水管穿过。水箱注满水。

5．此时应检查水流，以防后期调整。水管从孔中穿过，再将塑料布放回水箱上。然后在上面盖一块镀锌网，要足够大，略伸出水箱边缘。

6．上面再放一块孔眼较小的镀锌网，以免小鹅卵石漏入。布置鹅卵石，能盖住塑料布和镀锌网即可。确保出水管的尖端干净。将电线连接到电源，打开开关。

静修式庭院的照明

照明不仅具有实用功能，还能柔和地突出夜间用餐区，或者将注意力吸引到庭院中的关键元素上——也许是一株植物，或者一盏日本石灯笼。竹子、蕨类植物和茂盛的绿草，自下而上的照明，一年四季都能赋予庭院魅力。

上图：简单的彩色玻璃烛台可以沿小径布置。

自然火焰

火是一种原始的东西，这种原始性独具魅力。即使在冬天，火塘也可能成为庭院的中心焦点，吸引人近距离凝视火焰，感受炙热。可以购买现成的小型独立式圆形炉算，也可以自己建火塘，内部用耐火砖，这样就可以烧更大的木头了。白天可以用装饰性金属网格盖住火塘，请当地铁匠做一个就行。

大号教堂蜡烛非常适合在庭院中使用。第一次点燃后需要修剪灯芯，这样做蜡烛能烧更长时间。蜡烛不要放在有穿堂风的地方，可以布置一些陶土花盆来挡风，或将蜡烛置于壁龛中。搭配彩色玻璃灯座或灯笼的小夜灯，也能营造出曼妙的氛围。可以直接用小夜灯照亮日本石灯笼，或将小夜灯置于粗犷的石托中，沿小径布置。点燃蜡烛有一种仪式感，有益于身心放松。

现代科技

现在太阳能灯的种类越来越多，而且比以前更亮、更安全可靠。对能源意识强的人来说，太阳能灯是电源供电灯具的一种非常有吸引力的、功能多样的替代品。在某种程度上，太阳能灯更适合静修式庭院，因为这种灯遵循自然的昼夜节奏，照明效果更柔和，但一定要布置在有光照的地方。

新世纪的灯光效果和灯光雕塑尤其适合静修式庭院的风格。例如，木板平台或地面铺装中可以使用光纤照明，营造一种星光闪烁的效果。

连接变压器的灯很容易安装，但要确保变压器有防水外壳。电源供电的灯具需由专业电工安装。

白色或蓝色的 LED 小灯可以用来照亮大圆石、大块天然岩石和浮木，自下而上照明，充分展示这些天然材料美丽的纹理和造型。大型的植物也适合从下方照明，而且，这种灯还可以根据需要安装彩色滤光器。模仿岩石或贝壳的灯也可以用在静修式庭院中。

上图：传统日本石灯笼可以用 LED 灯或蜡烛照明。

上图：曲面有机玻璃板在彩色灯光的烘托下产生水幕效果。

上图：壁板中嵌入双色 LED 灯，烘托了氛围。

水的照明

　　水在静修式庭院中起着重要作用，因此，夜间突出水是很有必要的。在静水池中，水面上可以漂浮蜡烛、特制油灯，或者能在水面上快速移动的透明球灯。水下照明应该低调些，不要干扰夜空的景象投射在水面上。如果使用彩色灯，选择一种统一的色调，例如深蓝色。东方风格的拱桥，可以用隐形 LED 小灯照明，突出其优美的造型，或者两边悬挂灯笼，照亮桥上的路。

　　瀑布最好从下面照明。如果庭院是阶梯状的地形，可以利用透明有机玻璃，表面形成水幕，搭配渐变色的灯光，美轮美奂。

上图：这个低矮宽阔的水池采用水下照明，效果显著。水面上的灯光营造出一种柔和、轻松的感觉，看起来像闪烁的火光。

植物自下而上照明

　　使用低压 LED 聚光灯自下而上照明，可以产生有趣的花样，烘托庭院的氛围。这种聚光灯连接变压器，可以布置在植物和花盆周围不同的位置，能产生不同的效果。以下案例中使用两盏聚光灯，材料是现代拉丝钢外壳，可用墙壁支架或地钉安装。灯具隐藏在盆栽植物的叶子中或围墙中，白天几乎注意不到。如果能把开关设在室内适当的地方或者院子里有遮阳篷之处会更安全，也更方便。

1. 将地钉插入花盆的堆肥土中，将灯具固定。不同大小的花盆可以有各种排列方式，向上和向下照明相结合，会呈现不同的照明效果。

2. 将灯具固定在蕨类植物后面，灯光会对叶子形成烘托。也可以让一盏灯照在后面的墙上，创造出一种进深感和分离感。在这里，墙壁上的一抹紫色营造出轻松的氛围。

3. LED 灯打开时几乎不产生热量，所以不必担心烤焦叶子。在这里，前景中的盆栽莎草看起来像 20 世纪 60 年代流行的光纤灯，细细的草叶泛着灯光。

案例分析：宁静绿洲

上图：佛像更容易让人进入冥想之中。

这是一座封闭的城市庭院。设计上通过对"平衡"与"和谐"的精准把控，带来丰富的感官体验，打造出一座"治愈天堂"。庭院的设计诠释了阴阳的概念，通过材料的使用和植物的色彩，体现了五行中的 4 个元素——金、火、土、水。

与房屋相连的露台朝向西侧，地势较高，从这里可以欣赏整个庭院的景色。露台地面采用石材

上图：澳洲朱蕉喜欢充分的光照；尖尖的叶子给人一种活力和乐观的感觉。

铺装，布置了一套黑色金属桌椅，可以充分享受夏天的落日。走下台阶，可以来到碎石小径。小径将庭院一分为二，朝南的是"阳"的一半，充满活力，种植火热的植物；对面是"阴"的一半，布置更为幽静。二者结合，产生了一种宁静和谐的效果。

小径直角转弯，形成一条穿过庭院的非直线路径，通向安静的水池，池中有脚踏石。一尊沉思的佛像守护着水池，佛像背后靠墙布置了一面镜子。

沿小径蜿蜒而行，人们会不断猜测在下一个拐角处会看到什么，从而给庭院增添了神秘和惊喜。沙沙作响的竹子形成一道屏障，使庭院从外面无法窥视。

小径最终通向一片神秘的林

地，那里有奖励等待着完成这次旅程的人，那便是一张可供休息、放松和冥想的竹躺椅。

我们可以将庭院划分为界线分明的几部分，比如本例是一种处理狭长地形的好方法。眼睛只能看到一个又一个分散的区域，而不能一眼就望穿整个庭院。

这座名为"宁静绿洲"的庭院，平面图（如 p.172 所示）显示了空间的视觉动感。下文介绍了铺设碎石小径的步骤，以及在水池中种植观赏性水生植物的方法。

右图：坐在宽敞的露台上，可以欣赏整个庭院中繁茂的植物。

打造静修式庭院

地面铺装
· 尽量减少硬质景观，使用天然材料。
· 小径和花池设计成弧线造型。
· 草坪和砾石区用脚踏石铺设小径。

围墙和隔断
· 营造一种封闭感和私密感。
· 边界密集种植高大的灌木或乔木，如竹子或银桦。
· 使用柳条或竹竿制成的隔断来划分空间，或作为某些布景的背景。

植物和种植容器
· 使用少量的植物品种，使种植设计保持简洁。
· 侧重叶子的效果，尤其是草、竹子和其他叶片纤细的植物，这种叶子会在微风中摆动并发出声音。
· 用一些云状修剪的常绿植物，丰富造型。

水景
· 通过水营造宁静的效果，引入光

线和动态效果，贴近大自然和野生动物。
· 水景可用观景池、小溪或水渠。
· 用盛水的浅水盘，吸引鸟类来饮水沐浴。

构筑物和装饰
· 布置有庇护的座位区。
· 在适当位置，布置有象征意义的雕塑或装饰物。

"宁静绿洲"庭院平面图

佛像
围栏
砖墙
爱尔兰石灰岩
水池
脚踏石
灰色斯诺登尼亚碎石
木边

植物列表

1. 木贼
2. 八月瓜
3. 密腺大戟
4. 麻兰
5. 紫花车桑子
6. 棕榈
7. 小叶槐
8. 澳洲朱蕉
9. 蓝长序龙舌兰
10. 玫瑰合欢
11. 扁竹兰
12. 丝兰属植物
13. 查塔姆聚星草
14. 丝兰叶龙荟兰
15. 蓝羊茅
16. 百子莲
17. 雄黄兰"索勒法戴尔"

18. 蜜花
19. 紫花扁桃叶大戟
20. 美人蕉"德班"
21. 芭蕉
22. 裂叶黑鳞刺耳蕨
23. 人面竹

右图：露台地面铺装使用爱尔兰石灰岩石板，整洁耐脏。

左图：庭院用餐区周围种了不少澳洲朱蕉。这种植物在光照充足或半阴的环境下生长旺盛。

上图：查塔姆聚星草种植在两个棱角分明的大花盆中。花盆摆放的位置界定出露台边种植区的入口。

上图： 玫瑰合欢叶子呈羽毛状，是一种精致的小乔木，适合种植在有庇护的地方。

上图： 植物叶子形成大胆的造型，层次分明，营造出一种封闭感和私密感。

上图： 长着银色叶子的查塔姆聚星草是一种多年生常绿植物，造型美观。

铺设碎石小径

碎石小径有助于烘托庭院的氛围，突出大自然的和谐和天然的材料。碎石片踩上去疏松的感觉也非常舒服。深色的、质感强烈的碎石片，最适合衬托竹子和其他茂盛的植物。碎石片有许多不同的色调和大小，根据用途选择即可。碎石片比砾石更能有效防止杂草生长，因为杂草种子会在表层砾石中发芽。但碎石片边缘锋利，对幼儿可能造成危险。

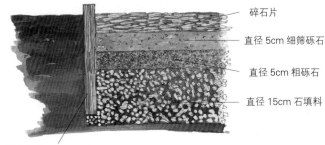

碎石小径剖面图

碎石片

直径 5cm 细筛砾石

直径 5cm 粗砾石

直径 15cm 石填料

镶边木板：30cm×2.5cm

1．用绳子和木桩标出铺设区域，至少挖掘 30cm 深。用一块结实的木料或园艺滚轧机夯实表面。

2．铺设 15cm 深的石填料，两侧垫上用防腐剂处理过的木板作为小径的镶边。木板没入石填料一截，上方高出地面约 2.5cm。将木板用螺丝拧入结实的木桩中，加以固定。夯实石填料。镶边板约 30cm 高，2.5cm 厚。

3．铺一层粗砾石，厚 5cm，在其上踩踏或用滚轧机夯实。

4．粗砾石上面铺一层细筛砾石，厚 5cm。

5．最上面铺设碎石片，如图所示，高度与地面齐平。用水管浇水，让砾石黏合得更紧密，同时冲洗掉灰尘。

木贼的种植

木贼别称"马尾"，茎高 1.2m，上有黑色竹节状条纹，能为水池增添一丝东方韵味。或者也可以种植小香蒲，也是不错的选择。用带孔的容器和水培堆肥土（掺入缓释肥颗粒）在水中种植。

1．将粗麻布垫在多孔种植篮里（要让根系能够穿透麻布），加入水培堆肥土。提前浸泡木贼幼苗。

2．栽入植物，土壤略低于种植篮边缘。填土，轻轻压实。如幼苗原本种在带孔花盆里，无须拿掉原盆。

3．用洗过的豆砾覆盖在土壤表面，深度在 1.5—2cm 之间。这样能防止池水混浊，也能防止鱼类将植物连根拱出。

4．将种植篮放到水池里，必要时放在一摞砖上，让篮子边缘刚好在水面以下。也可以尝试用深色碎石片代替豆砾，效果更隐蔽。

现代风格庭院

生活空间中的建筑能够缓解现代生活的压力。现代风格庭院，通常有着简洁的线条和低维护的设计元素，也应该具有同样的功能，整洁、利落的外观，让人身心放松。

硬质景观在现代室外空间的设计中起着重要作用。日益繁多的新材料改变了人们对庭院风格的许多先入之见。工业材料，如不锈钢和混凝土，也在庭院中有了新的用途。彩色有机玻璃、普通玻璃和"智能"纺织品也是如此。

现代风格庭院是展示前卫设计的绝佳场所。可以用简洁的隔断做背景，展示现代的雕塑、美轮美奂的水景和三维立体种植。现代风格庭院是家庭聚会、款待亲友的最佳地点，是时尚的现代室外家具的展示空间，在特殊照明和音效方面也带来了更多可能性。

左图： 这个令人耳目一新的设计采用了强烈的色彩对比和大胆的几何结构。彩色石填料用作装饰性的覆面，这种方法让平地神奇地拥有了立体的视觉效果。

上图：红白两色的有机玻璃，在大叶草的衬托下显得更加柔和。

满足现代生活需求的庭院

现代风格庭院需要大胆的几何造型、简洁的质感和清新的种植方式，创造一个动感的、结构分明的室外空间。一个明智的方法是使用与周围建筑外观相呼应的风格，在房屋和室外硬质景观之间建立视觉联系。

诠释经典

现代风格庭院常常借鉴古典设计手法，在秩序和布置上使用传统原则，但以新颖的方式重新进行诠释。新型建筑材料使复杂的结构成为可能，再加上大胆的、亮丽的色彩和出人意料的质感，已经颠覆了传统观念中的许多园艺理念。

基本结构设计可遵循传统的园林设计原则。例如树篱的修剪造型以及隔断的类型，可以设计成与窗户呼应的样式，或设计成与门协调的比例，或设计时延续屋顶的线条。这种方法有助于让室外空间反映建筑的比例和风格，实现建筑与景观的统一。

上图：巨幅丝网印刷画不惧风吹雨淋，能为庭院引入不同寻常的尺度。

现代材料

非传统的、实验性的材料的使用，是现代室外空间中的一个重要特征。混凝土可以做成抛光的独立式隔墙或宽大的台阶，而不锈钢也离开了工业环境，成为庭院中遮阳篷、隔断和雕塑的原材料。彩色碎玻璃，甚至回收利用的碎裂橡胶，可以取代传统的装饰性覆材。彩色有机玻璃隔断可以转移视线，巧妙的铺装可以造成视错觉。玻璃制成的雕塑可以在阳光下闪闪发光，而到了夜晚，又能在精心设计的照明下熠熠生辉。

现代风格庭院让城市居民可以选择各种各样古怪的种植容器，种植相应的植物，还可以选择各种前卫的雕塑。选择神秘的、抽象的艺术品会为设计带来一个全新的维度，即情感，表达主人的个人品位和偏好。

种植选择

现代园林很大程度上依赖于空间结构和造型，因此在设计小庭院时，需要注意保持整体空间的平衡。我们很容易过度关注硬质景观元素，而忽略了庭院的整体感觉。简洁、大气的设计可以让人体会愉悦的平静，而一些奇奇怪怪的现代材料则能让庭院显得活泼有趣。同时，不要忘记植物的价值，可以用植物营造庭院的氛围、活力和个性。

现代风格庭院简洁的线条为植物的展示带来低调的背景环境。乔木、灌木和多年生植物，不同的造型、质感、颜色和动感，为设计带来无尽的可能。

低维护可能是现代风格庭院的普遍要求了，不过也可以作权衡。通常会用常绿植物来界定种植设计的框架。常绿植物全年都有绿叶，通常需要每年修剪两次。不过，让植物体现季节变化也是种植设计中的一个很有价值的因素，因此也应考虑易养护的落叶品种。

同种树木排成一列，笔直的树干，相似的造型，会形成强大的视觉冲击力。树下可以种植单一品种的低矮常绿植物，修剪成整齐的造型，成为庭院的标志性特征。这种立体派种植设计风格可以从种类繁多的植物中选择合适的品种，包括草类和竹子，或季节性开花植物和鳞茎植物，让庭院四季呈现出不同的外观。

右图：这座城市庭院设计得复杂而巧妙：有透水铺装，还能将门廊上的水引入花池，既解决了雨水径流，又实现了灌溉。

现代风格庭院的地面铺装

硬质景观可以选择当地的天然材料。或者，也可以用意想不到的颜色、质地和材料创造一个"幻想之地"。简洁的线条和大胆的表现概括了现代风格庭院的形象，而地面铺装则是创建这种形象的第一个也是最基本的方式。

上图： 灰色石板突出了与砂岩小径相连的转角台阶。

左图： 草坪很漂亮，但易滑倒，且容易损坏。方形混凝土铺路板在草坪上形成一个安全的步行区，同时也是一种美观的图案。

过，这种正方形的设计适合小空间，如果是大空间可能会显得单调。矩形图案也很美观，而且有助于视觉上扩大空间的宽度或进深。如果庭院的地形多样，多种图案类型不妨一试。矩形的地面铺装似乎更有动感，通常以同样尺寸的石板交错铺设。或者，也可以切割成随机的长度，但宽度相同，或者宽度不超过3种，以增加变化和方向感。

地面铺装

地面铺装时可以选择各种各样的材料、颜色和饰面。现代风格庭院的地面可以选择天然石板进行铺装，简洁优雅，有多种色调和质地可选。

浅色石灰岩是现代设计的流行选择，尤其是在城市，其清冷的色调和反光的特性能让庭院显得宁静又明亮。这种材料比较冷硬，如果想要更温和的感觉，可以选择砂岩，有诸如蜜色和金色的暖色调。板岩有各种深浅不一的绿色、灰色和紫红色，也有金色和火红色。天然石材的颜色和质地差别很大。

网上订购材料方便快捷，但购买前最好检查并比较实物样品。可选产品种类繁多，了解质地和颜色的差异会大有裨益。英国等欧洲国家和地区的石材颜色一般较浅，质地细腻，而来自非洲、印度和中国的材料色彩更艳丽。

石材切割和抛光的方法也能改变铺装的外观。边缘清晰、表面光滑的石板是现代风格庭院地面铺装的理想选择。石板的形状和铺设图案也很重要，大胆的铺装图案会让地面看起来干净利落。

正交网格图案最为规整。不

上图： 边缘整齐、表面光滑的砂岩脚踏石，铺设成简洁的小径和桥梁。

铺路板的铺设

使用方形或矩形板材，铺砌简洁、平整的地面，是现代风格庭院的常用铺装方式。材料的选择依据个人喜好，也取决于庭院的风格。相对朴素、清爽的板材（石板或水泥板等）是不错的选择。

1．开挖深度应能容纳直径约5cm的石填料或碎石（夯实），以及上方直径5cm的道砟（沙和砾石），还包括最上面的铺路板的厚度。

2．道砟上放5堆水泥砂浆，一堆在中间，其他在4个角。将铺路板铺在砂浆上，检查是否水平，用橡胶锤敲击以校正。

3．如果面积较大，铺设时应略有坡度，确保有效排水。继续在砂浆上铺设铺路板，直至覆盖整个区域。

4．用钉子隔开铺路板。几天后，用稍干的砂浆和抹子将接缝抹平，使接缝略凹进去。

组合

小径、台阶和露台这些地方可以通过细节上的对比来突出。设计不必很复杂，比如可以将深色板岩或花岗岩嵌入浅色石灰岩地面中，清晰明朗，或者用蜜色砂岩作镶边，产生的对比效果更低调。

将植物与铺路板结合使用也会产生柔化效果。用低矮的植物代替常规的砂浆填缝，会让露台变得生机勃勃。注意两块铺路板之间要留出足够的空间进行种植。或者，也可以在草坪上布置方形铺路板，形成规整、美观的方格图案。

经济型铺装材料有很多，例如用有色混凝土或重组石粉制成的铺装材料。注意要与现代风格保持一致，选择具有自然风格饰面和颜色的简单设计。

右图：奶白色和蓝色小方石在地面上拼接出花朵图案。

左图：一株龙舌兰，再加上一些小型多肉植物和耐旱的草本植物，让这片由青绿色碎贝壳构成的超现实主义风格的沙漠景观充满了活力。

完全干燥前，刮掉多余的水泥，露出粒状骨料。

浇筑前，需要进行一些准备工作。首先将地面整平，铺设石填料并夯实。用胶合板模具限定浇筑的范围。浇筑混凝土，捣固以排出空气，然后修整、凝固。如果浇筑的是台阶或者小面积的铺装，可以将混凝土浇筑到模具中（模具用胶合板现场制作），让混凝土形成固定的形状。这个工程完全可以自己动手完成，经济又简单，借助一台水泥搅拌机和校平工具即可。

创意设计

不寻常的、意想不到的材料经常用在现代风格庭院设计中。例如，看起来像碎玻璃的彩色骨料、染色碎石片等，都可以在地面铺装中发挥作用，增加趣味性。这些材料可以应用到无限多样的设计中，也可以用来营造几何"视

细节与浮凸效果

还有些人工制造的铺装材料具有特殊造型，仅用于给铺装区域增加细节，比如边缘。例如，鹦鹉螺造型，或者模仿质地粗糙的鹅卵石。这类材料可以为平常的设计引入有趣的浮凸效果，尤其是与水景或雕塑结合使用时，效果更佳。可以用这类材料在铺装区域形成一条蜿蜒的曲线，或者用在草坪上或碎石片地面上，形成鲜明的对比。

浇筑混凝土为铺装和台阶带来有趣的解决方案。如果想要绝对光滑无瑕的表面，浇筑混凝土

无疑是最佳选择。纯白色水泥比普通灰水泥更能让人耳目一新。水泥中也可以加入彩色颜料，带来鲜明的色彩对比。

现在还有抛光表面的特型混凝土，用于现代风格下的设计，能让环境更加精致。如果更喜欢质感和纹理，可以将碎石骨料（如抛光鹅卵石或彩色圆玻璃）掺入水泥中，或浇筑后铺设于表面。

右图：混凝土仿制的鹦鹉螺，为铺装增加了细节和浮凸效果。

错觉"（在二维平面上创造出逼真的三维幻觉），或者在地面铺装中形成方格图案，在其中布置复杂的景观小品，代替传统种植。这类材料也可以构成更加流畅的、曲线优美的形状，与地毯式种植方式相结合。

再生橡胶颗粒也可以铺在路面上，或者用来代替植物周围起保水作用的覆盖物。除了中性的黑色外，还有许多明亮的颜色可选，再加上橡胶质地柔软的特性，非常适合用于儿童游戏区生机勃勃的设计中。

未来材料

工业钢格栅板通常用于修建台阶和高台，但也可用于铺设路面。可以将钢格栅板布置在天然砾石或彩色碎石骨料上，形成质感上的巨大反差，获得一种极简效果。更吸引眼球的做法是，让格栅板悬浮在小型多肉植物和蕨类植物的种植区域上方。这种做法非常实用，比如左上图中这个案例，格栅板和植物构成了通向

上图： 工业钢网面板在地毯式种植区域内形成小径。

上图： 绿色人造草坪亮得有点晃眼，独特的隔墙设计缓和了视觉冲击。

车库的小径，几何图案与天然植物相结合，二者相得益彰。

实心金属板则会给地面带来另一种外观。不锈钢或镀锌钢拥有鲜明的前卫感，适合清新的现代风格，表面可以加饰钉，非常美观，也有助于防滑。这种板材特别适合用作高于地面的小径或

台地的铺装（下方可能是水景），或者连接两个分离的区域。

尽管很实用，但金属在阳光下会变热，在潮湿的环境中会很滑，因此使用时需谨慎。

通常可以用木板代替金属来达到同样的目的，这种方法尤其适合水池周围台地的铺装。木材也能给庭院带来一种温暖、自然的感觉，通常情况下更实用。优质硬木，如枫树、桦树、白蜡树等，是最好的选择，因为这类木材更能经受高温、低温和潮湿的严酷考验。或者，也可以使用天然耐用的软木，如西部红雪松、南部黄松、白冷杉或经过加压处理的厚松木板。

上图： 木板突出了这条砾石小径的曲线。

上图： 碎玻璃和碎石片的铺装，营造出立方体花盆的视错觉。

现代风格庭院的围墙和隔断

围墙和隔断能为现代风格庭院营造整洁有序的环境。混凝土可能是用途最广泛的建筑材料了。也可以通过富有想象力的方式使用金属、玻璃、石材、木材等，创造出令人眼前一亮的效果。

上图： 隔断上大尺度的开窗，打开了望向远处的视野。

万能的混凝土

混凝土是一种应用范围极广的材料，从花池的挡土墙，到水池和水景的修筑，无处不在。混凝土也可以做成独立的隔断或其他装饰性结构。

不透风的隔断可以和瀑布水景结合，也可以作为一件雕塑或艺术品的独立背景。此外，混凝土隔断是照明的理想搭配，电线隐藏在内部，夜间能实现特殊的照明效果。

虽然能很好地保护隐私，但不透风的隔断和边界墙有时也会因压迫感而让人望而却步。不过，假如在上面开窗的话，就能削减

上图： 稀奇古怪的小细节可以拯救单调乏味的墙壁；颜色协调的花盆和木梁很好地装饰了墙上的开口。

其体量感，并且在适当情况下，开窗还可以实现借景，进而丰富庭院的视野。

混凝土可以浇筑到模具中，形成优雅的垂直造型，但更常见、更经济的做法是用混凝土砌块建造墙体，并用钢筋加固。然后用灰泥粉刷，使墙面光滑、均匀。如果想要永久性彩色饰面，可以在抹灰中加入特殊着色颜料；或者，可以等水泥完全干燥后使用户外漆。惊人的抛光混凝土效果可以在专业人士手下实现。

上图： 高大的木方形成柱列，在不封闭庭院的情况下筑起一道屏障。

上图： 木块交错布置，赋予这面高墙极佳的质感和趣味性。

大胆的墙绘

选择适当的颜色创作墙绘，能让墙面看起来像挂在户外房间里的一幅巨型油画。选择得当的话，色彩还会为空间增添活力，尤其是用于待客的空间，墙面本身可能成为空间的焦点，或者作为一道亮眼的背景。确定颜色之前，先用样品在一小方形厚纸上涂色，放在预期位置上查看效果。

1. 首先，墙壁周围留出空间，这样我们可以相对舒适地进行操作。检查墙面抹灰是否完好，如有瑕疵，需修复。如果之前从未上过漆，则先用聚乙烯醇（PVA）刷一遍，等待干燥。

2. 如果在抹灰之前上过漆，则用软毛手刷从上向下刷，以清除蛛网或脏污，尤其是边边角角和压顶石下方的区域，为重新上漆作好准备。砖上的旧油漆，可以用刮刀和钢丝刷清除。

3. 按照商家说明书制备油漆，并按照指示进行搅拌后，首先使用小刷子在边缘涂上一层油漆。户外油漆，包括砖石漆，可以根据确定好的小样定制颜色。

4. 继续在墙壁边缘作业，注意用防水油布、防尘布或塑料布保护地面铺装。清除飞溅的油漆可能非常耗时，尤其是带纹理的非光滑表面。如果是窄条区域，就用更小的刷子。

5. 换大刷子或油漆滚轮，为剩余的中心区域上漆。如果是浓烈的或深色的颜色，表面干燥时会出现颜色不均的问题。等待其干燥即可，干燥时间因温度而异。

6. 第一层油漆干燥后，用相同的方法上第二层油漆。之后可能还需要一点润色。将此场景与第一个场景进行比较，我们会看到空间的变化多么戏剧性。最后，添加盆栽植物或家具，画龙点睛。

左图：该设计的关键在于错觉和色彩。有机玻璃板构成花池的背景，3棵紫药女贞仿佛站岗的哨兵。

通透与色彩

玻璃是一种极好的围挡材料，能够在不遮挡视线的情况下挡风，因此是设计水边高台的常用材料。玻璃砖可用于修建边界墙（整面墙或者一部分），既不妨碍采光，又能保护隐私。

镜面玻璃能将光线反射到阴暗的区域，或者通过镜面上的影像，让人产生空间变大的错觉。可以将镜面玻璃布置在墙上，映出前方有趣的小品或对面建筑的外立面，产生一种双重影像的效果。更具创意的做法是，在低矮的植物间布置一系列独立的镜面，反复映照出植物和天空的重复景象，产生奇妙的视觉效果。

色彩与半透明材料搭配，能产生一种超现实主义效果，其视觉强度随着一天之中光照情况的变化而变化。彩色玻璃特别适用于现代玻璃窗，嵌在墙上，能产生浮雕般的美感。

或者，也可以使用有机玻璃，坚固又轻便，并且更易于打理和修复，因此很适合大规模应用。

一组炫目的原色有机玻璃隔断会起到雕塑的作用，令人眼前一亮。用彩色有机玻璃板组合成一面大隔断，可以呈现出蒙德里安绘画风格的外观，同时在光线通过时，在其周围投射出斑驳的色彩。

光线与光泽

不锈钢可以抛光出镜面般的光泽，反射光线，同时映照出周围植物或装饰物的有趣的失真景象。不锈钢是做边界墙和背景墙的优秀备选材料，尤其适用于强化立体感和空间感，或者让阴暗的区域明亮起来。

想要阻挡视线或者营造特殊效果，可以使用实心钢板。如果想要部分遮挡，也就是说还想能隐约地看到外面，可以用激光在钢板上切割出复杂的图案。

钢是半透明隔断之外的另一种选择。工业金属丝网可以用于在庭院中隔出不同的区域，或者用作边界墙，不会完全阻挡视线。将金属丝网固定在木框架中，可以轻松制作出坚固的隔板，安装时用螺丝将木框架拧到钉入地面的木桩上。或者，也可以用带几何形穿孔的片状不锈钢，可以产生精致的浮雕效果。这种方法适用于让隔断产生更精致小巧的效果。

上图：透明有机玻璃珠，穿在尼龙绳上，形成梦幻般的隔断。

上图：不锈钢隔断上切割出的曲线优美的图案，构成了一面引人注目的现代风格背景墙。

搭建现代风格藤架

使用基本的藤架套件或自制框架（见 p.133 简易藤架的搭建），想要什么样的藤架都可以自己搭建，风格能跟周围建筑更一致或者更符合现代风格庭院的环境。传统的格架并不总适合现代背景，所以我们应该探索其他的隔断材料，包括半透明或彩色有机玻璃板，比如下面使用的那种。或者，也可以考虑使用带金属框架的织物部件。

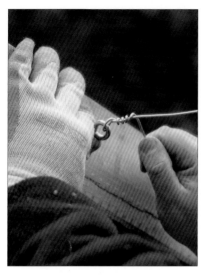

1. 木横梁会让藤架有重量感，整体看起来更传统，或者更具乡村风。或者，也可以拧入环首螺钉，用来安装镀锌金属丝，代替木横梁。然后，将金属丝固定到环状孔眼上并拉紧。

2. 安装到位后，拉紧的金属丝就构成了藤架的"屋顶"，具有功能多、重量轻的特点，能够很好地支撑藤本植物，还可以在上面安装户外灯具，或搭建临时遮阳装置。

3. 色彩在现代风格庭院中的作用不容小觑，有时我们可以用户外油漆粉刷藤架。一个小滚筒加一个油漆盘就能快速完成这项简单任务。注意滚筒蘸漆不要太多，并覆盖地面，防止被弄脏。

4. 如果要安装预制有机玻璃板作围挡，在板材的框架上间隔一定距离钻孔，一直钻入藤架的立柱中，然后用镀锌螺钉将板材固定到位。

5. 板材的另一端，可以固定到藤架的另一根立柱上，或者在地面上安一根比较短的立柱（这根立柱隐藏在板材后面），然后将板材的框架固定到该立柱上。

6. 图中所示的这个藤架，隔断的布局留出多个出入口，方便进入旁边的天井区域，同时也令藤架更加宽敞通透。地面为砾石，铺设在夯实石填料上。

现代风格庭院的植物和种植容器

几何和比例是重要的设计因素。在极简主义风格设计中，所有的骨架都裸露出来，因此，种植起到的作用必须不仅仅是辅助装饰。简洁、规则的建筑线条的呈现，在很大程度上依赖于植物，植物和硬质景观元素之间形成一种有机的平衡。

上图：巨型植物，比如这里的马蹄莲，是庭院中一个大胆的景观元素。

左图：大胆的种植设计使用了许多尖叶植物，包括棕榈、苏铁和齿叶猬丝兰等。

裸露的树干。

这种相当大胆的风格特别适合定义边界，例如，突出一条通道，或者划分水池及座位区。椴树常因其淡绿色的叶子和夏季时盛开的芳香的花朵而备受青睐。不过，桦叶鹅耳枥能在秋季很长一段时间内保持其丰富的棕色叶子，为冬天的庭院增添一些立体感。桦叶鹅耳枥适合做造型，经过修剪可以成为树篱、拱门和柱子。

种植设计

在现代风格庭院中，大胆的种植设计很有必要。单一品种的植物分组种植，有助于实现重量和规模上适当的平衡。可以通过有秩序的重复，在空间中形成一种前进感，或用这种种植设计创建庭院的焦点和亮点。

明智的种植设计可以突出宽阔、整洁的露台或小径。光秃秃的树干，在与视线齐平的高度上有拖把头状的树冠，这样设计可以成为庭院中有趣的垂直元素。可以将这样的树排成一行，间隔3m左右，在露台一侧种植，形成一条走道。每棵树下种些灌木，形成地面的视觉重量感。选择常绿灌木即可，全年可保持美观。

树木可选冬青属植物、卢李梅或杂种胡颓子，高度适当，且能经受定期修剪。黄杨属植物和女贞属植物适合做下面的立方体绿雕，而绿色常春藤属植物则能形成致密的地面覆盖层，易于养护。

乔木和灌木

虽然落叶乔木的树叶在冬季会凋落，但它们能随着四季更替改变树叶的颜色，从而改变庭院各个季节的形象。有些品种还具有其他特点，能够进行特殊修剪和造型，特别是一种名为"编结"的处理方式。比如右图中所示的这个案例，经过修剪，树冠长在水平金属丝上，最终在头顶上方形成连绵的绿色遮阳篷，下面是

上图：白桦树的漂白树干，给低矮的球状锦熟黄杨绿雕镶了个框。

竹子的修剪

成熟的竹子需要每年修剪一次，否则其优雅美观的效果会大打折扣。修剪工作主要是剪掉过于茂密的竹叶，清除残叶，以便欣赏竹茎的线条、色彩和纹理。

如果是长势特别旺盛的品种，可以通过剪掉新枝来控制其蔓延式生长。

1．紧贴地面剪掉一部分最老的竹子。那些3年以上的竹子往往有密集、多叶的侧枝。另外，也要拔掉最细、最弱的竹子。

2．修剪后避免地上留下短茎，因为这些茎会变硬，需要很长时间才能腐烂。枯死、腐烂的茎全部拔掉。大量的死茎可能意味着这株竹子开花后已经垂死。

3．下部如有死茎，全部剪掉，包括枯死的侧枝。与垂直竹茎交叉的茎也要剪掉。尽可能靠近主茎剪掉下部侧枝。

4．把落叶留在竹子生长的地面上，让死叶中的二氧化硅得到回收利用。早春可铺厚厚一层有机肥，为竹子补充养分。

小灌木，如芳香的银香菊和薰衣草，适合修剪成低矮、紧致的造型，适合在边缘和林下种植。小灌木还有一个好处，就是适合做地毯式的种植设计。长得更高一些的欧洲红豆杉和锦熟黄杨，是很好的常绿植物，适合作为空间分隔。可以将其修剪成整齐的矩形或球形，按照精确的几何构图成行排列。

长得比较低的竹子也可以修剪成矩形或者在边缘种植。带白色条纹的菲白竹和带白边的山白竹都是这种用途的最佳选择。

有质感的种植

有质感的种植可以创造各种大胆的视觉效果，与庭院中的建筑元素相呼应。棋盘格和条纹很适合地毯式种植，因为从上面看会很清楚。比较高的植物可以成行排列，作为小径的屏障和边界。对于比较低矮的种植设计，能形成绿毯、小丘或丛生形态的常绿植物是最佳选择。对比色的运用会让观赏效果更佳，比如灰色和柠檬绿、紫色和黑色这样的组合。

种植的质感有着重要的作用。黑龙沿阶草叶子黑色，剑形，闪闪发光，似乎带着某种邪恶的气息。相比之下，蓝羊茅有着丛生的细密灰色针叶，带来一种明快、优雅的感觉。在地面生长的多肉植物，其质感带有异国风情。玫瑰造型的长生草属植物和一些耐寒的景天品种是理想的选择。

上图：白色的鸢尾属植物和蓬松的丝石竹，与冷静克制的庭院设计相得益彰。

上图：丰富的丛生植物，带来质感和动感。

从银灰到紫红，景天的颜色多种多样。土壤上还可以铺设对比鲜明的矿物，进一步衬托植物美丽的色彩。比如可以选择白色大理石碎片、淡紫色石片或深色抛光鹅卵石，会给人一种精致的感觉。相比之下，使用彩色材料，如碎玻璃和塑料，可以创造"活的"波普艺术。

对比与动感

热带植物的风格可以衬托现代建筑简洁清爽的线条，带来充满活力的视觉体验，包括异国情调的花朵、尖尖的叶子和高高的树干。棕榈、龙舌兰、丝兰、麻兰和朱蕉，都有雕塑般的造型感，可以布置在无装饰的墙壁前或地面上，本身就是很好的装饰。大型植物可以单独使用，一株就是一个大胆的装饰。而许多品种结合使用，则能创造一个各种形状和造型狂欢的舞台。白天，植物的影子在阳光下起舞；夜晚，向上照明的灯光会将其戏剧性的轮廓变成奇异的图案投射到墙面、隔断和地面上。

上图：单一品种成行种植，颜色协调。

种植容器

庭院设计在很大程度上依赖于种植容器，主要是因为空间有限，或者缺乏可用的栽种空间。在高层建筑中，如阳台和屋顶露台，所有种植的植物都必须放在容器中，无论是独立式的还是嵌入式的。这是一种养护程度很高的园艺形式，需要优良的土壤、精心的准备和定期浇水。

为了贴合现代风格庭院环境的简约风格，种植容器也应该有简洁的线条和大胆的造型。现代风格的种植容器往往比传统风格种植容器高而且细，不过通常仍然保持圆形或方形的造型。这类种植容器排列成直线时，效果特别好，会产生一种优雅的秩序感，可以用作几何背景，或沿小径摆放。成对摆放可以用来框定入口，或标记台阶。不过，这种种植容器也有一个缺点，高度较高加上底座较小，在露天、多风的场所以及儿童可能玩耍的地方不稳定。立方体和大尺度的弧线造型是这个问题的解决方案。这类容器也能给种植带来更多可能性。一个

上图：这个巨大的古老花盆，被各种热带植物和蕨类所包围。

上图：大胆的绿色种植方式，为这些古旧的铁皮花盆柔和的灰色注入了生机。

细而高的花盆，必须通过矮而宽的植物来保持平衡，以保证稳定性，例如，可以栽种常绿的锦熟黄杨绿雕（球体或立方体）。大尺寸的容器，无论是在物理体积上还是视觉效果上，都可以撑起像样的灌木或小树（其对土壤和根系容量的需求更大）。

材料当然起着重要作用，应该反映和平衡硬质景观的格调。陶土是传统的花盆材料，具有优良的文化属性。不过，陶土花盆的风格已经经历了几个世纪的演变。当下的方法是使用白色、灰色或灰褐色黏土制作简单的超大容器，彰显体量感和优雅。平坦的亚光饰面与室外天然的或上漆的木制品都能完美结合。

釉面则能带来另外一种外观，有各种柔和的色调可选。但请记住，只有炻器花盆适用于有霜冻危险的地方。

如果需要醒目的外观和色彩，塑料是理想的选择。PVC、树脂和玻璃纤维制成的模制容器具有多种样式和尺寸，适合非常现代、

右图: 这里的容器包括矩形镀锌种植箱、黑色金属种植箱和老式的波纹铁皮垃圾箱。

大胆的设计。有些是耀眼的原色,高达 2m,本身就是雕塑。其他的则更加柔和,比如立方体和盆状造型,采用亚光半透明饰面,甚至可以与照明搭配使用。

除了视觉特性外,这类容器的巨大优势还在于其轻便性,即易于搬动,非常适合在屋顶花园和阳台上使用。

波纹铁皮是另一种重量较轻的容器,优雅的现代造型中保留了一丝古典的味道。纯粹、圆润、经典的造型在任何环境中都适用,而立方体和高大的长方形则可以组合使用,形成有趣的种植拼图。最好的波纹铁皮容器是经过酸处理的,表面深色,双层铁皮,以隔绝热量,保护植物根系。这种外观可以与浅色木板地面和清爽的石灰岩铺装这类清新的设计完美结合。

超大的圆形和矩形木质种植容器具有真正的现代前卫感。材料采用欧洲橡木或热带硬木,这类容器对于有深色石材地面的庭院来说是极好的装饰。

盆栽薹草

草类和常绿薹草,以及其他具有狭长线状叶子的植物,其外观特别适合现代户外空间。许多品种都非常易于养护,并且有通风好、节省空间的优点。可在堆肥土上覆盖一层彩色装饰材料,增加现代感。

1. 用一块瓷片或瓦片盖住排水孔,将砾石倒入花盆,高度 4~5cm。用少量以壤土为基质的堆肥土覆盖砾石。将植物浸入水中(带原盆),浸湿根球。

2. 取下塑料盆,试试薹草的大小(这里用的品种是"星火燎原")。栽种后土壤的高度位置应与原始位置相同,但要留出覆盖物的空间以及积水的空间。

3. 用手收拢底部叶子,用更多的土壤填充根球周围的空隙。用手指将土壤进一步向下送入并轻轻固定,确保没有大的空隙。

4. 选择彩色碎玻璃或丙烯酸塑料碎屑作为覆盖物,彻底盖住土壤。完成后浇水,浇透,然后置于明亮或半阴的环境中。

现代风格庭院的构筑物

现代风格庭院为以新颖的、意想不到的方式使用材料提供了舞台。室外空间中的三维结构，如拱门或遮阳篷，一般倾向于遵循传统设计方法，但其材料选择、安装方式和视觉冲击力方面似乎比使用功能更为突出。

上图： 曲线优美的隔断展示了柳编材料使用的新维度。

左图： 交织的金属丝搭起一道高高的屏障，给这个坡地上的圆形露台带来一种封闭感，而其他圆形露台都用曲面墙包围。

看起来更显原生态，也是庭院中更容易实现的方案。

混凝土施工中使用的钢筋再次发挥了作用。可以将钢筋排列起来，创建一道屏障，方法是在地面上固定一根厚重的木梁，间隔 2～4cm 钻孔，将金属杆牢牢固定在孔中。所有金属杆顶部可以在同一高度，或者也可以切割成不同的高度，形成波浪效果。硬金属丝甚至塑料杆都可以做替

修建构筑物

构筑物作为一种垂直元素，会为庭院设计增加一个关键维度，是植物和房屋之间的过渡。构筑物的存在意义可能纯粹在于象征性和装饰性，而不具备任何实用功能。或者，构筑物也可以有遮风挡雨的实际用途。

空间分割是一种形成设计焦点的有效方法，同时也在庭院的不同区域之间形成或真实或虚幻的视觉分隔。独立、垂直的立柱，通过简单的排列，就能营造出令人印象深刻的视觉效果，既吸引眼球，又不会阻挡视线，妨碍整体视野。

单排的立柱能形成隔断或背景，双排则能突出一条小径，引导行动方向，以便让庭院以我们希望的方式向人展示出来。或者，立柱还可以按直线、网格、波浪、弧形或圆形排列，具体取决于想要的效果。

施工与饰面

可以根据庭院的总体设计选择构筑物，但建筑材料和饰面应根据不同的设计风格有所区分。简洁大气的风格通常需要挺括的、工业风的材料，如不锈钢或铝。在这种情况下，立柱就可以采用细杆或空心管。锈迹斑斑的金属

上图： 弧线形薄塑料构成一条通道，非常吸引眼球。

右图： 半透明的气泡状有机玻璃柱支撑着波浪形塑料遮阳篷。

代品，产生一种缥缈空灵的效果。

金属丝和塑料网是百搭材料，可用于建造半透明效果的构筑物。要想创建一个有趣的结构，可以先搭一个直线框架的笼子，再在四周和顶部加上网格。这本身就是一种非常吸引眼球的东西，还可以通过种植蔓延的落叶灌木，如矮生枸子，来锦上添花。施工期间，在结构内部种植灌木，这样就能在冬天看到植物茎干的框架了。

传统材料的新用法

木材方便易得，而且使用家庭常备工具就能处理。木柱似乎有无限可能，经过组合排列后，便能创造一个简单又美观的景观小品。使用锯木厂生产的木方，可以为原生态风格的庭院创建装饰小品，非常方便。或者，也可

以找那种支撑电话线的圆木桩，回收利用。在质地上，如果想要产生不同的效果，可以尝试用粗绳包裹木柱，让顶端的流苏随风飘动。还可以尝试现代帷幔的效果，方法是将绳索穿过立柱上的钻孔并拉紧。

另一种选择是搭建藤架，即在头顶上方安装水平栏杆。藤架可以固定在房屋或庭院中的小木屋上，也可以作为一个独立结构建造在一条通道上，以吸引眼球并突出这条路线。

立柱和栏杆组成的结构会投下阴影，随着太阳在天空中位置的变化，阴影也会改变形状和方向，从而赋予庭院动感。屋顶使用网状材料还有不同的作用，能支撑藤本植物生长，也能固定照明灯。

金属元素可以与木材结合，以改变结构的重量或风格。多股钢丝非常坚固，但视觉上显得很轻。可以将其垂直或水平张紧，应用到藤架、栏杆、大门甚至纱

门中。

钢筋网也有相同的结构功能，但外观比较工业风，不太优雅。可以用这种重型格子板固定到小木屋的墙壁上，形成窗户的感觉。也可以弯曲使用，比如形成一条"隧道"，供藤本植物生长。

如果空间够大，小木屋是个不错的选择，既有三维立体的存在感，同时还有遮阴、庇护、储存等重要功能。

构筑物可以与房屋的某些建筑特征相呼应，或以自由形式创建，比如突出庭院的平面布局。构筑物风格可以多种多样，从闪闪发光的钢铁和玻璃的高科技风，到木结构的朴实低调。带屋顶的游廊能遮阳避雨，是观赏庭院景色的理想场所。舒适的家具必不可少，主人可以懒洋洋地坐在这里享受休闲时光。游廊也能成为完美的用餐空间。

上图： 这个未来派的小露台有一体式的座椅和遮阳篷。

现代风格庭院的家具

规划好构筑物之后，接下来应该设置座位区了。不要以为庭院是现代风格，家具就只能选现代风格的，其实，家具的选择原则是与已经选用的元素相一致即可。因此，无论是传统材料还是新材料，从木材、铝材到混凝土、塑料，所有材料都可以作为选择。

上图： 有机造型的模制座椅，雕塑感十足。

左图： 曲线形长椅和圆桌，为这个庭院量身打造。

最令人跃跃欲试的是最近出现的一种绞合塑料，可以像篮子一样编织。美观、实用，而且还很舒适。

最后，还有美观又耐候的室外家具，如宽大的沙发和扶手椅，以及配套的临时桌子，可以将五星级酒店的风格带到家中。想要极致奢华，可以选择圆形双人躺椅，再配上曲线优美的顶棚，打造完美的休憩之所。

除了传统材料，随着当前开发材料新用途的趋势愈演愈烈，混凝土家具业已面世。虽然有时

材料的选择

木材是传统的室外家具材料，能让庭院看起来有一种家的感觉。不过，现代设计一般会结合其他材料，使庭院的外观更加前卫、明快，更接近室内家具，非常适合清新、现代的庭院露台。

铝框架、石材桌面和织物座椅是现代风格庭院中经常出现的家具。色彩明快的模制塑料座椅既外观新颖，又舒适实用。一套粉色或柠檬绿的椅子，搭配一张与之协调的咖啡桌，轻便又易于存放，会让阳台或露台看起来令人心旷神怡。

上图： 石灰岩雕刻而成的长凳，造型别致。

上图： 使用玻璃和塑料等半透明材料，充分利用光线。

上图：简单的处理会产生非凡的效果。曲线形长椅围绕着屋顶露台而设，两把折叠椅，一张矮桌，营造出一个舒适的座位区。

候混凝土家具的功能性要超过舒适性，但也有些有机的造型，能为庭院增添有趣的雕塑元素效果。抛光饰面使其看起来更美观，而

混凝土甚至可以用来制作餐饮家具。混凝土桌面内可加入光纤，能为夜间用餐增添戏剧性。

遮阳

遮阳是用餐区需要考虑的一个重要因素。在空间允许的情况下，头顶遮阳篷可能是最有吸引力的解决方案。可行的话，可以将其固定在墙上。独立式遮阳篷是另一种选择。曲线的船帆造型非常漂亮，以钢索固定于地面，还有雕塑效果，非常适合现代风格庭院环境。材料可以选择帆布，也可以选择新型智能织物，有阻挡烈日的作用。或者，露台式雨棚是一种很好的半永久性解决方案，冬季方便取下，储存起来。当永久性结构不可行时，可洗织物和一体式帷幔也是不错的选择。

遮阳伞可以在任何需要的地方快速安装，但考虑到使用的有效性，伞篷应该很大，这往往会导致其笨重，不好操作。

铝框卷缠式超大遮阳帘是一种实用的选择，尤其适合永久固定于地面。最好根据太阳的方位决定安装位置，避免移动。有了这种遮阳帘，夏季午餐会成为一种愉快的体验，而夜晚可以通过铝框中的灯带进行照明。

上图：绞合塑料编织而成的扶手椅，轻盈又耐候。

现代风格庭院的装饰

现代风格庭院简洁明快的空间可视为室外画廊，为现代雕塑的展示提供了背景。一个露台可能只够展示一件雕塑，而更大的庭院可以展示各种不同的作品，或者一个占据整个区域的大型装置。

上图： 回收碎玻璃（汽车挡风玻璃）打造的装饰性螺旋造型。

现代展示

室外充满自然光，装饰物的质感会与其在室内看起来不同。另一个有趣的问题是如何让装饰元素与灌木和树木关联起来。一块石头经过雕琢和抛光，可以呈现出令人回味无穷的造型，而通过暴露断层的线条和色彩，则能突出岩石的自然起源。

木材也与自然有着紧密的联系。曾经扎根于大地的树木，现在把它"内心深处"的秘密交给了艺术家的斧锯锥凿。或者，可以把树根独立展示出来，暗示史前时期的遗迹。未经加工的自然形态本身就是一件抽象的雕塑。

上图： 这个地中海风格的装置带有一丝幽默感，把水池和滚球游戏合为一体。水池中不需要水。

多股钢丝结构有一种轻盈通透的感觉，似乎随风飘荡，只在偶然间才能捕捉到一丝幻影。镜面玻璃同样具有难以捉摸的特性，可以通过将图像重复叠加产生巧妙的效果，从而向观者呈现一系列不断变化的景象。一组高大的独立式镜面板可以构成庭院的中心焦点，白天可以映出天景，夜晚则会在月光下呈现鬼魅般的效果。

上图： 独树一帜的金属雕塑被一堵曲面矮墙所包围。

上图： 曲线形钢丝架和玻璃条构成的装置，缥缈空灵。

现代风格庭院的水景

水是现代风格庭院的重要元素。除了营造宁静的氛围，水还能为空间增添活力，也能给雕塑的展示带来更多可能性。近年来，庭院设计的重点大多放在了创新水景上，比如旋转的水晶球与闪闪发光的玻璃塔或钢铁金字塔争奇斗艳。

上图：喷射的细水柱，搭配精致的不锈钢环，形成一处别致的水景。

跌水

跌水瀑布长久以来激发了园艺界无尽的想象力。露台上可能没有足够的空间设置泳池，但却可以设置跌水瀑布。方法也很简单，无论是与露台组成一体式的结构，还是独立的结构。

就空间而言，一个瀑布需要的只是挨着一堵窄墙的一个小型蓄水池，再配一个简单的喷口或宽槽，下面安水泵，让水从中流出即可。

强有力的瀑布会打破水面的宁静，创造出舞动的光影。另一种选择是在池底铺一层玻璃卵石，从下方照明，营造夜间的场景。

上图：水慢慢滑入下方水池，形成一道优雅的瀑布。上面布置一个置物台，靠近酒水冰柜，非常方便。

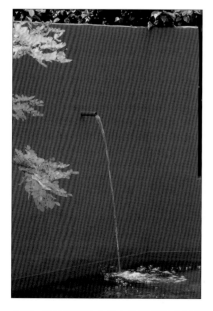

上图：这处低调的水景充分证明了"少即是多"。

上图：水槽的位置经过精心布置，水从一个槽缓缓滑落到另一个槽。

水墙

喧闹的水声并不一定适合庭院，因为会有噪声在院子里回荡。如果这样会影响邻居的话，就要另作考虑了。使用基本建造方法，也可以打造温和的瀑布。

如果减小水流，让水沿着墙顶边缘流下，水流会缓慢向下流动，覆盖墙面。这种水幕墙的设计概念可以很好地转换到独立式隔断上。抛光钢或半透明玻璃材质的水幕隔断，可以为狭长的水渠或引人注目的露台画上一个宏伟的视觉句号。

水的塑造

　　水可以在抛光表面上流畅地流过，这使得钢、大理石和其他各种石材成为打造各种水景的最佳备选材料。

　　球体本身就是雕塑造型，可以根据庭院空间的需要，灵活地与水景结合。曲线造型能兼顾优美的线条和好看的材料，可以让水在内置的垂直管内冒泡。球体适合放在浅水池或小的容器中，容器方便放在狭窄的区域。银色的大球看起来会很神秘，仿佛从静止的水池中升起，而铺装区布置一组花岗岩球体会非常引人注目，水池和水泵可以隐藏在地下某处的容器中。

泳池的魅力

　　气候炎热的地方，泳池有时会占据整个庭院。内外一体的设计理念能让泳池与房子融为一体，而跳水池和健身型泳池则可以与阴凉的游廊相结合。

　　气候凉爽的地方，也可以适当借鉴这些方法。通常可以建成温暖的跳水池或水力按摩池，最好用太阳能加热。

安全提示

当儿童靠近水时，应始终做好看护。如果庭院中有露天泳池，需要考虑安装安全围栏、面盖、警报器、运动探测器等。

左图：3个高耸的喷水钢柱，为静水池带来动态的背景。

钢喷泉的制作

这款现代时尚的水景由 3 根不锈钢管制成。水从靠近钢管顶部的狭缝中滚落，同时从钢管顶部溢出，沿侧面流下。下图中所示的方法是每根钢管顶部用钢锯切割 5~10cm 深的槽，每根钢管底部配有基板，以保持稳固。

1．清理并整平一个碟形区域，深度约为 5cm。中间挖个坑，容纳塑料水箱。请专业电工安装电源、室外插座或防水接线盒。

2．安装水箱并确保其完全水平后，在其周围回填土壤或沙子。清理干净后，水箱上方及周围铺上土工织物。在水箱上方的土工织物上剪一个洞。

3．土工织物和水箱上铺设水池衬垫。逐渐向水箱内加水，让衬垫进入水箱直至到位。将不锈钢管立于水箱边的衬垫上，确保其垂直。

4．将泵放入水箱，用镀锌金属格栅盖住。格栅上开一个孔，让管线穿过。为了防止细小颗粒物进入，用更致密的塑料遮阳网覆盖格栅。

5．将一根直径 2.5cm 的软管连接到泵上，用夹子固定，另一端连接到三通 T 形件上。

6．将每根出水管连接到一根直径 1.3cm 的软管和水龙头。然后，依次用夹子将其连接并固定到每根钢管的入水管。

7．完成安装前，测试水流量，根据需要进行调整。用鹅卵石和碎岩石覆盖地面，隐藏软管和水龙头。打开电源。

现代风格庭院的照明

现代照明形式多种多样，从功能性的道路和台阶照明，到美轮美奂的艺术照明，不一而足。极简主义是大多数现代家具和设备设计的特点，而现代室外照明装置的特点则是柔和、有机、抽象的造型。现代照明通常看起来很复杂，但仍有空间通过有趣或古怪的效果来营造轻松的氛围。

上图：隐藏在细茎针茅中的红色照明灯，看起来像燃烧后的余烬。

左图：靠近地面和台阶的嵌入式照明提供足够的光线，确保安全，同时突出了结构和造型，营造出别致的氛围。

的用餐区可以采用辣椒灯串，充满活力又让人胃口大开。

高科技风格庭院照明的另一种选择是绳索灯，带有透明塑料管，内有彩色灯线。这种照明非常灵活，可以缠绕成雕塑造型，灯效还可以编程，或静态展示，或从一种颜色逐渐变化成另一种颜色。不过要避免疯狂的灯光切换。

金属灯具

壁灯，包括壁挂悬垂式和固定向上照明式，材质可以是抛光或拉丝钢、铜或陶瓷。时髦的造型相当于为现代风格庭院增添了雕塑元素。其他照明元素，如通道灯或楼梯灯，也可以采用同样的设计。

如果想混合搭配使用，最好选择相同材质或具有其他一致性元素的灯具。或者，将非常简单的照明元素组合使用，例如细长的柱形灯、简单的壁灯、嵌在地面铺装中的照明灯以及金属嵌入式照明灯。后者由钢和铬合金配件制成，不引人注目，易于与木板平台以及砖墙或抹灰墙结合。

建议开工前咨询专业照明工程师，因为一体式照明需要适当的规划。白色或彩色 LED 灯使用寿命极长，非常适合不易靠近的嵌入式设备。可以用双色或多色照明增加亮点。

拉线照明

随着 LED 灯的出现，户外拉线彩灯越来越流行，专业照明公司有各种此类产品可供选择，包括花卉、水果、树叶图案、昆虫和鸟类，以及其他各种古怪的设计。简单的拉线式霓虹小蓝灯或小白灯可以应用于座位区，能带来比固定式壁灯或嵌入式照明灯更浪漫的色彩。比如，屋顶露台

彩色泛光照明

小型卤素泛光灯或微型泛光灯，也包括聚光灯，都可以安装彩色灯罩，用灯光为墙壁和树木

上图：内置照明突出了喷泉的动感，也强化了火炬的戏剧性效果。

"上色"。细密的金属丝网或玻璃砖隔断，甚至裸露的建筑外墙和苍白的抹灰围墙，都可以通过这种方式获得色彩，让夜间的庭院彻底改头换面，活力四射。尤其在冬天，彩光可以把光秃秃的落叶树木变成树雕。

前卫照明

专业照明公司能设计出各种照明效果，从时尚的水下灯，到闪烁的光纤照明，甚至还有钢化玻璃制成的灯光雕塑。

配备灯光编程设备的双色和多色照明灯，只需轻按开关，就能改变某个区域的氛围。还有更前卫的，可以将图像投影到墙上，或使用激光显示器。不过，无论选择什么照明方案，都要确保节能，而且要由专业电工安装。不用时请将电灯关闭，避免光污染或打扰到邻居。

上图： 台阶边采用镜面墙，台阶踏步的立板用蓝色霓虹灯（光纤管）照亮，照明效果非常戏剧化。

小径的照明

低压 LED 灯能投射出清晰的白光，非常适合照亮现代风格庭院中的小径或台阶。设计可以多种多样，也有许多极简主义的风格，包括小型柱状灯。这种灯结实耐用，使用寿命长，非常实用。

1. 将每个灯柱底部的尖刺插入地面，确保灯柱直立。每个灯柱通常都有足够长的电线，满足对距离的要求。

2. 用铲子沿小径边缘挖一条浅沟，埋入低压电线。将电线整理好，避免意外损坏。

3. 白天，植物会弱化灯柱的存在感，可以在庭院的各个位置与硬质景观或软质景观结合使用。

4. 晚上，灯柱在小径上投射出柔和的光芒，不仅提升了庭院的安全性，而且有助于氛围的营造，无论空间使用目的如何。

案例分析：都市时尚

一座精致的现代城市庭院，一处私密的休憩之所。设计巧妙地优化了由一座古老的建筑所限定的空间。其独特的现代感本质上是极简主义风格，展示了如何用一系列现代材料巧妙地重新诠释经典线条和对称。

上图： 利用花池和台阶，地面高度的变化显得十分自然。

这座城市庭院就像一个室外房间，连着一个下沉式露台。露台由藤蔓覆盖的墙壁半包围着，

上图： 花池中种植小叶海桐"矮车夫"，修剪得十分整洁。

从办公楼上可以俯瞰全貌。办公楼是一座砖石建筑，屋顶瓦色彩斑斓。室外木结构漆成鸭蛋蓝，与庭院中灰色的花盆和低调的植栽搭配和谐。

地面铺装用的是回收的约克石板，庭院中央增加了一个古典风格的马赛克大理石砖拼接区域，形成一个引人注目的地面焦点。这个区域位于玻璃门前面，室内外都能看到。大理石砖的颜色都很柔和，包括奶油色、蓝色和灰色，这些也是庭院中使用的其他材料和饰面的色调。

台阶边的矮墙做成花池，种植常绿植物，包括海桐"娜娜"、蓝羊茅、海桐"矮车夫"等。拾级而上，是一个长方形水池。

庭院四周环绕着砖墙，一边是紫竹，一边是橡木藤架。整个庭院的植栽以硬质景观结构为基础，焦点是复古波纹铁皮种植箱中的一棵油橄榄。

这个庭院平面图，如 p.202 所示，展示了如何利用约克石与植栽搭配，赋予空间独树一帜的特征。后面还介绍了铺设马赛克地砖的详细步骤，以及盆栽油橄榄的方法。

右图： 约克石铺装中嵌入浅色马赛克地砖，创造了戏剧性的浮雕效果，虽然地砖实际上与石板齐平。

打造现代风格庭院

地面铺装
· 规划庭院中的硬质景观。
· 规划一条清晰的行走路线。
· 尽量减少所用材料的种类。

围墙和隔断
· 利用围墙、隔断和植物营造一种围合的效果。

植物和种植容器
· 选择一种风格，或庄重规整，或风情奇异。
· 同种植物栽种在一起。
· 植栽中要包含常绿植物，确保全年绿意盎然。
· 为季节性种植（尤其是春季球茎植物和夏季开花植物）预留空间。
· 选择风格一致的种植容器，而且要足够大，以便需要时能栽种大型植株。

构筑物和家具
· 木结构上漆，颜色与景观的色调搭配。
· 至少包含一种垂直元素，丰富空间的维度。

装饰和水景
· 包含一个规整的小型水池或水渠，加入喷泉，为庭院增加声音和动感。
· 使用雕塑。
· 所用材料在颜色、类型和质感上要相互协调，可以另增一两处与之形成对比的细节。
· 关注水、雕塑、结构性种植以及墙面的质感。

照明
· 用照明赋予庭院夜间魅力。

都市时尚庭院平面图

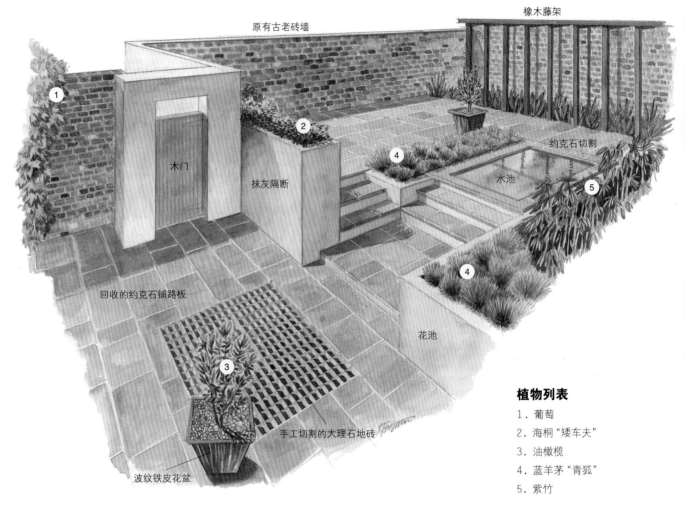

橡木藤架

原有古老砖墙

约克石切割

① 木门

② 抹灰隔断

④ 水池

⑤

回收的约克石铺路板

④ 花池

③ 手工切割的大理石地砖

波纹铁皮花盆

植物列表

1. 葡萄
2. 海桐 "矮车夫"
3. 油橄榄
4. 蓝羊茅 "青狐"
5. 紫竹

左图： 波纹铁皮花盆创造了庭院中低调、优雅的焦点。栽种步骤详见 p.203。

下图： 花池中栽种蓝羊茅 "青狐"，蓝灰色的叶子与整体暗淡的色调非常相配。

上图：拼接大理石地砖，在视觉上呈现出一种"浮雕"效果。

上图：紫葡萄通过吸盘自动附着在侧壁上。

上图：约克石铺路板统一了地面铺装。

铺设马赛克地砖

p.202 所示庭院平面图中的约克石铺装中嵌入了一个马赛克地砖区域，由几何形的蓝色和灰色大理石地砖铺设而成，像一个小广场，对地面起到了装饰作用。马赛克地砖为硬质景观增添了迷人的细节，打破了大面积的、暗淡的地面铺装的沉闷感。以下介绍了创建类似效果的方法。马赛克地砖与约克石齐平，没有地面高度的变化，所以家具可以布置在任何位置。

马赛克地砖区域剖面图

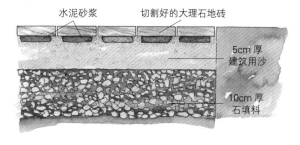

水泥砂浆　切割好的大理石地砖

5cm 厚建筑用沙

10cm 厚石填料

1. 施工前规划好面积，每块地砖之间留出 5mm 的砂浆空隙。计算所用地砖的数量。

2. 用绳子和钉子标出地砖的区域，确保四角形成精准的直角。向下挖掘约 20cm，作为地基。

3. 添加石填料，至少 10cm 深，用大锤或木棍夯实。上方铺一层建筑用沙，约 5cm 厚。用耙子耙平。

4. 用角磨机将瓷砖切割打磨成型（按照机器的操作要求，注意安全），铺设前按所需的图案排列好。

5. 从中间开始铺设，一小块一小块地铺，看好每块地砖的落地点，在沙子上放少量砂浆。向下轻轻敲击，随着铺设，随时检查横竖两个方向上是否齐平。

6. 最后用深色砂浆填平缝隙，趁干燥前擦掉多余砂浆。

盆栽油橄榄

现代金属花盆经过风化或亚光处理后，用在极简主义城市庭院中效果良好。如果种的是具有类似暗淡色彩和简单轮廓的植物，效果会更完美。油橄榄长着漂亮的灰绿色叶子，越来越受欢迎，非常适合现代风格庭院。

1. 使用聚苯乙烯（聚苯乙烯泡沫塑料）或气泡膜等温室隔热材料，对镀锌金属花盆进行隔热。也可以用隔热材料包裹里面的塑料盆。

2. 用瓦片盖住（但不要堵塞）排水孔，铺一层砾石，加入以土壤为基质的盆栽土（掺些沙砾）。橄榄树预先浸泡后，除掉原盆，放入新花盆，固定到位。

3. 最后在表层土上铺一层装饰性覆盖物，材料可以是砾石、碎石片或彩色丙烯酸碎片或珠子。

4. 将花盆置于避风处，如温暖的墙边。冬季少量浇水。天气湿冷时，移至无霜冻的地方并进行覆盖保护。

植物名录

  植物是庭院存在的根本原因。植物可以影响庭院的设计，唤起不同的情绪，并随着季节的变化改变外观，让庭院一年四季具备观赏性。本名录中收录的植物不可能面面俱到、详尽无遗，仅是为了帮助大家根据自家庭院的风格选择最适合的植物。名录中包含关于如何用绿色植物和花卉装饰室外空间的所有重要方面，包括观赏性植物、耐热和耐阴植物、适合容器栽培的植物以及用于覆盖墙壁和格架的植物等。庭院面积通常相对较小，但一棵观赏性树木就可以改变空间的外观和感受，创造地面的树荫和头顶的树冠，突出"室外空间"的感觉。一系列常绿植物可以集中种植，为季节性植物的荣枯营造背景。冬春两季，常绿植物就成了庭院的主角。

左图：像这样的农舍风格的植栽夏天看起来非常漂亮，但考虑到全年的色彩和外观，还要加入一些常绿植物以及其他季节开花的植物。

植物是如何命名的?

所有生物都是根据 18 世纪植物学家卡尔·林奈(Carl Linnaeus)发明的系统分类法进行分类的。林奈赋予植物两个拉丁文名字,这两个名字可以揭示其与所有其他生物的关系。第一个名字是植物的"属",是包含相似物种的一组植物。第二个名字是"种",是相互之间能够繁殖的一群个体。

上图: 大丽花通常根据花形用"系列"划分,如"仙人掌系列"或"球状系列"。

学名

植物的学名虽然通常源自拉丁语,但也经常包含希腊语和其他语言。有些属包含许多物种,可能包括一年生植物、多年生植物、灌木和乔木。尽管有亲缘关系,但这些植物看起来可能大不相同。有些属可能只包含一个或一组具有非常明显相似性的品种。

"种"的定义是:一个种由相似的个体组成,这些个体彼此之间会自然繁殖。尽管这个定义很简单,但植物学家和分类学家(对生物进行分类的专家)一直对植物命名的依据存在分歧。随着科学的不断完善,旧的命名越来越多的不准确之处浮出水面。使用常用的旧名会造成混淆,现在的植物名称通常会通过在正确名称后面加上旧名称来进行区分。

不难理解,园丁面对看似经常变化的植物名字会非常苦恼。不过,跟上这些变化还是有必要的。不妨买一本最新版的袖珍植物参考书,购买植物的时候带上它。

上图: 秋英"奏鸣曲系列"曾斩获英国皇家园艺学会大奖。

变种

一个庭院中常常会种植一个品种的多个变种。这些变种会有微小的差异,让庭院更加多姿多彩,比如杂色的叶子、不同颜色的花或重瓣花等。变种又叫亚种、变体或栽培变种,英语里常用的术语有 subspecies(亚种,简称 subsp.)、variety(变种,简称 var.)、form(变体,简称 f.,类似 var.,常混用)、cultivar(人工栽培种,简称 cv.)。栽培变种(即 cv.)是野外不会自然产生的变种,只能通过人工栽培培育。变种植物的名字一般跟在植物的拉丁文名字后,用引号表示(英文用单引号)。比如,梅的一个变种"红千鸟",学名是 *Prunus mume* 'Beni Chidori'。

杂交品种和系列

不同品种的植物相互繁殖,得到的就是杂交品种。杂交品种在野外环境中很少见,但对植物育种家来说却很常见,他们可以培育出理想型的品种,如大花或双花,花期更长或更抗冻。杂交品种的命名常用乘法符号(x)表示,乘号两边的名字通常能清楚地表明该品种的起源,是用哪两个品种杂交而来。

一个"系列"是一组植物,虽然也有变种,但差异不大,难以合理区分。这样的植物名字里通常没有引号,例如 *Tradescantia Andersoniana Group*(安德森紫露草)。

奖项

请格外留意那些获得过奖项和荣誉的植物,这通常表明这些品种在实验中有出色的表现。

上图: 光叶子花。

上图: 冠盖绣球。

如何使用本名录

本名录中的植物都是考虑到庭院所受的限制和优势而选择的。最佳选择包含但不仅限于这些植物。名录中包括藤本植物、观赏性植物、地被植物、季节性植物等。按照名录选择植物，会让庭院或花团锦簇，或硕果累累，一年四季惊喜不断。

上图： 鸢尾"菲尔·基恩"曾获奖。植株较高，适合种植在庭院外围阳光充沛的地方。

本名录中，植物按照类型分类，如适合小空间的树木、藤本植物、草类、常绿植物等。观赏性植物专门有一类，帮助大家营造亚热带的感觉。这类植物有些非常不耐寒，冬季需要保护；也有些非常耐寒，尽管看起来很"热带"。还有按照四季划分的植物，可以帮助我们规划庭院全年的色彩和亮点。

封闭式庭院少不了花香，名录中也为芳香植物专辟了一类。还有些植物能够解决特定的问题，比如炎热或干旱，以及角落里缺少阳光的问题，而传统的庭院植物则会受到这些问题的影响。虽然没有一个分类专门介绍盆栽植物，但名录中列出的大多数植物都可以种在花盆里，如果庭院中没有花池的话。还有一个分类专门为"吃货"而设，列出了易于种植的蔬菜、水果和香料。

每个条目除了常用名之外，还附上植物的学名（拉丁文名），并介绍了相关的属或种。后面是对该品种属性的详细介绍，以及在庭院中种植的最佳形式。最后的注释中介绍了开花时间、平均大小和适宜的生长条件，以及有关植物耐寒性的信息。

图注

每张照片配有图注，介绍植物名称。

常用名

植物的中文常用名，可能是笼统的属或种，也可能是具体的某亚种、杂交种或人工栽培种等。

植物学名

附上植物的拉丁文名。

高度和宽度

给出了一个属或某个品种植物的平均预期高度和宽度，尽管生长速度可能因地点和环境条件而异。公制测量单位在前，英制测量单位在后。如果测量值存在明显差异，则给出具体测量值。相比于灌木、藤本植物和乔木来说，鳞茎植物、一年生植物和多年生植物的尺寸往往差异性更小。

栽培

这部分介绍植物所需的或可耐受的日照或阴凉程度，并给出最佳土壤类型的建议。有些还包含关于如何让植物呈现出最佳效果的小妙招。

上图： 天竺葵属植物

天竺葵属
Pelargonium

很受欢迎的庭院植物，整个夏天开花不断，颜色有粉红色、橙红、紫色、红色、白色等，深浅不一。可种植于庭院外围、吊篮、窗栏花箱以及各种容器中。天竺葵属植物杂交种众多，不胜枚举，常见的有几个系列：常春藤属植物，蔓生茎上有厚厚的盾状叶子，非常适合花槽和花篮；马蹄纹系列（又名带状天竺葵），是最典型的天竺葵属植物，叶片有深色条纹。

高度 × 宽度： 通常为 45cm×45cm（18ft×18ft）。
耐寒性： 不耐寒／10 区。
栽培： 排水良好的土壤，光照充足。如盆栽，使用标准堆肥土，掺入沙砾或珍珠岩。

照片

大部分收录的植物配有全彩色照片，便于辨认。

"属"的介绍

介绍了该属的概况，可能包括该属内的品种数量。其他方面还包括关于该属植物的使用、适宜的生长条件、养护要求，以及常见的亚种、杂交种（名字中包含乘号的）、推荐品种和人工栽培种（名字中包含引号的）。

耐寒性

耐寒分布区域能显示出某一特定地理区域的年平均最低温度。数字越小，表示植物可以在越往北的区域存活；数字越大，表示植物可以在越往南的区域存活。多数情况下，只给出一个分区（有关耐寒性符号、分区名称和分区地图的详细信息，参见 p.252）。

适合小空间的树木

良好的植栽设计首先取决于框架的布置。即使空间有限，树木也能成为植栽设计的重要组成部分。如果选择落叶树，可选冬季具有鲜明雕塑感的品种，如果果实可观赏或可食用、开花、树叶有缤纷的色彩或漂亮的形状，或者树皮引人注目，那就更好了。有些大型树木可以做庭院的树篱。

上图：钝裂叶山楂"猩红保罗"，不论是在城市庭院还是在乡村庭院中，都易于栽种。

金叶美国梓树
Catalpa bignonioides 'Aurea'
又名"美国梓树"，非常适合栽种于庭院或露台，作为一个吸引眼球的亮点。叶阔卵形，柠檬绿色，能形成轻巧明快的树冠，从夏季到秋季，成为庭院中的焦点。
高 度 × 宽 度： 10m×10m（33ft×33ft）。如修剪，会小得多。
耐寒性： 耐寒／6～10区。
栽培： 每隔一年春季修剪，以控制其大小，也有助于长出更大、颜色更绚丽的叶子。

加拿大红叶紫荆
Cercis canadensis 'Forest Pansy'
落叶乔木，其特点为心形叶（这里这个品种的叶是紫红色）。成熟后能形成优美的树形。秋季树叶变黄后落下。
高 度 × 宽 度： 可达 10m×10m（33ft×33ft）。
耐寒性： 耐寒／5～9区。
栽培： 肥沃、排水良好的土壤，

光照或半阴环境。头3年用木桩固定幼树。成熟后，春季可大刀阔斧地修剪，叶片会长得更大。

南欧紫荆
Cercis siliquastrum
源自地中海，在阳光充沛的庭院中会长得非常好（也许是受益于院墙的保护）。叶小而美观，几乎呈圆形，基部有缺口。春季开花，嫩叶萌发之前或期间，粉紫色花簇通常直接从成熟枝条的树皮上长出。
高 度 × 宽 度： 最终可达10m×10m（33ft×33ft）。
耐寒性： 耐寒／7区。
栽培： 排水良好的壤土（如贫瘠，种植前需改良）。光照或半阴的温暖环境。

山茱萸属
Cornus
源自北美洲，生长缓慢。有些品种，包括苞叶渐变成粉色的四照花（*Cornus kousa* subsp

chinensis）、全年开花的"中国姑娘"（'China Girl'）以及花型为圆锥形的"埃迪白色奇迹"（'Eddie's White Wonder'），因适合生长于小空间，观赏期长而闻名。除了艳丽的花朵外，果实也颇具观赏性，秋季叶片的颜色亦十分美观。互叶梾木"银边"（*Cornus alternifolia* 'Argentea'），以及树形较大的灯台树（*Cornus controversa*），都是山茱萸属。这两个品种，树枝水平轮生，形成丰富的层次。奶油色叶片的变种，银雪灯台树（*Cornus controversa* 'Variegata'），栽种初期生长缓慢，但绝对值得等待！
高 度 × 宽 度： 四照花7m×5m（23ft×16ft）；"埃迪白色奇迹"6m×5m（20ft×16ft）；花叶灯台树（3～5）m×3m[（10～16）ft×10ft]，最终可达8m×8m（25ft×25ft）。
耐寒性： 耐寒／5～8区。
栽培： 中性至酸性，富含腐殖

质的土壤。光照或半阴环境。注意避风。

钝裂叶山楂"猩红保罗"
Crataegus laevigata 'Paul's Scarlet'
落叶乔木，多刺，晚春时开出一簇簇浓郁的胭脂红重瓣花。虽然更适合闲适的乡村田园风格，但种在城市庭院中也不错，可耐受大气污染。
高 度 × 宽 度：（6～8）m×5m[（20~25）ft×16ft]。
耐寒性： 耐寒／4～7区。
栽培： 大多数土壤皆可，但要避免积水。

柱形地中海柏木
Cupressus sempervirens var. Stricta
又名"意大利柏"，细高的柱状树形会让人想起地中海烈日炙烤下的山坡和意大利文艺复兴时期规整的庭院。单株栽种于陶土质感的庭院中，地中海的感觉一下就出来了。或者，如

上图：金叶美国梓树。

上图：南欧紫荆。

上图：四照花。

上图：柱形地中海柏木。

上图：油橄榄。

果是面积较大的露台，也可以成行种植，远看更壮观。如果空间较小，可以考虑耐寒的蓝箭柏（*Juniperus scopulorum* 'Blue Arrow'）。蓝箭柏是替代早前的火箭落基山圆柏（'Skyrocket'）的一种更好的选择。

高度 × 宽度： 成熟时为 20m×3m（70ft×10ft）；蓝箭柏 6m×（50～60）cm[（20ft×（20～24ft）]。

耐寒性： 地中海柏木，耐寒 /7～9区；蓝箭柏，耐寒 /3～7区。

栽培： 排水良好的土地。初期应定期浇水，尤其是贫瘠干燥的土壤，但要避免过度浇水，否则会导致本该直立的树枝向外伸展，破坏树形。不喜冷风。

欧洲水青冈
Fagus sylvatica

跟鹅耳枥属一样，水青冈属植物也是大型观赏性树木，适合庄重规整的庭院，可以修剪成想要的树形，比如用作边界树篱、隔墙、拱门等。尽管是落叶乔木，但冬季干枯的紫铜色叶子仍会保留在枝干上，为绿油油的常绿植物营造多彩的背景。适合在气候寒冷的地方为开敞式庭院做树篱，适合搭配乡村风格的植栽。紫叶欧洲水青冈（*Fagus sylvatica* purpurea）又名"铜山毛榉"，叶深紫色。

高度 × 宽度： 作为树篱，通常修剪为 1.2～3m（4～10ft）高，1m（3ft）宽。

上图：洛氏木兰。

耐寒性： 耐寒 /4～7区。

栽培： 任何排水良好的土壤，耐受石灰，光照或半阴环境。

洛氏木兰"伦纳德·麦瑟尔"
Magnolia x *loebneri* 'Leonard Messel'

树形圆润优美，仲春时开淡紫色花，花瓣狭长。浅淡的花朵、深色的花蕾，和光秃秃的树枝形成鲜明对比，令人陶醉。名为"美林"（*Magnolia* x *loebneri* 'Merrill'）的品种树形更加笔挺，开白花。

高度 × 宽度：（5～6）m×（5～6）m[（16～20）ft×（16～20）ft]。

耐寒性： 耐寒 /5～7区。

栽培： 排水良好但富含腐殖质的土壤，中性至酸性最为理想，不过一点儿石灰也可耐受。光照或半阴环境。

海棠"珠穆朗玛"
Malus 'Evereste'

海棠晚春开花，秋季果实色彩鲜艳，叶片的颜色也很漂亮。海棠有许多品种，"珠穆朗玛"是其中的佼佼者。树形呈圆锥形，开白花，味芳香，与晚春的红色花蕾和秋季的橙黄果实（阳光照射处会变成红色）形成鲜明对比。红哨兵海棠（*Malus* 'Red Sentinel'）与"珠穆朗玛"类似，只不过果实呈暗红色。

高度 × 宽度： 7m×6m（23ft×20ft）。

上图：海棠"珠穆朗玛"。

耐寒性： 耐寒 /4～9区。

栽培： 任何排水良好但不干燥的土壤。光照或半阴环境。

油橄榄
Olea europaea

又名"欧洲橄榄"，在小庭院中越来越受欢迎，尽管寒冷气候下不太可能结果。自然生长即可呈现优美的树形，通常为圆顶状。叶狭长，灰绿色，非常漂亮。橄榄是理想的盆栽树，适合作为地中海植栽中的亮点。易发生霜冻的地区，冬季需要保护。

高度 × 宽度： 可达 10m×10m（33ft×33ft），但人工栽培种通常要小很多。

耐寒性： 微耐寒 /8区。

栽培： 肥沃、排水良好的土壤，光照充足。

李属
Prunus

蔷薇科李亚科，又名"观赏樱"。李属是一个巨大的属，包括一些最受喜爱的春季开花的树。雪雁李（'Snow Goose'）开白花，"才力樱"（'Okame'）开艳丽的粉花。梅"红千鸟"（*Prunus mume* 'Beni Chidori'）又名日本杏，花深粉色，特别适合爬墙。东京樱花"伊梵希"（*Prunus* x *yedoensis* 'Ivensii'），吉野樱的一种，侧枝水平生长，开白花，花蕾粉红色。银河樱（*Prunus* 'Amanogawa'）又名天川樱，晚春时会化作一根立柱，上面覆盖着半重瓣的贝壳状粉色花朵。"尖顶樱"（*Prunus* 'Spire'）与之类似，秋季颜色瞩目。十月樱（Rosaceae *Prunus* x *subhirtella* 'Autumnalis'）枝条紧密交织，从秋到春，上面点缀着淡粉色的小花。

高度 × 宽度： 银河樱约 8m×4m（25ft×13ft）；尖顶樱约 8m×7m（25ft×23ft）。

耐寒性： 耐寒 /6～9区。

栽培： 任何适度肥沃的土壤，光照充足；加一点儿石灰似乎更适合其生长。

藤本植物和爬墙灌木

庭院主要靠围墙和隔断来划分空间，因此藤本植物和爬墙灌木必不可少。常绿植物、开花灌木和观赏性藤蔓植物适当搭配，可以赋予墙壁和遮阳篷等结构丰富的色彩和质感，一年四季都不单调。

上图：红萼苘麻的花形看起来像中国的纸灯笼。

苘麻属
Abutilon

常绿或落叶开花灌木，喜欢有围墙的庇护，除非种在无霜冻环境下。红萼苘麻（*Abutilon megapotamicum*）茎粗而稀疏，有猩红色和黄色的双色垂花；人工栽培种"肯特美人"（'Kentish Belle'），花杏黄色，适合绑在横向钢丝支架上。花期从夏季延续到秋季。更像树的是杂交种"大风铃花"（*Abutilon x suntense*）早期的一些开花栽培种，花型更大，形似碟状，紫色或白色；此外还有葡萄叶苘麻（*Abutilon vitifolium*），葡萄叶苘麻的白花版本（*Abutilon vitifolium var. album*）和淡紫色的"维罗妮卡"（'Veronica Tennant'）。

高度 × 宽度： 红萼苘麻和"肯特美人"（2~2.5）m×（2~2.5）m[（6~8）ft×（6~8）ft]；大风铃花 4m×2.5m（13ft×8ft）。

耐寒性： 不耐霜/8~9区。

栽培： 排水良好的土壤，有围墙庇护，光照充足。用毛毡保护，防止冻伤。

厚萼凌霄
Campsis radicans

落叶藤本植物，北方庭院中很少见到。花橙红色，喇叭状，看上去充满活力，从夏末开到秋季，在繁茂的羽状绿叶衬托下，令人印象深刻。盖伦夫人杂种凌霄（*Campsis x tagliabuana* 'Madame Galen'）花形更大。

高度 × 宽度： 可达 10m×10m（33ft×33ft）。

耐寒性： 微耐寒/5~9区。

栽培： 任何肥沃、排水良好的土壤，光照充足。栽种初期可在墙上用钢丝作支撑架。

美洲荣属
Ceanothus

灌木，生长迅速。花蓝色，绒毛状，小而密集，看起来厚厚一层，效果非常壮观，其他爬墙灌木鲜有能与之媲美。花朵颜色深浅不一，从淡雅的浅蓝到热情洋溢的靛蓝。既有落叶品种也有常绿品种，常绿的耐寒性稍差，因此在寒冷地区是一种风险更大的选择，尽管这两种都不能长期存活。要么春末夏初开花，要么夏末开花。春天开花的常绿品种包括"喜悦"（'Delight'）、"意大利天空"（'Italian Skies'）和"普吉蓝"（'Puget Blue'），都开浓郁的蓝色花朵。

高度 × 宽度： 可达 2m×2m（6ft×6ft），有时更高。

耐寒性： 微耐寒/7~9区。

栽培： 任何肥沃、排水良好的土壤，光照充足。如有必要，开花后修剪，但不要过度。

木瓜海棠属
Chaenomeles

木瓜有扎手的刺，适当培育可使其爬墙生长；或者将枝条松散绑缚于墙上，让其更加自然、随意地生长，会更简单。春季开花，嫩叶萌发之前或同时出现，花朵呈杯状，非常迷人。贴梗海棠"日本艺伎"（*Chaenomeles speciosa* 'Geisha Girl'）开杏色花，看上去比大多数其他品种更整洁。杂交

上图：美洲荣。

上图：日本木瓜。

上图：厚萼凌霄。

上图：绣球藤。

上图：阿尔卑斯铁线莲。

上图：法兰绒"加州之光"。

品种华丽木瓜（*Chaenomeles x superba*）是一个系列，包括许多值得选择的亚种，花朵有红色、白色、粉色等。红花的亚种里面，"克纳普山猩红"（'Knap Hill Scarlet'）可能是最好的，花朵大而艳丽。猩红与金黄华丽木瓜（'Crimson and Gold'）还有亮眼的黄色雄蕊，与花朵形成对比。果实小，黄绿色，味芳香，富含果胶，可做果冻。

高度 × 宽度：1.5m×1.5m（5ft×5ft）。

耐寒性：耐寒 / 5 ~ 9 区。

栽培：肥沃、排水良好的土壤，光照或半阴环境（可靠北墙）。除了富含石灰或积水的土壤外，在大多数土壤中都能存活。

铁线莲属
Clematis

选择铁线莲属植物，可以让庭院一年中几乎每个季节都有一个品种开花。最受欢迎的是夏初、夏末开花的杂交品种。最吸引眼球的品种，花形大而扁

平，单色或有条纹，颜色通常十分浓烈，比如胭脂红的主教红花铁线莲（'Rouge Cardinal'）。玛丽·博伊斯洛特（'Marie Boisselot'）是开白花的品种。蓝花的品种里，最好的是"蓝珍珠"（'Perle d'Azur'），花朵大小中等，开花繁茂，从夏季到秋季持续数周。盆栽的话，可以考虑一些新的紧凑型的大花品种，如开白花的"北极女王"（'Arctic Queen'）。如不善修剪，可选夏末开花的南欧铁线莲（*Clematis* viticella）系列，容易打理，还有果实；而杂交品种红花铁线莲（*Clematis texensis*）系列也有钟形花朵，如"端庄美红花铁线莲"（'Gravetye Beauty'），非常漂亮。

铁线莲通常花朵小巧精致，虽然有些会长得过于猖獗。这使其很适合做大空间的隔断——不过只有小木通（*Clematis armandii*）是常绿的。早春开花的阿尔卑斯铁线莲（*Clematis alpina*）则十分优雅，

有下垂的钟形花朵和类似蕨类的叶子，花色有蓝色、粉色、白色等。长瓣铁线莲（*Clematis macropetala*）与之类似，有几种漂亮的农舍风格的亚种，如"粉红玛卡"（'Markham's Pink'）。常绿的小木通看起来十分"地中海"，叶狭长，革质，春季开芳香白花。五月盛开的绣球藤（*Clematis montana*）系列，尤其是"伊丽莎白"（'Elizabeth'），同样芳香扑鼻，而且能良好地适应北侧的围墙或栅栏。同样耐阴但开花较晚的还有叶子类似蕨类的甘青铁线莲（*Clematis tangutica*）和"比尔麦肯兹"（*Clematis* 'Bill Mackenzie'），夏末至秋季开黄色柑橘皮质、灯笼状花，种子穗呈丝状，有螺旋花纹，亦颇具观赏性。

高度 × 宽度：大多数品种可达 10m×10m（33ft×33ft）；杂交品种和体型较小的品种可达 3m×3m（10ft×10ft），如阿尔卑斯铁线莲

耐寒性：耐寒 / 4 ~ 9 区。

栽培：非常肥沃、排水良好的土壤，最好是碱性。光照或（理想情况下）半阴环境，确保根部处于阴凉处。修剪要求因不同类型而异，具体需参考专业指导，但许多夏末开花的品种，包括南欧铁线莲和"蓝珍珠"，都很容易处理：冬末在距离地面 30cm（12in）处剪断即可。

智利悬果藤
Eccremocarpus scaber

藤本植物，通常为一年生，但也可作为多年生植物，每年都能长出羽状叶子和鲜橙色管状花，直至秋季。可使其自由攀爬在常绿树篱或灌木上，效果极佳。

高度 × 宽度：3m×1m（10ft×3ft）。

耐寒性：微耐寒 / 9 ~ 10 区。

栽培：排水良好的土壤，光照环境。寒冷地区需用较厚的隔热材料覆盖根部，保护地下块茎。适合盆栽。

法兰绒"加州之光"
Fremontodendron 'California Glory'

"加州之光"这个品种是一种看起来像亚热带植物的爬墙灌木，可以爬上房屋外墙。花期从晚春到初秋，花朵巨大，呈碟形，质地光滑如蜡，黄色，与深绿色的裂叶对比鲜明。但要小心叶子上锈红色的硬毛，会刺激皮肤。

高度 × 宽度：6m×4m（20ft×13ft）。

耐寒性：不耐霜 / 9 ~ 10 区。

栽培：任何排水良好的中性至碱性土壤，光照、有庇护的环境。绑在墙上的钢丝架上，剪掉向外生长的新枝。

上图：啤酒花。

上图：冠盖绣球。

上图：五叶地锦。

常春藤属
Hedera

常春藤属植物全都自带爬墙功能，不需钢丝架。即使是露台或庭院中最"荒凉"的地带，常春藤属植物也能带来绿意，而且叶形和颜色比你想象得更加多种多样。加拿利常春藤（Hedera canariensis）是加拿利群岛的一种大叶品种，有许多亚种，通常为花叶，如"马伦戈荣耀"（'Gloire de Marengo'），绿叶边缘有不规则的奶油色，成熟时加深为黄色，种植处需要有庇护，以形成良好的保护。没有庇护的地方，可种植外观与之相似的科西加常春藤（Hedera colchica 'Dentata Variegata'），或中心为黄色的"硫心"（'Sulphur Heart'）。小叶的洋常春藤（Hedera helix）叶片更硬，如"冰川"（'Glacier'），叶灰绿色，有乳白色边缘；"绿涟漪"（'Green Ripple'），叶

子有独特的褶边；"毛茛"（'Buttercup'）生长缓慢，叶灰绿色。

高度×宽度： "马伦戈荣耀"可达 4m×4m（13ft×13ft）；洋常春藤人工栽培种可达 [（0.45～8）m×（0.45～8）m][（1.5～25）ft×（1.5～25）ft]。

耐寒性： "马伦戈荣耀"，微耐寒/8～9区；洋常春藤人工栽培种，耐寒/5区。

栽培： 几乎任何土壤皆可。花叶品种需要一定光照才能呈现最好的色泽，而单色品种即使全阴环境下也能长得很好。

啤酒花
Humulus lupulus 'Aureus'

草本蔓生植物，长势极强。生根后，每年都会覆盖一堵墙或一个藤架。不要试图培育其长成特定的形态，除了初始生长阶段。让黄绿色的叶子松散地

挂在枝条上即可。夏末会形成一道道"绿幕"。茎和叶上有硬毛，可能会刺激敏感性皮肤，修剪时要戴手套。

高度×宽度： 可达 6m×6m（20ft×20ft）。

耐寒性： 耐寒/6～9区。

栽培： 肥沃、排水良好的土壤，有光照的话，叶片颜色会更鲜亮，阴凉条件下也能长得很好。避免干燥、大风环境。

冠盖绣球
Hydrangea anomala

最常见的蔓生绣球，适合朝北或阴凉处的墙壁。冠盖绣球是林地植物，通过不定根附着在墙壁或栅栏上。秋季，鲜绿色的心形叶子会形成厚厚一层绿幕，衬托着乳白色泡泡状的头状花序。

高度×宽度： 15m×15m（50ft×50ft）。

耐寒性： 耐寒/5～8区。

栽培： 栽种初期新枝需支撑，使其与墙壁接触。

地锦属
Parthenocissus spp.

观叶植物，秋季色彩瞩目，是覆盖大面积墙壁或在高挡土墙或藤架侧面形成"绿幕"的理想选择。花叶地锦（Parthenocissus henryana）叶深绿色，叶脉如银纹，秋季叶片变成红色，尤其适合朝

北的地方。通过剪枝即可控制生长。地锦（Parthenocissus tricuspidata）即著名的"波士顿常春藤"；五叶地锦（Parthenocissus quinquefolia）又名美国地锦。两者都只适用于较大的庭院或已成熟的树木。地锦"维奇"（Parthenocissus tricuspidata 'Veitchii'），叶子春天展开时呈紫色，成熟后为绿色，最后秋季变成紫红色（在光照充足的地方）。

高度×宽度： 花叶地锦10m×10m（33ft×33ft）；地锦20m（65ft）。

耐寒性： 耐寒/4～9区；花叶地锦，微耐寒/7～9区。

栽培： 肥沃、排水良好的土壤，光照充足或半阴环境。

蔷薇属
Rosa

很少有花卉能与蔷薇属植物相提并论，其花朵展现出一种纯粹、老式的魅力，而现代反复开花的蔓生品种更是方便了在空间有限的地方种植。以下列举的都是经过测试效果不错的藤本月季。"卡里叶夫人"（'Madame Alfred Carrière'）夏季开乳白色花，看上去略显杂乱，但香气甜美，其用途多样：墙上，树上，藤架，拱门，都可以装饰。"永恒的快乐"（'Félicité Perpétue'），花朵皱巴巴的，小巧精致，初开时

上图：藤本月季"第戎的荣耀"。

呈粉红色，逐渐褪为白色。"第戎的荣耀"（'Gloire de Dijon'）开花较早，在霜冻易发地区需要一堵温暖的墙来庇护；花朵大而圆，杏色。"康斯坦斯普赖"（'Constance Spry'）花朵饱满，重瓣，呈浓郁的粉红色。"新黎明"（'The New Dawn'）反复开花，耐阴，花淡粉色，花形完美，叶片大而光滑。"同情"（'Compassion'）与之类似，花形偏长，杏色，气味芬芳。

高度×宽度： 反复开花的现代蔓生品种，如"同情"，3m×2.5m（10ft×8ft）；其他可达5m×5m（16ft×16ft），根据品种而不同。

耐寒性： 耐寒／4～9区。

栽培： 非常肥沃、排水良好的土壤，光照或半阴环境。

茄属
Solanum

半常绿的白花素馨叶白英（*Solanum laxum* 'Album'）喜欢有庇护的地方，绿叶间点缀白花，状如繁星，花朵中央有黄色花蕊。花期很长，从夏季一直持续到秋季。同样开花繁茂但更耐寒的是智利的皱果茄"格拉斯内文"（*Solanum crispum* 'Glasnevin'），花朵呈浓郁的紫色，栽种时需将其细枝系在支架上。

高度×宽度： 3m×3m（10ft×10ft）。

上图：藤本月季"康斯坦斯普赖"。

耐寒性： 半耐寒到不耐霜／8～11区。

栽培： 任何排水良好的土壤，光照充足。寒冷地区冬季需用干燥的覆盖物保护根系。

翼叶山牵牛
Thunbergia alata

因花形奇特而引人注目，通常作为一年生植物种植在寒冷地区。藤本植物，也可种于吊篮中，让藤蔓垂下。花朵呈黄色或橙色，中间有明显的深棕色花蕊，故而得名"黑眼苏珊藤"。

高度×宽度： 2m×0.25m（6ft×5/6ft）；作为多年生植物种植时生长范围更大。

耐寒性： 不耐寒／10区。

栽培： 可耐受大多数土壤，光照或半阴环境。

紫藤属
Wisteria

成熟的紫藤属植物是晚春时节的一道风景线，彼时下垂的芳香花朵第一次出现。紫藤属植物通常在光照充足的情况下开花最好，至少气候寒冷的地区是这样。紫藤属植物很耐寒，但枝干需要充分的光照才能保证开花效果，所以可以将主枝固定在光线充足的墙壁上。夏末剪掉过度生长的枝叶，冬末再次修剪。庭院中通常选择多花紫藤（*Wisteria floribunda*），即日本紫藤，花色有紫罗兰、白色、紫色等；或与之类似但更具活力的紫藤（*Wisteria sinensis*），日本紫藤的近亲。

高度×宽度： 可达9m×9m（29ft×29ft）。

耐寒性： 耐寒／4～10区。

栽培： 任何排水良好但保水的土壤，最好不要太肥沃，光照或光影斑驳的半阴环境。

上图：紫藤。

上图：翼叶山牵牛。

竹、草与类草植物

　　草和看起来像草的植物当前在庭院中非常流行。整体形态从低矮的草丛到高大的立柱，纤细的草叶与其他阔叶植物形成赏心悦目的对比。这类常绿植物在造型和色彩上都很适合地中海风格、东方风格或现代风格的庭院。

上图：花叶芒髯薹草（*Carex morrowii* 'Variegata'）适合日式和现代风格庭院。

新西兰风草
Anemanthele lessoniana

又名雉尾草，以前被归类为茅状针茅（*Stipa arundinacea*）。常绿植物，色彩多样，丝带状叶子呈弓形垂下，形成茂密的草丛。夏季呈橙棕色，秋季逐渐加深。下垂的紫绿色穗状花序能保持很长时间，一年四季皆具观赏性。

高度×宽度： 90cm×120cm（3ft×4ft）。

耐寒性： 不耐霜／7～10区。

栽培： 早春时清除腐殖物和枯花梗。排水良好的土壤或黏土皆可，光照或半阴环境。可盆栽。

花叶芦竹
Arundo donax 'Versicolor'

又名变叶芦竹，常见于地中海沿岸地区，生长在潮湿的环境中，形成茂盛的草丛。造型挺拔，虽然是草，但看起来像竹子。白色的品种特别漂亮，可以盆栽，夏季摆在露台上，非常吸引眼球。

高 度 × 宽 度： 2m×0.6m（6ft×2ft）。

耐寒性： 半耐寒／8～10区。

栽培： 需充足的光照和水分。春季剪枝，剪至与地面齐平。

尖拂子茅
Calamagrostis acutiflora

又名毛苇草，形态直立，花梗能保持很久，适合一簇簇栽种，或与多年生阔叶植物搭配栽种。卡尔拂子茅（'Karl Foerster'）夏季花朵呈粉棕色，随着秋天的临近逐渐变淡，整个冬天都不会凋落。花叶拂子茅（'Overdam'）更漂亮，叶缘呈淡黄色。

高度×宽度： 花叶拂子茅1.2m×0.6m（4ft×2ft）；"卡尔拂子茅"，1.8m×0.6m（6ft×2ft）。

耐寒性： 耐寒／4～9区。

栽培： 冬季草茎薄而干，剪至与地面齐平，使其重新生长。首选富含有机物、保水的土壤，光照或半阴环境。

薹草属
Carex

多为常绿植物，有许多观赏品种和变种，包括来自新西兰的铜色系列和日本的一些花叶薹草。铜色薹草包括低矮、呈拱形的褐红薹草（*Carex comans*）、略微直立的鞭毛薹草（*Carex flagellifera*）及其变种，以及橄榄色的橘红薹草（*Carex testacea*），其中包括橙色和琥珀色的"星火燎原"（'Prairie Fire'）。完全直立的棕红薹草（*Carex buchananii*），又名革叶薹草，叶坚韧，红棕色，形成一道直立的"喷泉"，适合在有围墙的庭院中生长，盆栽效果也很好，不太耐寒。"白卷发"（'Frosted Curls'）是淡绿色。花叶薹草是点亮阴暗角落的理想选择，品种有金叶薹草（*Carex hachijoensis* 'Evergold'），叶窄，有黄纹，呈弓形垂落，形成低矮的草丛；芒髯薹草"渔夫"（*Carex*

上图：花叶芦竹。

上图：花叶拂子茅。

上图：新西兰风草。

上图： 发草。

上图： 蓝羊茅。

上图： 华西箭竹 "宁芬堡" （ *Fargesia nitida* 'Nymphenburg' ）。

morrowii 'Fisher's Form' ）, 叶子上有奶油色条纹；"雪线"（ *Carex conica* 'Snowline' ）, 株形迷你，叶有白边；宽花叶薹草（ *Carex siderosticha* 'Variegata' ）, 落叶植物，喜湿。

高度 × 宽度： (30 ~ 60) cm × (35 ~ 45) cm [(12 ~ 24) ft × (14 ~ 18) ft]。

耐寒性： 大部分介于 "不耐霜" 与 "微耐寒" 之间，只有金叶薹草耐寒 / 6 ~ 9 区。

栽培： 以上提到的铜色和银色叶品种，宜种在排水良好但不干燥的地上；花叶薹草需种在保水的土壤中，喜水的宽花叶薹草除外。春天可以把铜色薹草剪至与地面齐平，重新长出来的叶子颜色会更鲜亮；或者，也可以只剪掉长花枝。花叶品种，春天清理掉冬季干枯的叶子即可。

发草
Deschampsia cespitosa

叶窄，深绿色，适合作庭院中的常绿草丛。夏季，圆锥花序呈弓形垂落，在微风中摇曳生姿。不同的人工栽培种，如铜色发草（ 'Bronzeschleier' ）、胎生发草（ *Deschampsia cespitosa* var. *vivipara* ）、金叶发草（ 'Goldschleier' ）等，秋季花朵都会变成淡黄褐色，给开花较晚的多年生植物形成背景烘托。

高度 × 宽度： 1.2m × 1.2m (4ft × 4ft)。

耐寒性： 耐寒 / 3 ~ 7 区。

栽培： 任何中性至酸性，排水良好至潮湿的土壤，种植时多加些有机肥。光照或半阴环境下最好。非常适合盆栽。春季新芽萌发前清理植株。

箭竹属
Fargesia

有两个品种叶片小巧精致，株形直立或呈弧形，适合盆栽或小庭院。一种是神农箭竹（ *Fargesia murieliae* ）及其亚种，又名伞竹，抗风抗晒；另一种是华西箭竹（ *Fargesia nitida* ）, 喜阴，秆呈深紫色，第二年才产生叶轮。神农箭竹 "辛巴" （ *Fargesia murieliae* 'Simba' ）株形紧凑，是露台上大型盆栽的理想选择。

高度 × 宽度： "辛巴"，1.8m × 0.6m (6ft × 2ft)；华西箭竹，5m × (1.5 ~ 1.8) m [16ft × (5 ~ 6) ft]。

耐寒性： 耐寒 / 6 ~ 11 区。

栽培： 宜生长在保水的地面上，光照或半阴环境。华西箭竹需避风，最好是光影斑驳的日照。通过修剪控制生长（见 p.242 ~ 243 ）。

蓝羊茅
Festuca glauca

簇生茅草，灰蓝色，用途多样：可作为低矮的边缘种植，或分组种植，或栽满一盆。推荐 "哈兹"（ 'Harz' ）、以利亚蓝色蓝羊茅（ 'Elijah Blue' ）和 "青狐"（ 'Blaufuchs' ）这几个品种，叶子颜色饱满浓烈。夏季还能开

花，带来意外之喜；当花朵变成黄褐色时应剪掉，否则会破坏整体观感。

高度 × 宽度： 30cm × 30cm (12in × 12in)。

耐寒性： 耐寒 / 4 ~ 8 区。

栽培： 任何排水良好的土壤，光照环境下更佳。春季用手指梳理植株，清除死物。

光环箱根草
Hakonechloa macra 'Aureola'

这种黄色条纹的箱根草是一种耐寒的落叶植物，叶柔软，越往下越细，呈拱形垂落，形成簇状。非常适合盆栽，可用于自然风格的植栽设计，或与蓝玉簪、蕨类等植物混种，营造东方风情。夏末和秋季颜色微红，轻盈的花朵一直保持到秋末。

高度 × 宽度： (25 ~ 35) cm × (40 ~ 90) cm [(10 ~ 14) in × (16 ~ 36) in]。

耐寒性： 耐寒 / 5 ~ 9 区。

栽培： 保水但同时也能良好排水的壤土（中性至无石灰），盆栽可用以壤土为基质的堆肥土。春季清除枯叶。半阴环境，防烈日灼伤。

上图：斑叶芒。

白茅 "红王"

Imperata cylindrica 'Rubra' syn. 'Red Baron'

缓慢匍匐生长的多年生植物，叶深红色，非常吸引眼球。注意不要让相邻的植物抢了它的风头，或者也可以盆栽，进一步凸显其特色。寒冷的春季，植株可能需要一段时间才能长起来。

高度 × 宽度： 40cm×40cm（16in×16in）。

耐寒性： 不耐霜 / 5 ～ 9 区。

栽培： 冬季需用保温覆盖物，保护根系以免冻伤。保水、富含腐殖质的土壤，光照或半阴环境。

新西兰丽白花

Libertia peregrinans

多年生常绿植物，虽然不是草，但有簇生硬质窄叶，所以看起来像草。新西兰丽白花的叶子是琥珀色，阳光下尤其漂亮。新品种 "陶波日落"（'Taupo Sunset'）和 "陶波火焰"（'Taupo Blaze'）叶子颜色更鲜艳，为春夏直立茎上出现的白色小花形成很好的衬托，花朵最后会变成橙色种子穗。

高度 × 宽度： 新西兰丽白花 38cm×70cm（15in×28in）；"陶波日落" 60cm×70cm（24in×28in）。

耐寒性： 不耐霜 / 7 ～ 9 区。

栽培： 新西兰丽白花应种在温暖、有庇护的地方，光照充足或半阴环境。耐旱。寒冷地区冬季需用覆盖物保护根系。"陶波日落" 喜湿。

芒

Miscanthus sinensis

品种众多，有高有矮。有的叶子呈弓形垂下，形成簇状；有的直立生长，顶部是银色、粉色或棕色的羽状花朵，能在庭院中营造出喷泉效果。细叶芒，又名 "处女"（'Gracillimus'），这个品种特别精致，叶细长，有一条白色中脉，尖端卷曲，看起来赏心悦目。"晨光"（'Morning Light'）与之类似，更高一点，叶有白色窄边。"银羽毛"（'Silberfeder'）更高，头状花序引人注目；不过如果空间较小，不妨试试 "克莱因" 银叶芒（'Kleine Silberspinne'）。斑叶芒（'Zebrinus'）跟以上这些完全不同，叶呈丝带状，有横向黄纹。

高度 × 宽度： "处女"（1.3 ～ 1.5）m×1.2m[（4.5 ～ 5）ft×4ft]；"银羽毛" 1.8m×1.2m（6ft×4ft）；"克莱因" 银叶芒 1.2m（4ft）。

耐寒性： 耐寒 / 5 ～ 10 区。

栽培： 光照或半阴环境，土壤只要不会积水、不会非常干燥即可。

黑龙沿阶草

Ophiopogon planiscapus 'Nigrescens'

植株矮小，实际上不是草，虽然细长的硬质叶子看起来像草。颜色是其最大特色，在植物界中最接近真正的黑色。在砾石或白色碎石片的衬托下看起来效果更佳，对比鲜明。耐旱耐阴。一簇簇草丛最终会形成一张 "黑毯"。普通的绿色黑沿阶草（*Pphiopogon Planiscapus*）习性与之类似，也是耐旱耐阴的地被植物。

高度 × 宽度： 20cm×20cm

上图：黑龙沿阶草。

（8in×8in）。

耐寒性： 耐寒 / 6 区。

栽培： 需土壤肥沃，最好不含石灰，或偏酸性。光照或半阴环境。

柳枝稷

Panicum virgatum

源自草原，秋季颜色瞩目，种子穗能保持很久，挂在叶子上方，看上去飘逸如云。人工栽培种有灰蓝色或略带红色的叶子，颜色通常反映在名字里，如 "达拉斯蓝"（'Dallas Blues'）、"重金柳枝稷"（'Heavy Metal'）和 "罗斯特"（'Rotstrahlbusch'，意为 "红光"），秋季通常变为紫红色或深红色，非常漂亮。

高度 × 宽度：（1 ～ 2.5）m×1m[（3 ～ 8）ft×3ft]。

耐寒性： 耐寒 / 4 ～ 9 区。

栽培： 适度肥沃、排水良好的土壤。光照或半阴环境。春季剪掉枝干，使其重新萌发。

狼尾草属

Pennisetum

虽然在观赏草中不是最耐寒的，但狼尾草属植物凭借美观的外形仍然颇受欢迎。丛生，柔软的瓶刷状头状花序优雅地垂落。狼尾草（*Pennisetum alopecuroides*）和 "哈美恩"（'Hameln'，株形紧密，开花较早）在有庇护的庭院中生长

上图：柳枝稷。

良好，可使其悬垂在铺装区域上，或种在高大的花盆中，产生喷泉效果。紫色或深红色的绒毛狼尾草（*Pennisetum setaceum*），如"大勃艮第"（'Burgundy Giant'），非常吸引眼球，但在气候寒冷的地方很难越冬。

高度 × 宽度:（0.6 ~ 1.5）m×（0.6 ~ 1.2）m［（2 ~ 5）ft×（2 ~ 4）ft］。

耐寒性: 不耐霜 / 5 ~ 9 区;"大勃艮第" 7 ~ 9 区。

栽培: 肥沃、排水良好的土壤，光照充足。冬季需用干燥的覆盖物保护根系。早春修剪植株顶部。

刚竹属
Phyllostachys

造型优雅，可作为观赏性植株，种植于院墙或小径边（盆栽亦可），或可作为较小植物的背景，或作为隔断。有些品种容易过度生长，可通过种植在地下的大型容器中或在根部周围置入屏障来限制其蔓延。新枝一长出来就可以剪掉。外观漂亮且通常生长良好的品种包括曲竿竹（*Phyllostachys flexuosa*，命名恰如其分，竹竿曲折）、人面竹（*Phyllostachys aurea*，又名金竹）和黄槽竹（*Phyllostachys aureosulcata*），后两种成熟后竹竿都呈金黄色。紫竹（*Phyllostachys nigra*）

上图：菲黄竹。

竹竿呈棕绿色，随着生长成熟逐渐变成漆黑，非常引人注目。

高度 × 宽度:（2 ~ 6）m× 无限长［（6 ~ 20）ft× 无限长］;盆栽较矮。

耐寒性: 耐寒 / 6 ~ 10 区。

栽培: 肥沃、排水良好但保水的土壤，光照或半阴环境。

苦竹属
Pleioblastus

缓慢匍匐生长，可覆满花盆，适合空间有限的庭院。菲白竹（*Pleioblastus fortunei*）植株低矮，有白纹，适合东方风格庭院，种在背景植物前充当前景;菲黄竹（*Pleioblastus auricomus* 或 *Pleioblastus viridistriata*）更高些，有黄纹，可为色彩浓郁的深色多年生植物带来生气，如光茎老鹳草（*Geranium Psilostemon*）。这两个品种都能与作为背景的蕨类植物和阔叶观赏性植物很好地结合。

高度 × 宽度: 菲白竹 0.75m×1.2m（40in×448in）;菲黄竹（0.9 ~ 1.5）m×（1.2 ~ 1.5）m［（3 ~ 5）ft×（4 ~ 5）ft］。

耐寒性: 耐寒 / 菲黄竹，8 ~ 10 区;菲白竹，7 ~ 11 区。

栽培: 肥沃、保水的土壤，包括黏土。光照或半阴环境。早春将去年的枝干修剪至地面高度，萌发的新叶颜色会更缤纷。如过度生长，可用铁锹铲去多

上图：紫竹。

余根部，不需要的部分丢弃即可。

针茅属
Stipa spp.

品种繁多，特点不一。有适合单株栽种的观赏性植株，如巨针茅（*Stipa gigantea*）;也有轻柔细密的细茎针茅（*Stipa tenuissima*），叶子从淡绿色渐变为淡黄褐色，毛发状，是众多开花植物和多年生植物的完

上图：巨针茅。

美衬托。常见名包括墨西哥羽毛草以及生动形象的"马尾"。巨针茅能为平坦的铺装或砾石区域带来高度的变化，与使用灌木和针叶树相比具有通透的优势，不阻挡视线。可在低矮的植物区域随意点缀些针茅属植物，或在庭院中单独使用，使之成为引人注目的焦点。雉尾草（*Stipa calamagrostis*）这个品种的叶子呈蓝绿色，夏季顶部有羽状、浅黄褐色的圆锥花序悬垂下来。

高度 × 宽度: 巨针茅 2.5m×1.2m（8ft×4ft）;细茎针茅 60cm×30cm（2ft×1ft）;雉尾草 1m×1.2m（3ft×4ft）。

耐寒性: 耐寒 / 7 ~ 10 区。

栽培: 栽种于光照充足的地方，土壤需排水良好。早春修剪细茎针茅和雉尾草，巨针茅则需在去除花梗后清理常绿基丛。去除不需要的细茎针茅幼苗。

上图：细茎针茅。

常绿植物

常绿的灌木、地被植物和多年生植物，对小庭院来说是无价之宝，因为这类植物能让每一寸有限的空间都全年绿意盎然。常绿植物能创造一种宁静、永恒的感觉，增加空间的结构感，尤其是经过修剪造型的树篱和绿雕。单色叶植物可以衬托出更亮眼、更艳丽的季节性植物。

上图："太阳之舞"墨西哥橘种在角落里，瞬间让人眼前一亮。

糯米条属
Abelia

大花糯米条（*Abelia x grandiflora*）叶小而有光泽，深绿色，是一种漂亮的圆形灌木，适合庭院这种有庇护的环境，养护得当，仲夏至秋季可开出大量略带粉红色的白花，小巧精致，芳香扑鼻。金叶大花六道木（'Francis Mason'）这个品种活力稍逊，是半常绿植物，叶金色，带绿纹，非常漂亮。

高度×宽度：2.5m×3m（8ft×10ft）。

耐寒性：微耐寒／6～9区。

栽培：肥沃、排水良好的土壤。光照、有庇护的环境。

岩白菜属
Bergenia

岩白菜属植物对阴凉、黏土、高温、干旱等不太理想的条件都能耐受，养护得当会得到丰厚的回报：巨大、光滑的圆形常绿叶片会铺满地面，与草叶形成鲜明对比；春季有粗壮的头状花序，搭配蜡质管状花朵，颜色包括白色的"布雷辛厄姆白"（'Bressingham White'）和"银光"（'Silberlicht'），粉色的"冬季童话"（'Wintermärchen'），以及深紫红的"黎明"（'Morgenröte'）和"晚霞"（'Abendglut'）。许多品种冬季叶片会变成红色或深红褐色，引人注目。

高度×宽度：(30～45) cm×(45～60) cm [(12～18) in×(18～24) in]。

耐寒性：耐寒／3～8区。

栽培：能耐受各种条件，但更喜肥沃、保水、富含腐殖质的土壤和阳光。开花前去除枯叶。早春用腐熟粪肥或园艺堆肥土覆盖根部，并定期翻开。

锦熟黄杨
Buxus sempervirens

与欧洲红豆杉一样，都是经典绿雕植物，常见造型有球体、圆顶、圆锥、螺旋以及规整的绿篱。矮锦熟黄杨（*Buxus sempervirens* 'Suffruticosa'）顾名思义，植株矮小，可用于构造精美的花坛。锦熟黄杨也适合盆栽，置于有庇护的阴凉处。日本黄杨（*Buxus microphylla*）的一些品种，如"绿枕"（'Green Pillow'），无须修剪就能长成柔美的圆形。金边黄杨（*Buxus sempervirens* 'Elegantissima'）叶子有米白色边。

高度×宽度：取决于修剪造型。

耐寒性：耐寒／6～8区（日本黄杨7～9区）。

栽培：春末夏初修剪。清理掉所有枯叶和剪下的枝叶，以防发生疫病。喜欢富含腐殖质的土壤，最好轻度碱性，半阴环境。夏季将栽种的花盆清理干净。使用中等强度的液体肥，避免灼烧，或用园艺堆肥土。

"太阳之舞"墨西哥橘
Choisya ternata 'Sundance'

"太阳之舞"是墨西哥橘的一个变种，叶子呈奶油黄，开花不多，洁白芬芳，在半阴处看起来最漂亮，比如挨着北墙。光照和霜冻会漂白或灼伤幼叶，因此需保护植株免受寒潮和午间酷热的影响。

高度×宽度：2m×2m（6ft×6ft）。

耐寒性：耐寒／8～10区。

上图：大花糯米条。

上图：岩白菜人工栽培种。

上图：矮锦熟黄杨。

上图：扶芳藤。

上图：矾根人工栽培种。

上图：月桂。

上图：红叶石楠。

栽培： 首选有庇护的半阴环境。如土壤干燥，种植前需改良。

南鼠刺"金布莱恩"

Escallonia laevis 'Gold Brian'

"金布莱恩"是单色叶，还有花叶的品种"金艾伦"（'Gold Ellen'），都能让庭院一年四季充满生机。叶紧凑有序，颜色从金黄到柠檬绿，形成圆顶，仲夏开深粉色小花，花团锦簇。

高度×宽度： 1.5m×1.5m（5ft×5ft）。

耐寒性： 微耐寒 / 7 区。

栽培： 最好在有庇护的半阴环境下，一定光照亦可，会让叶子变成金色。适度肥沃的土壤。

扶芳藤

Euonymus fortunei

填充型绿植，盆栽或用作地被植物皆可。有许多花叶品种，如银边扶芳藤（'Emerald Gaiety'，绿叶有白边），还有金边扶芳藤（'Emerald 'n' Gold'），为冬季的庭院注入生机。冬青卫予（*Euonymus japonicus*），叶单色，有光泽，直立生长，相对来说不太耐寒，但能带来一丝地中海风情。也有花叶变种，包括白色和金色，如金心冬青卫予（'Ovatus Aureus'）。

高度×宽度： 60cm（2ft）×无限宽；金心冬青卫予，3m×1.5m（10ft×5ft）。

耐寒性： 扶芳藤，耐寒 /

5 ～ 9 区；冬青卫予，半耐寒 / 7 ～ 9 区。

栽培： 任何适度肥沃的土壤。银边扶芳藤在阴凉环境下花叶效果更好。

矾根属

Heuchera

多年生常绿植物，亦是色彩斑斓瞩目的地被植物。品种繁多。叶片形似枫叶，有时边缘有皱褶。晚春开始开花。深紫色的品种包括"李子布丁"（'Plum Pudding'）和"巧克力荷叶边"（'Chocolate Ruffles'）。"锡月亮"（'Pewter Moon'）有银色大理石纹，也有柠檬绿和琥珀色品种。

高度×宽度： 40cm×30cm（16in×12in）。

耐寒性： 耐寒 / 4 ～ 8 区。

栽培： 肥沃、保水的土壤，光照或半阴环境。春季摘除枯萎的头状花序，剪掉受损的叶子。易受象鼻虫幼虫侵害。

欧洲枸骨

Ilex aquifolium

欧洲枸骨是耐寒的常绿植物，叶通常有刺毛。虽然最终可以长成树，但也可修剪成树篱或简单的绿雕造型，如圆锥形、圆顶或方形。许多品种都有色彩鲜艳的花叶。只有雌性植株才会有浆果，且大多需要在雄株附近。"玉粒红"（*Ilex* 'J.C. van Tol'）等几个品种是自花

受精。

高度×宽度： 可达 3m×3m（10ft×10ft），取决于品种和修剪造型。

耐寒性： 耐寒 / 6 ～ 9 区。

栽培： 光照或阴凉环境。使用盆栽土（以壤土为基质的堆肥土），用大而重的容器种植。

月桂

Laurus nobilis

月桂既可作为树木，也可作为灌木。叶坚硬，无光泽，边缘褶皱，有甜甜的香气。可修剪成球形、圆锥形或方形。

高度×宽度： 3m×3m（10ft×10ft）或更小，取决于修剪造型。

耐寒性： 微耐寒 /8 ～ 10 区。

栽培： 如盆栽，使用盆栽堆肥土（以壤土为基质的堆肥土），置于光照或半阴环境。初夏修剪。

紫药女贞

Ligustrum delavayanum

类似于锦熟黄杨，这种小叶女贞也适合几何绿雕造型。如盆栽，定期转向，以防阴面叶子稀疏。

高度×宽度： 取决于修剪造型。

耐寒性： 微耐寒 / 8 ～ 9 区。

栽培： 夏季修剪。土壤需排水良好。最好避开干燥的冷风。

红叶石楠

Photinia x fraseri

这种生机勃勃的灌木在春季或修剪后会长出有光泽的红叶。若自由生长，可形成大片背景灌木。也可修剪成圆顶或棒棒糖状的造型。波浪叶石楠（*Photinia serratifolia* 'Curly Fantasy'）叶子有波浪状边缘。

高度×宽度： 4m×4m（13ft×13ft），如果不修剪的话。

耐寒性： 微耐寒 / 7 ～ 9 区。

栽培： 大多数土壤皆可，前提是排水良好。春季可能受霜冻影响。剪掉枯枝。

欧洲红豆杉

Taxus baccata

传统常绿植物，常用于绿雕和观赏造型，比如可以修剪成城垛状绿篱、拱门或塔楼。修剪得好的话，表面除了颜色以外，其他一切都像磨光的石头。非常适合规整的花园或传统风格。耐阴。爱尔兰红豆杉（*Taxus baccata* 'Fastigiata'）呈柱形；金边红豆杉（*Taxus baccata* 'Standishii'）生长缓慢，柱形较窄，边缘金色。

高度×宽度： 取决于绿雕的大小和形状。

耐寒性： 耐寒 / 6 ～ 9 区。

栽培： 排水良好的土壤，光照或阴凉环境。如土壤干燥，种植前需改良。

芳香植物

气味为庭院引入了另一个维度。小径旁可以种植迷迭香和薰衣草等香草，当人们经过时，就会闻到阵阵香气。不同的香味会促发不同的情绪：玫瑰和金银花的香味让人想起乡村的早晨；百合和烟草类植物的香气令人兴奋，可以把阳光明媚的庭院变成令人迷醉的天堂。

上图: 白花木曼陀罗，傍晚花香阵阵，令人迷醉。

白花木曼陀罗
Brugmansia x candida

木曼陀罗属植物的一种，全株有毒。巨大的喇叭状花朵悬垂下来，从夏季持续到秋季，夜晚散发出令人陶醉的香味。有些品种开白色、黄色或杏色的花。

高度 × 宽度: 1.5m×1.5m（5ft×5ft）或更大。

耐寒性: 不耐寒／10区。

栽培: 肥沃、排水良好的土壤，光照充足。盆栽可适当修剪，冬季需防霜冻。

墨西哥橘
Choisya ternata

常绿灌木，晚春时叶、花均有香气。无须修剪，状如绿雕。名为阿兹台克珍珠墨西哥橘（'Aztec Pearl'）的品种，叶片窄小精致。

高度 × 宽度: 2m×2m（6ft×6ft）。

耐寒性: 耐寒／8～10区。

栽培: 肥沃、排水良好的土壤。

可耐受半阴环境，但光照充足时开花最好。

素馨属
Jasminum

素馨属植物有着令人陶醉的甜美香味，那是夏天的味道。寒冷地区可种植素方花（*Jasminum officinale*），靠着暖墙或藤架使其攀爬，如果冬季气温仅略低于0℃的话。多花素馨（*Jasminum polyanthum*）更不耐寒，需保证庭院内无霜冻；花蕾呈粉色，花期从春季持续到夏季。

高度 × 宽度: 可达 3m×3m（10ft×10ft）。

耐寒性: 素方花，微耐寒／7～10区；多花素馨，不耐寒／9～10区。

栽培: 肥沃、排水良好的土壤，光照或半阴环境。

香豌豆
Lathyrus odoratus

一年生藤本植物，香味因品种

而异。近年来，一些香气浓郁的老式品种又流行起来，尽管花色有限。可用竹竿搭成锥形结构任其攀爬，赋予植株高度。定期采摘花朵，去除枯花，开花会更茂盛。

高度 × 宽度: 可达 2m×2m（6ft×6ft）。

耐寒性: 耐寒／1～11区。

栽培: 肥沃、保水的土壤，光照充足。晚秋栽种，春季可开花。

薰衣草属
Lavandula

薰衣草属植物的花是蜜蜂的最爱。英国薰衣草（*Lavandula angustifolia*）又名狭叶薰衣草、小薰衣草，最适合乡村风格庭院，品种包括"希德寇特"（'Hidcote'），深紫色；"内娜"（'Nana Alba'），开致密的白花；荷兰薰衣草（*Lavandula x intermedia*），英国薰衣草和宽叶薰衣草（*Lavandula latifolia*）的杂交种，生命力强，叶

宽，花淡紫色。稍不耐寒的是西班牙薰衣草（*Lavandula stoechas*），长穗西班牙薰衣草（*Lavandula stoechas* subsp. *pedunculata*），又名"蝴蝶"，年末数月开花。

高度 × 宽度: 45cm×45cm（18in×18in）或更大。

耐寒性: 耐寒／6～9区；法国薰衣草，7～9区。

栽培: 需排水非常好的土壤，富含石灰或贫瘠的砾石地面最佳，光照充足。早春或夏季花朵凋谢时剪掉花梗，保持繁茂。

百合属
Lilium

如盆栽，不妨选择植株高挑、花朵呈喇叭状的"非洲皇后"系列（浅杏色）、"粉完美"系列或岷江百合（*Lilium regale*，又名王百合），皆花香浓郁，花朵白色，蜡质，外层泛着紫色。圣母百合（*Lilium candidum*），又名麦当娜百合、白花百合，开白色大花。另外

上图: 素方花。

上图: 香豌豆。

上图: 香忍冬。

上图：烟草"多米诺"系列。

上图：海桐。

上图：迷迭香。

两种值得注意的是台湾百合（ *Lilium formosanum* ），花朵外层明显呈紫色；以及麝香百合（ *Lilium longiflorum* ），又名铁炮百合，夜间散发香气。

高度 × 宽度： 可达 60 ~ 120cm（ 2 ~ 4ft ）。

耐寒性： 耐寒 / 4 ~ 9 区。

栽培： 土壤需排水良好，确保根系的生长空间，需要光照。圣母百合宜在碱性土壤中浅层栽种；台湾百合需酸性潮湿土壤，岷江百合对生长条件的耐受性更好。将球茎深栽，盆栽使用以壤土为基质的堆肥土。

香忍冬
Lonicera periclymenum

忍冬属植物以香味闻名，但并非所有忍冬属植物都有香味。香忍冬是其中佼佼者，黄昏开始散发香味，主要有两个亚种：比利时忍冬（ 'Belgica' ），又名"早荷兰忍冬"，初夏开粉色和红色花；"瑟诺"（ 'Serotina' ），又名"晚荷兰忍冬"，花期从仲夏到秋季，开紫色和红色花。这两个品种都有成串的红色浆果。忍冬可攀爬于凉棚、藤架或树上。

高度 × 宽度： 可达 4m×4m（ 13ft×13ft ）。

耐寒性： 耐寒 / 5 ~ 9 区。

栽培： 任何不太干燥的土壤皆可，保证根系生长在阴凉处。

紫罗兰属
Matthiola

大多数紫罗兰属植物可视为一年生或两年生植物，根据播种时间而不同。花朵有白色、粉色、淡紫色、深红色等，十分适合乡村风格庭院。紫罗兰（ *Matthiola incana* ）是两年生植物，品种主要有重瓣和矮生两种。"十周"系列播种 10 周后开花，错时播种即可实现漫长的花期。晚香紫罗兰（ *Matthiola longipetala* subsp. *bicornis* ）夜间散发令人陶醉的浓郁香味，可散种于其他植物中。

高度 × 宽度： 30cm×20cm（ 12in×8in ）。

耐寒性： 耐寒 / 6 区。

栽培： 任何土壤，光照充足。夏季开始播种，错时持续播种，当年可开花；若冬末播种，翌年开花。

矮烟草
Nicotiana x sanderae

别名美花烟草、烟仔花、烟草花。随着白天气温逐渐下降，矮烟草的花朵会释放一种类似宗教焚香一样的气味。一些植株高大的老式品种会开出色泽淡雅的花朵，散发令人陶醉的香味。现代培育出的单色和矮生品种则没有那么香。

高度 × 宽度： (30 ~ 90) cm×25cm[(12 ~ 36) in×10in]。

耐寒性： 半耐寒 / 7 区。

栽培： 任何土壤，光照或半阴环境。早春在繁殖盆内播种。

海桐
Pittosporum tobira

从晚春到初夏，海桐都有漂亮、光泽的叶子和一簇簇芳香的星形白花（逐渐变黄）。不耐霜冻，可做花园绿篱；若气候寒冷也可尝试盆栽，冬季移入室内。

高度 × 宽度： 2m×1.5m（ 6ft×5ft ）。

耐寒性： 微耐寒 / 8 ~ 10 区。

栽培： 以壤土为基质的优质堆肥土，光照或半阴环境。晚春修剪或造型。

蔷薇属
Rosa

香味差异很大，有些没有，有些则散发或清新或刺激或浓烈的类似麝香的香味。路易斯欧迪波旁月季（ 'Louise Odier' ）属藤本月季，仲夏开花，水红色，浓香，重瓣。无刺月季（ 'Zéphirine Drouhin' ）也是藤本月季，花洋红色，花香更浓。波旁灌木月季"塞美普莱纳"（ 'Alba Semiplena' ），花乳白色，芳香扑鼻。

高度 × 宽度： 藤本月季可达 3m×3m（ 10ft×10ft ）；灌木月季（ 1 ~ 2 ）m×（ 1 ~ 2 ）m[(3 ~ 6) ft× (3 ~ 6) ft]。

耐寒性： 耐寒 / 4 ~ 9 区。

栽培： 肥沃、排水良好的土壤，最好光照充足。如有必要，早春修剪。定期摘掉枯花。

迷迭香
Rosmarinus officinalis

地中海小灌木，可用作烹饪香料，炎热干燥的天气里香气尤为浓郁。迷迭香及其亚种（花色不一，从灰蓝到龙胆蓝），花期可从仲春持续到夏季。可以长得很长，修剪效果也不错。

高度 × 宽度： 可达 2m×1m（ 6ft×3ft ）。

耐寒性： 耐寒 / 7 ~ 9 区。

栽培： 排水良好的轻质土，光照充足。开花后修剪。

络石
Trachelospermum jasminoides

常绿藤本植物，夏季开白花，形如风车，香气扑鼻。微耐寒，寒冷地区冬季可适当采取防寒保护。

高度 × 宽度： 可达 9m×9m（ 29ft×29ft ）。

耐寒性： 微耐寒 / 8 ~ 10 区。

栽培： 如盆栽，使用以壤土为基质的堆肥土。光照或半阴环境。需支撑架。

热带植物

假如想增加一丝热带度假胜地般的异国风情，不妨试试这一小节介绍的这些观赏植物和大叶植物。虽然是热带植物，耐寒性却并非都很差，很多都能适应庭院的环境。而对于不耐寒的那些品种，一般可以通过整株包裹或根部覆盖来进行防寒保护。

上图：百子莲"希望湖"是人工栽培种，枝叶细密，更耐寒。

上图：查塔姆聚星草。

上图：澳洲朱蕉。

上图：塔斯马尼亚蚌壳。

上图：双色凤梨百合。

银荆
Acacia dealbata

银荆为豆科相思树属下的一个种，常绿乔木，叶灰绿色，形似蕨类植物，冬末开淡黄色花。银荆很适合在庭院环境下生长，长速很快，修剪效果好，也可作为爬墙灌木来培育。

高 度 × 宽 度：6m×4m（20ft×13ft）；如盆栽或作爬墙灌木则稍小。

耐寒性：半耐寒 / 8 ~ 10区。

栽培：不含石灰的土壤，光照充足。

百子莲属
Agapanthus

百子莲属植物叶巨大，舌状带形，夏末开喇叭状花，非常美丽。百子莲（*Agapanthus africanus*）更漂亮，但不耐寒，冬季需防寒保护。又名百子兰、非洲百合，常绿植物，花梗高挑，花深蓝色。如果想更保险些，可以选择微耐

寒的铃花百子莲（*Agapanthus campanulatus*）及其亚种，或选择更耐寒的杂交品种，如深蓝色的"希望湖"（*Agapanthus 'Loch Hope'*）。

高 度 × 宽 度：（60 ~ 120）cm×60cm［（2 ~ 4）ft×2ft］。

耐寒性：微耐寒 / 7 ~ 10区。

栽培：肥沃、湿润（但不过于潮湿）的土壤，光照充足。寒冷地区冬季需用干燥的覆盖物保护根系。

查塔姆聚星草
Astelia chathamica

原产于新西兰，看起来像有金属质感的麻兰。常绿多年生植物，虽然人工栽培有时会开花，但其主要特征还是中央笔直、四周弓形下垂的灰绿色叶子。显脉聚星草（*Astelia nervosa*）开星形小花。

高 度 × 宽 度：1.2m×1m（4ft×3ft）。

耐寒性：不耐霜 / 8区。

栽培：最好盆栽，便于冬季移至室内。使用保水的泥炭堆肥土。夏季可自由浇水，但冬季要保持植物非常干燥，有助于增强耐寒性。光照或半阴环境。

大花美人蕉
Canna x generalis

叶大而直立，常泛青铜色，看起来极具异域风情。花形看上去像兰花，雍容华贵，颜色多样，包括大红、白色、黄色、橙色、橙红等，花期从夏末持续到秋季。像大丽花一样，美人蕉也可以吊起来，在寒冷地区安全越冬。

高 度 × 宽 度：1m×0.5m（3ft×20ft）。

耐寒性：半耐寒 / 7 ~ 10区。

栽培：土壤肥沃，光照充足。

欧洲矮棕
Chamaerops humilis

仅适合温暖的庭院。这种欧洲矮棕从底部吸收养分，形成茂

密的植株，叶亮绿色，看起来充满异域情调。耐阴，是庭院的最佳选择。气候寒冷的地区有时作为室内植物或温室（门廊）植物，盆栽亦颇为瞩目。

高 度 × 宽 度：3m×2m（10ft×6ft）。

耐寒性：半耐寒 / 9 ~ 10区。

栽培：肥沃、排水良好的土壤，光照或半阴环境。

澳洲朱蕉
Cordyline australis

气候温暖的地区常用作行道树，树干笔直，叶从顶部对生，叶形似剑，中间笔直竖立，外围向外下垂。紫红叶或花叶的品种略不耐寒。

高 度 × 宽 度：3m×1m（10ft×3ft），有时更大。

耐寒性：介于半耐寒到不耐霜 / 9区。

栽培：肥沃、排水良好的土壤，光照环境。摘掉树冠底部的枯叶。非常适合盆栽。

塔斯马尼亚蚌壳

Dicksonia antarctica

当下非常流行的庭院植物,不论是单株栽种还是几株种在一起,都十分引人注目。可种在大花盆里,半阴环境最为理想。寒冷地区冬季可用稻草或其他干燥材料将休眠的树冠包上。

高 度 × 宽 度: 2m×4m(6ft×13ft)。

耐寒性: 半耐寒/10区。

栽培: 肥沃的土壤或堆肥土,最好是腐叶土。

双色凤梨百合

Eucomis bicolor

花形似菠萝,顶部有簇生绿叶。适合盆栽,最好置于有庇护的地方。夏末到初秋有淡绿色或白色穗状花序。

高 度 × 宽 度: (20~30)cm×(60~75)cm[(8~12)in×(24~30)in]。

耐寒性: 微耐寒/8~10区。

栽培: 适度肥沃、排水良好的土壤,光照充足。冬季需做防寒保护。

蜜花

Melianthus major

观叶植物中最漂亮的一种,叶柔软,银灰色。寒冷地区最好靠墙栽种。尽管看上去像灌木,但在寒冷地区的生长习性更像多年生草本植物,冬季地面以上全部枯萎,开春重发。适合与美人蕉、大丽花和半耐寒的

一年生植物搭配种植,带来高度上的变化。

高 度 × 宽 度: 2.5m×2m(8ft×6ft)。

耐寒性: 半耐寒/9~10区。

栽培: 肥沃、排水良好的土壤。寒冷地区冬季需用干燥的材料(如稻草或蕨类植物)覆盖根部,防寒保暖。

芭蕉

Musa basjoo

芭蕉的叶子十分奇特,叶片巨大,形似船桨,叶面鲜绿色。离开热带地区,果实不太可能成熟。呈弓形下垂的芭蕉叶会营造出一种丛林的氛围。也可以考虑象腿蕉属(*Ensete*)的人工栽培种,如紫象腿蕉(*Ensete ventricosum* 'Maurelii')。

高 度 × 宽 度: 1.5m×1.5m(5ft×5ft),条件好时能长得更大。

耐寒性: 微耐寒/9~10区。

栽培: 土壤肥沃,光照充足。寒冷地区秋季需用干稻草包裹树干,以防冻伤。

麻兰属

Phormium

麻兰属植物为多年生植物,叶形似剑,呈弓形垂下,形态优美。寒冷地区冬季需做防寒保护。比较耐寒的一个品种是紫叶麻兰(*Phormium tenax* 'Purpureum'),叶紫铜色。有众多乳黄色和铜粉色叶子的品种

可选,但需要温暖、有庇护的环境。

高 度 × 宽 度: 2m×2m(6ft×6ft)或更大;矮生品种通常不超过1m×1m(3ft×3ft)。

耐寒性: 微耐寒/8~10区。

栽培: 排水良好但保水的土壤。如盆栽,使用以壤土为基质的堆肥土。光照或半阴环境。寒冷地区冬季需用厚厚一层干燥的覆盖物保护根部。

棕榈

Trachycarpus fortunei

又名舟山棕榈、风车棕榈,棕榈属植物中最耐寒的一种,是寒冷地区引入异域风情的不二选择。叶坚硬,放射状,形成巨大的扇形,幅面可达75cm(30ft),非常吸引眼球。

高 度 × 宽 度: 可达3m×1.5m(10ft×5ft)。

耐寒性: 微耐寒/8~10区。

栽培:使用以壤土为基质的堆肥土。置于光照或半阴环境。冬季需防强风。

丝葵

Washingtonia filifera

又名华盛顿棕榈、加州蒲葵、老人葵,不耐寒,外观类似棕榈,但略有不同:成熟植株的叶柄长度可达1.5m(5ft),甚至更长;树干下部更宽。随着下部叶子枯萎,树干上会长出一层"茅草",带来火灾风险,应及时处理。适合在气候干燥的城市环境中种植。

高 度 × 宽 度: 3m×1.5m(10ft×5ft)或更大。

耐寒性: 不耐寒/9~10区。

栽培: 使用以壤土为基质的堆肥土,掺入腐叶和尖砂。置于光照充足的地方。

上图: 麻兰人工栽培种。

上图: 蜜花。

上图: 棕榈。

喜热植物

夏季炎热干燥的地区，或者院子里有刺目阳光的角落，必须有一些喜热的植物。这些植物伴随着温度的上升而茁壮生长，没有过多的灌溉需求。这一小节介绍的植物包括色彩绚烂、追逐太阳的热带植物，造型精致的多肉植物以及引人瞩目的观赏性植物。

上图： 刺苞菜蓟的花头，干枯后可摘除。

上图： 光叶子花。

龙舌兰
Agave americana

多肉植物，能长得很大。叶革质，表面有蜡光，边缘锯齿状。整体呈玫瑰形，还有漂亮的穗状花序。开花会导致中心莲座死亡，但根部周围会长出新株。移除死株，让新株继续生长，直至开花大小。金边龙舌兰（*Agave americana* 'Marginata'）叶子边缘呈乳黄色——与另一花叶品种华严龙舌兰（'Mediopicta'）刚好相反。

高度 × 宽度： 2m×2m（6ft×6ft）。

耐寒性： 不耐寒 / 9 ~ 10 区。

栽培： 使用标准的仙人掌盆栽堆肥土，置于光照充足的地方。寒冷地区冬季需做防寒保护。

叶子花属
Bougainvillea

常绿攀缘灌木，枝条带刺，只在温暖的气候下生长，长势旺盛。该属植物的花实际上是彩色的苞片，能持续很久。巴特叶子花（*Bougainvillea x buttiana*）是一个庞大的杂交系列，花色有白色、黄色、紫色、红色等。光叶子花（*Bougainvillea glabra*）这个品种开白色或洋红色花，通常有波浪状边缘。

高度 × 宽度： 10m×10m（33ft×33ft）。

耐寒性： 半耐寒 / 9 ~ 10 区。

栽培： 肥沃、排水良好的土壤，光照充足或半阴环境。在藤架上或爬墙生长。如庭院内无裸露的土地，也可用大花盆种植。

岩蔷薇属
Cistus

地中海灌木，夏季有黏性、芳香的嫩枝和连续不断的纸质皱瓣花朵。斑花岩蔷薇（*Cistus x aguilarii* 'Maculatus'）开白花，中央有黑褐色斑点；而洋红岩蔷薇（*Cistus x pulverulentus*）花朵呈浓郁的洋红色。

高度 × 宽度： 可达 1.2m×1.2m（4ft×4ft）。

耐寒性： 微耐寒 / 7 ~ 9 区。

栽培： 排水非常好的土壤，阳光下的砾石贫瘠区亦可。

银旋花
Convolvulus cneorum

旋花类植物，株形美丽。光是柔滑的银色叶子就值得种植，夏季还能开白花。喜欢炎热干燥的环境。同许多银叶植物一样，在砾石中看起来效果最好。

高度 × 宽度： 60cm×60cm（2ft×2ft）。

耐寒性： 耐寒 / 8 ~ 10 区。

栽培： 排水良好的土壤，最好是沙砾。光照充足。

刺苞菜蓟
Cynara cardunculus

非常漂亮的多年生植物，可单株种植，也可大量种植于院墙或小径边，做大面积的背景——如果院子足够大的话。叶片巨大，银灰色，有锯齿状边缘。夏季开花，花梗粗壮，花形硕大。

高度 × 宽度： 2m×1.2m（6ft×4ft）。

耐寒性： 半耐寒 / 9 ~ 10 区。

栽培： 排水良好的土壤，光照充足。

上图： 变色牵牛。

上图： 天竺葵属植物。

上图： 西番莲"紫水晶"。

上图： 蓝花丹。

上图： 长生草"粉红涟漪"（*Sempervivum* 'Raspberry Ripple'）。

阿尔巴尼亚大戟

Euphorbia characias subsp.
wulfenii

大戟科常绿植物，形如灌木，以柠檬绿的圆顶花冠为特色，花冠能从晚春持续到初夏。"金兰布鲁克"（'Lambrook Gold'）的花朵特别鲜艳，而"约翰·汤姆林森"（'John Tomlinson'）的花则偏黄。其他未命名的品种可能没有这么明显的特点。开花后将枝条从基部剪掉，留下新芽，取代老枝叶。操作需小心，因为汁液有刺激性。

高 度 × 宽 度： 1.5m×1.5m（5ft×5ft）。

耐寒性： 微耐寒 / 7 ～ 10 区。

栽培： 排水良好的土壤，最好光照充足，不过这个品种也可耐受半阴。

牵牛

Ipomoea nil

一年生藤本植物，以天蓝色的喇叭状花朵为特色，喇叭花只持续一天，也有紫色、红色和白色。变色牵牛（*Ipomoea indica*），又名"蓝色黎明"，蓝紫色花，漏斗状。

高 度 × 宽 度： 可达（3 ～ 4）m×（3 ～ 4）m[（10 ～ 13）ft×（10 ～ 13）ft]。

耐寒性： 不耐寒 / 10 区。

栽培： 适度肥沃、排水良好的土壤，光照环境。

西番莲

Passiflora caerulea

西番莲科大多是温室植物，但这里说的这个品种寒冷地区亦可种植，种在庭院内有庇护的地方即可。夏季开花，花形十分独特，白花中间有紫色花丝，非常惹眼，有时还会结出黄色的肉质蛋形果实。"康斯坦斯·埃利奥特"（*Passiflora caerulea* 'Constance Elliot'）是众多亚种中的佼佼者，乳白色花，芳香扑鼻。

高 度 × 宽 度： 可达 3m×3m（10ft×10ft）。

耐寒性： 微耐寒 / 8 ～ 10 区。

栽培： 肥沃、排水良好的土壤，光照充足。寒冷地区冬季需做防寒保护。卷须需支撑架。

天竺葵属

Pelargonium

很受欢迎的庭院植物，整个夏季开花不断，颜色有粉红、橙红、紫色、红色、白色等，深浅不一。可种植于花园外围、吊篮、窗栏花箱以及各种容器中。天竺葵属植物杂交种众多，不胜枚举，常见的有几个系列：常春藤系列，蔓生茎上有厚厚的盾状叶子，非常适合花槽和花篮；马蹄纹系列（又名带状天竺葵），是最典型的天竺葵属植物，叶片有深色条纹。

高 度 × 宽 度： 通常为45cm×45cm（18in×18in）。

蓝花丹

Plumbago auriculata

来自南非的瑰宝，以迷人的天蓝色花朵著称，夏季开花，花期很长。不能自发攀爬，需绑在支架上。寒冷地区冬季需将花盆移至温室或门廊。

高 度 × 宽 度： 1.5m×1.5m（5ft×5ft），环境适宜时更大。

耐寒性： 不耐寒 / 9 区。

栽培： 排水良好的土壤，光照或半阴环境。

长生草属

Sempervivum

虽然没有黑褐色的黑法师（*Aeonium* 'Zwartkop'）或蓝色的石莲花属植物那么惹眼，但这种莲座造型的多肉植物也自有其特点：极度耐寒耐旱。品种众多，包括人工栽培种，颜色有紫色、红色、绿色、灰色等，少数叶尖有丝状毛。"母体"周围常环绕一群小新生体，母体死亡后小植株继续生长。新生体会逐渐覆满土壤表面，或溢出花盆边缘。

高 度 × 宽 度：（8 ～ 10）cm × 30cm[（3 ～ 4）ft×12ft）]。

耐寒性： 耐寒 / 3 ～ 8 区。

栽培： 黏土花盆或敞口陶土浅盆，盆内填充排水迅速、适度肥沃的堆肥土，光照充足。剪除枯花梗。

柔软丝兰

Yucca filamentosa

又名丝状丝兰、线丝兰、"亚当针"。观叶植物，叶坚实，形似剑，通常夏末到秋季开花，有白色穗状花序，但不一定每年都开。盆栽丝兰有一种对称的美。明亮边缘柔软丝兰（'Bright Edge'）叶边呈金色。

高 度 × 宽 度： 1m×1m（3ft×3ft），开花时高度加倍。

耐寒性： 耐寒 / 5 ～ 10 区。

栽培： 盆栽使用以壤土为基质的堆肥土，置于光照充足或略微阴凉的地方。

喜阴植物

虽然看起来似乎漂亮的植物都需要阳光，但也有许多品种能耐受半阴或斑驳的光线。灌木和藤本植物下方的地面可以种植大量喜阴的多年生观叶植物，如玉簪属植物和蕨类植物。浓荫的庭院可以采用大型花盆，组合摆放，进行华丽的展示。

上图： 猩红垂枝木藜芦，叶红褐色，艳丽夺目。

青木
Aucuba japonica

喜阴灌木，耐污染。有好几个金色的人工栽培种。雌性品种，如"金斑"（'Crotonifolia'），也能结出红色浆果。很少有灌木能像花叶青木这样恰如其分地点亮城市庭院中的阴暗角落。

高度 × 宽度：（2 ~ 2.5）m ×（2 ~ 2.5）m [（6 ~ 8）ft ×（6 ~ 8）ft]。

耐寒性： 耐寒 / 7 ~ 10 区。

栽培： 适度肥沃、保水但排水的土壤。仲春时节剪除冻伤的嫩枝。

秋海棠属
Begonia

适合盆栽或花篮种植，置于阴凉处。多花，颜色绚丽，花期从夏季持续到秋季。悬垂秋海棠有块状根，花色有白、粉、红、橙、黄等。萨氏秋海棠（*Begonia sutherlandii*），又名萨瑟兰秋海棠，开橙色花，十分精致。"龙翼红"（'Dragon Wing Red'）是新上市的品种，叶形硕大，深绿色，开花繁茂，猩红色。

高度 × 宽度： 60cm × 30cm（2ft × 1ft）；萨氏秋海棠45cm × 45cm（18in × 18in）。

耐寒性： 介于不耐霜到半耐寒 / 8 ~ 10 区。

栽培： 保水的堆肥土。注意防风，防虫害（象鼻虫）。定期摘除枯花。

贯众属
Cyrtomium

与其他蕨类植物相比，贯众属植物不那么小巧精致，适合种在院墙边，衬托其他色彩绚丽的植物。贯众（*Cyrtomium fortunei*），叶直立，全缘贯众（*Cyrtomium falcatum*）又名日本冬青蕨，是一种很好的室内植物，也可种在户外有庇护的地方。

高度 × 宽度： 60cm × 60cm（2ft × 2ft）。

耐寒性： 贯众，耐寒 / 6 ~ 9 区；全缘贯众，微耐寒 / 7 ~ 9 区。

栽培： 肥沃、潮湿但排水良好的土壤，任何程度的阴凉皆可。

鳞毛蕨属
Dryopteris

丛生，生命力旺盛，适合与其他植物一同栽种，作为陪衬，既美观又省心。欧洲鳞毛蕨（*Dryopteris filix-mas*），雄性蕨类，理论上是落叶植物，但秋季通常不会完全凋落。红盖鳞毛蕨（*Dryopteris erythrosora*）性喜潮湿、有庇护的地方，其三角形叶片幼时呈有光泽的铜粉色。冠状鳞毛蕨（*Dryopteris affinis* 'Cristata'），又名凤头蕨，号称"蕨类之王"，叶直立，引人瞩目。

高度 × 宽度： 60cm × 60cm（2ft × 2ft）。

耐寒性： 欧洲鳞毛蕨，耐寒 / 4 ~ 8 区；红盖鳞毛蕨，耐寒 / 5 ~ 9 区。

栽培： 富含腐殖质的肥沃土壤，阴凉环境。

八角金盘
Fatsia japonica

耐寒性尚可，能够适应大部分地区的户外环境。叶硕大，掌状，给人一种热带丛林的感觉。秋季开花，白色，绒球状，随后会结出黑色果实。

高度 × 宽度： 3m × 3m（10ft × 10ft）。

耐寒性： 微耐寒 / 8 ~ 10 区。

栽培： 排水良好的土壤。春季修剪，去除冻伤的枝叶，摘除枯叶。

倒挂金钟属
Fuchsia

倒挂金钟属下面有很多品种，

上图： 萨氏秋海棠。

上图： 倒挂金钟"拇指仙童"。

上图： 贯众。

包括人工栽培种，有的不耐寒，有的微耐寒。大小、形态不一：有的是高大的灌木，适合作绿篱；有的体型娇小，枝条下垂，适合花篮栽培。花形奇特，引人注目：有的是细长的花管，筒状、单瓣，雄蕊优雅地从花心伸出；有的是半重瓣或完全重瓣，双色，精致华丽。体型较小、微耐寒的品种有："莉娜"（'Lena'），垂枝，白色、洋红色重瓣花；"拇指仙童"（'Tom Thumb'），灌木状，单瓣，红色、紫色花；"波普尔夫人"（'Mrs Popple'）更高些，花色同前。

高度×宽度："拇指仙童"30cm×30cm（12in×12in）；"莉娜"（30～60）cm×75cm[（12～24）in×30in]；"波普尔夫人"1m×1m（3ft×3ft）。

耐寒性：介于不耐霜到微耐寒 / 9～11区；"波普尔夫人"8区。

栽培：保水但排水良好的土壤或堆肥土，夏季花盆水要浇透。开花后摘掉花头，使用促进开花的液体肥。

玉簪属
Hosta

株形优美，适合盆栽，体型逐年变大。易受鼻涕虫侵害；盆栽，置于砾石地面上可适当预防。具备一定抗虫害能力的大叶玉簪包括：圆叶玉簪"弗朗西斯·威廉姆斯"（*Hosta*

上图：圆叶玉簪"优雅"。

sieboldiana 'Frances Williams'），老品种，厚叶，有皱褶，淡灰绿色，边缘米黄色；圆叶玉簪"优雅"（*Hosta sieboldiana* var. *elegans*），皱褶更深，叶蓝绿色，花近白色。

高度×宽度：60cm×60cm（2ft×2ft）或更大，取决于品种。

耐寒性：耐寒 / 4～9区。

栽培：富含腐殖质的肥沃土壤，确保土壤湿润。

杂交凤仙花
Impatiens hybrids

阴凉环境下会开大量花，让枯燥无味的角落变得生机勃勃。很难用种子播种，建议早春时直接购买幼苗。花色包括白、粉、红、紫、橙等。

高度×宽度：30cm×30cm（12ft×12ft）。

耐寒性：不耐寒 / 10区。

栽培：保水但排水良好的肥沃土壤。避免从顶部浇水。

野芝麻属
Lamium

常绿多年生地被植物。"白南希"（'White Nancy'），银白色叶，白花，花萼钟形。适合盆栽。

高度×宽度：15cm×15cm（6in×6in）。

耐寒性：耐寒 / 3～8区。

栽培：光照或阴凉环境。如土壤干燥，土质差，可用丰富的有机肥进行改良。定期修剪，

上图：马醉木。

上图：杂交凤仙花。

能促进萌发新叶并促进开花。

木藜芦属
Leucothoe

杜鹃科灌木，常见品种是红叶木藜芦"彩虹"（*Leucothoe fontanesiana* 'Rainbow'），锥形叶，有奶油色和粉色花纹，枝条下垂，晚春开花，白色，似山谷百合。相对较新上市的是一些形似茂密灌木的品种，叶子要小得多，红褐色，如猩红垂枝木藜芦（*Leucothoe* 'Scarletta'）、"卡里内拉"（*Leucothoe* 'Carinella'）以及皱叶品种腋花木藜芦"卷红"（*Leucothoe axillaris* 'Curly Red'）皆适合盆栽，置于阴凉庭院中。秋冬两季叶片颜色会变深。

高度×宽度：1.5m×1.5m（5ft×5ft）。

耐寒性：充分耐寒 / 5～8区。

栽培：杜鹃科专用酸性堆肥土。喜阴，但也能耐受阳光。

马醉木属
Pieris

林地灌木，所以最好种在略微阴凉的地方。春季开花，花朵呈钟形，很漂亮。但马醉木的叶子更引人注目，尤其是春季新叶萌生时。"火银"（*Pieris*

japonica 'Flaming Silver'）的新叶呈大红色，边缘粉红，很快褪为银白色。"粉面"（'Blush'）有粉红色花蕾，开花后是白色，仍泛着一层粉红。"情人谷"（'Valley Valentine'）花蕾深红色，开花后是深紫红色。

高度×宽度：2m×2m（6ft×6ft）。

耐寒性：微耐寒 / 7～9区。

栽培：如盆栽，使用杜鹃科专用酸性堆肥土，最好掺入腐叶土。

耳蕨属
Polystichum

常绿蕨类，非常适合盆栽。剑蕨（*Polystichum munitum*），绿色叶，有光泽；欧洲耳蕨（*Polystichum aculeatum*）又名硬盾蕨，整个冬季绿意盎然；裂叶黑鳞刺耳蕨（*Polystichum setiferum* 'Divisilobum'），又名软盾蕨，叶深裂，看上去像蕾丝花边。

高度×宽度：1m×1m（3ft×3ft）。

耐寒性：耐寒 / 4～9区。

栽培：富含腐殖质的土壤，最好是碱性。阴凉环境。

食用植物

种植蔬菜和香草非常容易，即使是很小的露台也可以。最简单的方法，就是用花盆或吊篮种香草、叶菜或番茄。蓝莓和无花果都能在花盆中长得很好。许多果树，包括苹果和李子，都有矮生品种。可以让盆栽葡萄在藤架上攀爬，或者让南瓜和扁豆爬在格架隔断上。

上图：圣女果种在庭院花盆里，美观又美味。

易于种植的蔬菜

许多蔬菜都适合庭院种植，可以种在花盆里，或者花池里，有些还极具观赏性。这里介绍的这些都是建议采用的品种，抗病虫害，收成还好。如果想有更多选择，可以定期查阅种子名录。名录每年都会更新，收录新品种，包括大量适合盆栽的品种。

洋葱
Allium cepa

通常用球茎种植。球茎是通过将洋葱种子密集播种，然后长成小植株得到的。春秋两季种植，可以确保连续有收成。"巨齐陶"（'Giant Zittau'）是秋季种植的好品种，后面长势也很好。其他品种推荐"红男爵"（'Red Baron'）和"白王子"（'White Prince'）。储藏时去除管状叶，否则容易腐烂。

莙荙菜
Beta vulgaris var. cicla

甜菜变种，又名瑞士甜菜，包含多个品种。植株颇具观赏性。晚春种植，从夏末开始便可收获。叶大，有光泽，有褶皱，茎白色。"红宝石"（'Ruby Red'）叶子大红色；"亮光"（'Bright Lights'）茎有红色、黄色、橙色和白色。采摘嫩叶可做沙拉生吃，外围较大的叶可以蒸或炒。冬季用干燥的覆盖物保护根茎。

甘蓝
Brassica oleracea var. capitata

"早红马南"（'Marner Early Red'）收获最早，红叶，生熟食皆可。"垂直"（'Vertus'）和略带紫色的"一月王"（'January King'）都是耐霜冻的皱叶甘蓝。"卡斯特略"（'Castello'）和尖头、成熟很快的"灰狗"（'Greyhound'）夏季收获。皱叶甘蓝从秋到春为庭院带来绿意。春季播种，夏季移栽。

辣椒
Capsicum annuum

辣椒需要有庇护的环境，生长周期长。"红皮"（'Redskin'）株形紧凑，可盆栽；"本迪戈"（'Bendigo'）适合生长在无供热温室中。其他优良品种包括："匈牙利蜡"（'Hungarian Wax'），果黄色，长而尖；"卡宴"（'Cayenne'），非常辣，可作新鲜辣椒食用，亦可晒干。还可以试试"金穗"（'Gold Spike'）和"塞拉诺"（'Serrano Chilli'），以及适合庭院盆栽的"阿帕奇"（'Apache'）和"法塔利"（'Fatalii'）。

西葫芦
Cucurbita pepo

最后一次霜冻过去之前不要把植物移到户外，除非加玻璃罩保护。西葫芦通常作为灌木种植，而同属的南瓜类则通常生长在支架上。春末至夏初播种，用玻璃罩扣上。西葫芦从仲夏开始收获，南瓜则是夏末和秋季收获。西葫芦的品种包括："大使"（'Ambassador'）、"黄金西葫芦"（'Burpee Golden Zucchini'）、"早熟宝石"（'Early Gem'）、"淘金热"（'Gold Rush'）等。

野胡萝卜
Daucus carota

可以一年四季连续播种，全年都能收获。"飘逸"（'Flyaway'）是一个早熟的主要作物品种，已培育出抗胡萝卜茎蝇的能力。还可以试试一些短圆柱形和圆形的品种，如"阿姆斯特丹温室"（'Amsterdam Forcing'）、"赛坦"（'Sytan'）、"帕尔梅"（'Parmex'）等，皆可盆栽。

番茄
Solanum lycopersicum

理想的庭院作物，性喜温暖的阳光，适合用大花盆或种植袋栽种。圣女果，又名樱桃番茄，品种包括："超甜100"（'Super Sweet 100'）、"园丁之乐"（'Gardener's Delight'）、黄色的"金太阳"（'Sungold'），以及适合吊篮栽种的"不倒翁"（'Tumbler'）。

红花菜豆
Phaseolus coccineus

通常作为一年生植物种植，能耐受一定阴凉。生长需要一定支撑，比如树枝搭的三脚架。能开漂亮的花。"日落"（'Sunset'）和"沙皇"（'Czar'）都是不错的品种。如条件不佳，

上图：洋葱。

上图：辣椒。

上图：红花菜豆。

上图：梨。

上图：葡萄。

上图：香葱。

可种植法国菜豆，效果更好。

马铃薯
Solanum tuberosum

大体可分两类：早熟作物和主要作物。块茎通常在种植前放在光照、凉爽、通风好的地方发芽，也可以买发好芽的直接栽种。新马铃薯（早熟品种）在大而深的花盆中种植，随着芽的出现逐渐添土。开始开花后即可收割。"夏洛特"（'Charlotte'）这个品种做沙拉很好吃。

盆栽及爬墙水果

有光照的墙壁是水果爱好者的福音。"墙树""警戒线"和"扇形培植"都是可以充分利用空间的好方法。也可以直接购买已经培育出爬墙造型的果树。如果一天的大部分时间里墙壁都在阴影下，不妨试试莫利洛黑樱桃。

无花果
Ficus carica

盆栽可以长得很好，是理想的庭院作物。寒冷地区，只有初秋出现的果实才会成熟。除去仲夏和生长季即将结束时出现的小无花果。更冷的地区，需将花盆移至有遮阳篷处进行保护。

苹果
Malus domestica

寒冷地区生长良好，因为苹果树冬季恰好需要低温来确保开花。

李子
Prunus cultivars

李子一般能适应各种气候。开阔地可种植耐寒品种；温暖的、有光照的墙壁，可种植不那么耐寒的品种，以保护春天花朵免受冻伤。可以做甜点的品种有："维多利亚"（'Victoria'）；"鲁汶美人"（'Belle de Louvain'），果实硕大，紫色；"青梅"（'Greengage'），口味香甜。烹饪用的李子包括："拉克斯顿庄稼人"（'Laxton's Cropper'）和"珀肖尔黄"（'Pershore Yellow'）。

桃
Prunus persica

很好的爬墙作物，但寒冷地区桃花需要保护，以防入冬时被霜冻所伤。同属的油桃（*Prunus persica* var. *nectarina*）和欧洲李（*Prunus domestica*）也一样。有霜冻的地区，李子可能是更安全的选择。桃和油桃可以靠墙培育成扇形，颇具装饰效果，但都需要温暖、阳光充足的地方才能茁壮生长。

西洋梨
Pyrus communis

跟苹果一样，西洋梨也适合在寒冷的地方种植，因为低温能使其良好生长。夏季和秋季则需要保证有温暖的环境，让果实充分成熟。如果院子空间足够大，不妨尝试与矮化砧木嫁接的品种。

高丛越橘
Vaccinium corymbosum

适合盆栽，最好第二年采摘，第一年摘掉花朵，让植株长得更壮。使用杜鹃科专用酸性堆肥土，夏季生长期要充分浇水。多种些品种，能确保产量更高，收成期更长。布网防鸟类偷食。

葡萄
Vitis vinifera

不论是爬墙还是用藤架，都非常漂亮，只作装饰也很不错。如果是可食用的品种，果实挂枝后可适当剪掉些，留下来的会长得更大。

香草和沙拉叶菜

大部分香草和做蔬菜沙拉的叶菜都能在容器中生长，很适合庭院种植。花盆可以摆在厨房门外不远处，烹饪时出门就能采摘，新鲜又方便。

香草植物一般都对养分没有过高的要求，所以施肥、浇水都不用太多。鼠尾草、迷迭香、百里香、牛至和法国龙蒿尤其耐旱。北葱（*Allium schoenoprasum*），又名香葱、虾夷葱、细香葱，也很适合盆栽，而且还能开粉色小花。薄荷很容易过度生长，所以最好限制在一个容器内，而不要跟其他植物混种。保证花盆里有足够的欧芹、香菜（芫荽）和罗勒，这些都是一年生植物，烹饪中往往很快就会用完。而高大的、羽状叶的茴香及一年生同属植物莳萝（又名土茴香）最好直接种在地上。

适合庭院种植的叶菜包括所有品种的莴苣，尤其是大陆莴苣，也就是收割后会再长出来的品种，如"金叶"（'Bionda Foglia'）。"小宝石"（'Little Gem'）是矮生品种，生长迅速，很快就会长出菜心。莴苣、甜菜、小菠菜、菊苣和欧芹，合起来就是一盘美味的蔬菜沙拉。香菜和芝麻菜可以长得欣欣向荣，为庭院增添生气，后者最好从春季到夏末连续播种，天气炎热时注意保证充分的灌溉，以防开花结籽。

春季植物

不要忽视落叶灌木和多年生植物的潜力，而只热衷于以常绿植物为主的植栽设计。当早熟的鳞茎植物打破寒冬的黑暗，预示春天的到来时，我们会感受到那种积极乐观的生命力。选择开花早的植物，如金黄番红花、仙客来、"头对头"水仙等；接下来是耐寒的矮生人工栽培种郁金香和葡萄风信子；优雅艳丽、开花晚的郁金香预示着夏天的到来。

上图：生机勃勃的春番红花，掩映在绿草中，看起来很不错。

银莲花属
Anemone

欧洲银莲花（*Anemone coronaria*）又名冠状银莲花，花朵艳丽，花期从春末到夏初，取决于栽种时间。几盆摆在一起，看起来非常壮观。主要有两个杂交系列：一个是重瓣的"桥"（St Bridgid）；另一个是单瓣的"卡昂"（De Caen），花有红色、粉色、紫罗兰色、白色等。希腊银莲花（*Anemone blanda*），别名淡色银莲花、可爱银莲花，娇艳的花朵从早春开到仲春。只种一种颜色的银莲花看起来也会很壮观，比如"白色辉煌"（'White Splendour'），不过块茎通常是多种颜色混合出售。

高度×宽度：（30～40）cm×15cm[（12～15）in×6in]。

耐寒性： 耐寒／欧洲银莲花，8～10区；希腊银莲花，6～9区。

栽培： 以壤土为基质的盆栽堆肥土，置于阳光充足处。

山茶属植物
Camellia

春季开花的山茶属植物通常是山茶（*Camellia japonica*）的亚种或威廉姆斯杂交山茶（*Camellia x williamsii*）系列。林地植被，喜阴，花朵艳丽，有白色、粉色、红色等，花形多样，包括单瓣、重瓣、牡丹类、银莲类等。

高度×宽度： 可达3m×3m（10ft×10ft），取决于品种。

耐寒性： 耐寒／7～9区。

栽培： 不含石灰、保水但排水良好且富含有机质的土壤。可耐受阳光，正午时最好略做遮挡。避免早晨会晒到太阳的地方。避风。

番红花属
Crocus

可靠的春之使者，花形状似高脚杯。适合庭院栽种、生命力顽强的品种可归为几个系列，包括冬末开花的金黄番红花（*Crocus chrysanthus*），其

上图：雪片莲。

中包括"奶油美人"（'Cream Beauty'）、"雪彩旗"（'Snow Bunting'）、带条纹的"师奶杀手"（'Ladykiller'）以及开黄花和紫花的"前进"（'Advance'）。另一个系列是春番红花（*Crocus vernus*），品种有："圣女贞德"（'Jeanne d'Arc'），纯白色花；"匹克威克"（'Pickwick'），花朵带紫色条纹。这两种都是很受欢迎的品种。可以种在草丛中，或在浅盆或花槽内种植。

高度×宽度： 8cm×5cm（3in×2in）。

耐寒性： 耐寒／3～8区。

栽培： 任何土壤，不积水即可。光照环境。

雪片莲
Leucojum vernum

又名雪滴花，花形看起来像蒂凡尼灯，钟形花朵悬垂在细长的花梗上，美丽优雅，堪称春

季鳞茎类开花植物中的翘楚。每片花瓣上都有绿色或黄色的精致斑纹。悬垂于水面上时效果尤佳。

高度×宽度： 35cm×15cm（14in×6in）。

耐寒性： 耐寒／4～8区。

栽培： 潮湿的土壤。光照或半阴环境。

星花木兰
Yulania

北美洲木兰属植物中看起来最像灌木的一种，生长速度缓慢，使其尤其适合小庭院。早春到仲春期间，蜘蛛状白花在叶子萌发前就已开放。但由于植株生长得较为稀疏，不繁茂，不开花时存在感不强，看起来好像消失在背景环境中。

高度×宽度： 1.2m×1.5m（4ft×5ft）。

耐寒性： 耐寒／5～9区。

栽培： 肥沃、排水良好的土壤。

上图：欧洲银莲花。

上图：亚美尼亚葡萄风信子。

上图： 矮生仙客来水仙。

上图： 屋久杜鹃。

上图： 郁金香"夜皇后"。

光照环境。易发生霜冻的地区，花期最好能稍微遮挡一下上午强烈的阳光。

蓝壶花属
Muscari

鳞茎类植物，很容易种植，有些甚至会像野火一样蔓延。亚美尼亚葡萄风信子（*Muscari armeniacum*）是最常见的品种，有密集的深紫蓝色花簇。白花葡萄风信子（*Muscari botryoides* 'Album'）相对来说长势没那么旺盛，细长的穗状白花芳香扑鼻。

高度 × 宽度： 20cm（8in）× 无限。

耐寒性： 耐寒 / 2 ~ 9 区。

栽培： 排水良好的土壤。光照或半阴环境。

水仙属
Narcissus

杂交种很多，根据花形可分为几个系列："塔利亚"（Thalia），双花头，钟形白花，玲珑可爱；"头对头"（'Tête-à-Tête'），矮生品种，开花很早，多花头，嫩黄色。这两种是众多杂交品种中的佼佼者。"阿克塔"（'Actea'）芳香扑鼻，花瓣白色，花杯短，有橙边。芳香的品种还有"温斯顿·丘吉尔爵士"（'Sir Winston Churchill'），重瓣，奶油色。仙客来水仙（*Narcissus cyclamineus*）开花

早，生长缓慢，花瓣后卷，花杯狭长，杂交亚种包括"二月金"（'February Gold'）、"偷窥狂"（'Peeping Tom'）、"喷火"（'Jetfire'）等。

高度： 仙客来水仙 20cm（8in）；"塔利亚"30cm（12in）；"头对头"15cm（6in）；"阿克塔"45cm（18in）。

耐寒性： 耐寒 / 3 ~ 9 区。

栽培： 排水良好的土壤，最好光照充足。

肺草属
Pulmonaria

林地植物，叶子覆于地面之上，叶片完全长开前就已开花，花钟形，颜色有龙胆蓝、粉色、淡紫色、白色等。有些品种，如"月亮夫人"（*Pulmonaria saccharata* 'Mrs Moon'），有双色效果，花蕾粉红色，开花后花瓣是紫色。"银叶"系列（Argentea Group）颜色与之类似，叶子几乎完全是银色的。还有白花，叶子带银斑的品种，如"西辛赫斯特"（*Pulmonaria officinalis* 'Sissinghurst'）。

高度 × 宽度： 30cm×60cm（12in×24in）。

耐寒性： 耐寒 / 4 ~ 8 区。

栽培： 富含有机质的保水土壤。阴凉环境。仲夏时剪枝，剪至与地面齐平，然后施肥、浇水，长出的新叶能一直持续到秋季。

杜鹃花属
Rhododendron

尽管许多品种的杜鹃，包括杂交品种，会"淹没"小小的庭院，但常绿矮杜鹃，包括日本杜鹃，仍是庭院植栽理想的选择。叶小而光滑，通常呈红色和紫色，大多会形成整齐的圆顶，春季中后期点缀着鲜艳的花朵，如"福珂猩红"（*Rhododendron* 'Vuyk's Scarlet'）。屋久杜鹃（*Rhododendron yakushimanum*）是一种生长缓慢、叶片较大的品种，植株呈圆形，花朵很大，粉中带白。屋久杜鹃有一系列株形紧凑、色彩多样的杂交种，如"雅克斯"（'Yaks'）。

高度 × 宽度： "福珂猩红"0.75m×1.2m（2.5ft×4ft）；屋久杜鹃（1.2 ~ 1.5）m×（1.2 ~ 1.5）m [（4 ~ 5）ft×（4 ~ 5）ft]。

耐寒性： 耐寒 / 5 ~ 8 区。

栽培： 盆栽使用杜鹃科专用堆肥土（酸性）；如种在院墙边，土壤最好富含腐殖质，不含石灰。光照或半阴环境，避免炎

热干燥处。盆栽夏季要充分浇水，最好用雨水。

郁金香属
Tulipa

品种繁多，花色艳丽，是理想的盆栽植物。"春绿"（'Spring Green'）乳白色花，带绿色条纹，与近乎黑色的"夜皇后"（'Queen of Night'）形成鲜明对比。矮生的格来杰氏郁金香（*Tulipa greigii*）都很容易种植，包括"小红帽"（'Red Riding Hood'），开花早，猩红色花朵与栗色条纹的叶子相映成趣。可以与报春花、矮水仙和蓝色的堇菜种在一起。尤其美丽优雅的是开花较晚的品种，植株高挑，花形状似百合，如金黄色的"西点"（'West Point'）。

高度： 可达 60cm。

耐寒性： 耐寒 / 3 ~ 8 区。

栽培： 排水良好的土壤，光照充足，避强风。每年秋季栽种新球茎开花效果最好。

夏季植物

夏天我们会有更多时间待在室外，而形状各异、五颜六色、芳香扑鼻的花朵会丰富我们的感官体验。初夏，农舍花园里花繁叶茂，蜜蜂和蝴蝶争相到来，扫去我们对严冬的记忆。仲夏，不耐寒的多年生植物填满花盆，为庭院增添了绚丽的色彩，许多植物一直到秋季都状态良好。

上图：轮生鼠尾草，尤其是紫雨轮生鼠尾草这个品种，整个夏季开花不断。

葱属
Allium

有蓝色或紫色的头状花序，白色或黄色的花，接下来还有颇具观赏性的种子穗。大花葱（*Allium christophii*），又名"波斯之星"，初夏开花，花朵大，紫丁香色，球形头状花序闪烁着金属光泽。荷兰葱"紫色惊艳"（*Allium hollandicum* 'Purple Sensation'）头状花序较小，深紫色。

高度×宽度： 大花葱60cm×18cm（24in×7in）；"紫色惊艳"100cm×10cm（36in×4in）。

耐寒性： 耐寒／6区；大花葱，微耐寒／4～10区。

栽培： 排水良好的土壤，光照环境，不过也能耐受一定阴凉。

木茼蒿属
Argyranthemum

比较熟悉的是玛格丽特雏菊（marguerite daisy），多年生植物，开花繁茂，单朵，白色，形似雏菊；裂叶，灰绿色。此外，木茼蒿属还有许多其他植物，有些开杯形有黑心的黄、粉、深红色花。有些株形紧凑，适合盆栽。

高度×宽度：（30～100）cm×（30～100）cm[（1～3）ft×（1～3）ft]，取决于品种。

耐寒性： 半耐寒／10～11区。

栽培： 排水良好的盆栽堆肥土，或者种在院墙边，土壤相对肥沃，光照充足。开花后摘掉枯花并剪枝，使其保持茂密灌木状。

鹅河菊属
Brachyscome

多裂鹅河菊（*Brachyscome multifida*）是鹅河菊属的一个品种，多年生植物，株形紧凑，叶似苔藓，粉蓝色花，最适合花篮栽种。最近又培育出一系列颜色浅淡的一年生品种，具有良好的耐旱性，很适合庭院花池，例如黑心的"布拉沃"系列（Bravo Series），花色有蓝色、紫色、白色等。

高度×宽度： 45cm×45cm（18in×18in）。

耐寒性： 半耐寒／8～11区。

栽培： 盆栽用排水但保水的堆肥土，或栽种于排水良好、土壤肥沃的地面。光照环境。

巧克力秋英
Cosmos atrosanguineus

又名巧克力波斯菊，散发着美味的巧克力香味。单瓣花，色泽鲜红，质地柔软。花期长，从仲夏持续到秋季。至于栽种的地方，确保能把鼻子凑上去闻就可以了！

高度×宽度： 75cm×45cm（30in×18in）。

耐寒性： 微耐寒／7～9区。

栽培： 适度肥沃、排水良好的土壤，光照环境。寒冷地区冬季宜采取防护措施。非常适合盆栽。

秋英
Cosmos bipinnatus

作为一年生植物中花期最长的植物，菊花的价值毋庸置疑。除了耀眼的花朵和羽状叶子之外，还非常适合剪枝造型，大量种植时效果尤佳。

高度×宽度： 可达100cm×45cm（36in×18in）。

耐寒性： 半耐寒／9区。

栽培： 任何土壤，光照环境。霜冻过后，可以直接用种子播种。定期摘掉枯花可延长开花时间。

雄黄兰"路西法"
Crocosmia 'Lucifer'

雄黄兰之王，叶坚硬，有褶皱。仲夏开花，花头硕大，颜色火红。叶子很适合插花使用。

高度×宽度： 120cm×8cm（48in×3in）。

耐寒性： 微耐寒／5～9区。

栽培： 任何土壤，光照或半阴环境，但避免太热、干燥或风大的地方。可能需要支撑。

大丽花人工栽培种
Dahlia cultivars

大丽花人工栽培种能为夏末秋初的花园带来绚丽的色彩。目前流行的是深绿、青铜色和黑色叶的几个品种。有些花形硕大，有仙人掌形的，有睡莲形的；还有些花是绒球状，颜色鲜艳，有白色、奶油色、粉色、黄色、橙色、红色、紫色等。

高度×宽度： 可达120cm×60cm（4ft×2ft），取决于品种；矮生品种可达45cm（18in）高。

耐寒性： 半耐寒／9区。

栽培： 排水良好但肥沃、保水的土壤，光照充足。亦适合盆

上图：大花葱。

上图：巧克力秋英。

上图：大丽花人工栽培种。

上图： 旱金莲。

上图： 双距花"鲁伯特·兰伯特"。

上图： 百合"爱神"。

栽。长得高的品种需要支撑。剪去枝条尖端，使其长成茂密灌木状，摘掉枯花。气候温和的地区，块茎可以留在土地里。

双距花属
Diascia

双距花属以及龙面花属（*Nemesia*）最近出了很多人工栽培种，花色鲜艳，花期长。其中许多品种可以在户外有庇护的环境下越冬。双距花是盆栽植物的理想之选，花朵精致，贝壳状，颜色有粉色、橙色、橙红色等。"红宝石田"（'Ruby Field'），砖粉色花，是最耐寒的品种。

高度 × 宽度:（25 ~ 30）cm×60cm[（10 ~ 12）in×24in]。

耐寒性: 不耐霜 / 7 ~ 9 区。

栽培: 保水的堆肥土。定期摘除开过花的花梗。保证排水良好的情况下可以越冬，常绿叶片会形成一块"绿毯"。

金娃娃萱草
Hemorocallis 'Stella de Oro'

又名黄花菜，株形紧凑，叶似草，花金黄色，喇叭形。夏初开花，连续几轮。植株整齐，无须过多养护。

高度 × 宽度: 30cm×45cm（12in×18in）。

耐寒性: 耐寒 / 4 ~ 9 区。

栽培: 保水、肥沃的壤土或黏土，光照或半阴环境。

中欧孀草
Knautia macedonica

多年生植物，整个夏天后半段都在开花。花深红色，枕状，长在纤细的茎上，适合与其他花混种，相映成趣。"夏日粉彩"（'Summer Pastels'）花色多样。

高度 × 宽度:（60 ~ 80）cm×（45 ~ 60）cm[（24 ~ 32）in×（18 ~ 24）in]。

耐寒性: 耐寒 / 5 ~ 9 区。

栽培: 排水良好的土壤。光照充足。摘除枯花。

百合属
Lilium

杂交百合很容易种植，如"魅力"（'Enchantment'），株形紧凑，橙色花。更具异国情调的品种包括有香味的土耳其品种"黑美人"（'Black Beauty'，深红色）和"爱神"（'Eros'，粉橙色）。"刷痕"（'Brushmarks'）是亚洲杂交种，植株结实，花朵硕大，橙色，有红色刷状斑点。

高度 × 宽度: 可达 1.2m（4ft）。

耐寒性: 耐寒 / 4 ~ 8 区。

栽培: 排水良好的土壤，光照环境（理想情况是使其根系生长在阴凉处）。适合盆栽。

白舌假匹菊
Rhodanthemum hosmariense

又名摩洛哥雏菊，亚灌木，植株矮小，匍匐生长，叶片精致，银绿色，很少停止开花。花梗纤细，花朵硕大，白色，中间有醒目的黄色花蕊。"非洲眼"（'African Eyes'）植株小巧，状似灌木。

高度 × 宽度:（15 ~ 30）cm×（30 ~ 45）cm[（6 ~ 12）in×（12 ~ 18）in]。

耐寒性: 不耐霜 / 6 ~ 9 区。

栽培: 排水良好的土壤。光照环境。定期摘除枯花。

鼠尾草属
Salvia

鼠尾草属是一个巨大的属，包含许多不错的植物。耐旱品种包括木鼠尾草"五月夜"（*Salvia x sylvestris* 'Mainacht'），初夏到仲夏开花，穗状，暗紫色。紫雨轮生鼠尾草（*Salvia verticillata* 'Purple Rain'）则开花较晚，株形松散，秋季大量轮生开花。

高度 × 宽度: 70cm×45cm（28in×18in）。

耐寒性: 耐寒 / 5 ~ 9 区。

栽培: 适度肥沃、排水良好的土壤，光照或半阴环境。

旱金莲
Tropaeolum majus

又名豆瓣菜，常见的一年生植物，非常容易种植。生长旺盛的蔓生品种常用于吊篮种植或作为攀缘植物。现在也有株形紧凑的品种，如"印度皇后"（'Empress of India'），叶深绿色，红花，种在花盆中很是可爱，或者也可以与其他植物混种，用来填充。

高度 × 宽度: 蔓生品种可达 3m×3m（10ft×10ft）；其他品种通常不超过 30cm×30cm（12in×12in）。

耐寒性: 半耐寒 / 8 区。

栽培: 排水良好的土壤，最好较为贫瘠。光照充足。

柳叶马鞭草
Verbena bonariensis

花梗坚硬高挺，有少许分枝，上面长着圆圆的头状花序，开紫罗兰色小花。种在院墙边，通过自给播种，明年会自发生长，但会比较稀疏。特别容易吸引蜜蜂和蝴蝶，花期从夏季持续到秋季。

高度 × 宽度:（1.2 ~ 2）m×0.45m[（4 ~ 6）ft×1.5ft]。

耐寒性: 不耐霜 / 7 ~ 9 区。

栽培: 排水良好的土壤，光照充足。虽然母株冬天可能死亡，但会长出新的籽苗。

秋季植物

随着白日渐短，清晨的空气变得凉爽，炎炎夏日即将结束。随之而来的是秋季。多姿多彩的叶子，为夏日余下的花朵添彩，也成为硕果累累的水果和浆果的绚烂背景。许多不耐寒的夏季开花植物会一直生长到霜冻到来，有些花甚至秋天才出现。在新的生长周期开始之前，这是它们最后一次开花。

上图：鸡爪槭的一些品种会为秋季带来一抹亮色。

上图：平枝栒子。

上图：比丘福氏紫菀。

上图：常春藤叶仙客来。

鸡爪槭
Acer palmatum

槭属植物，叶片短暂而耀眼的颜色变化因天气而异。土壤的类型也有影响，大多数槭属植物在酸性条件下颜色最好。羽毛槭（*Acer palmatum* var. *dissectum*）是一个系列，又名细叶鸡爪槭，叶细长精致。红枝鸡爪槭（*Acer palmatum* 'Sango-kaku'）枝干漆红色，秋季树叶金黄，是一种很好的多干小乔木。

高 度 × 宽 度：1.2 ～ 8m（4 ～ 25ft），取决于品种。

耐寒性：耐寒 / 5 ～ 8 区。

栽培：任何土壤，最好是含腐叶的肥沃土壤，上方适当遮阴。防风，防春季霜冻。

杂交银莲花
Anemone x hybrida

多年生植物，直立生长，开白色或粉色花，盘状，立于纤细的花梗上，花蕊黄色，形成对照，清新优雅，为夏末的花园带来春天般的气息。可种在落叶树下，在斑驳的光线下一丛丛茂盛生长，赏心悦目。品种包括"吉尔摩夫人"（'Lady Gilmour'）、"奥诺·季柏特"（'Honorine Jobert'）等。

高 度 × 宽 度：1.5m×0.6m（5ft×2ft）。

耐寒性：耐寒 / 6 ～ 8 区。

栽培：保水的土壤，阴凉或光照环境。也可耐受略轻质、干燥的土壤。

比丘福氏紫菀
Aster x *frikartii* 'Mönch'

多年生植物，夏末秋初开花，形似雏菊，紫蓝色，花蕊黄橙色。比丘福氏紫菀盛夏开花，有持久的薰衣草蓝色花朵，具有抗病性，不需修剪。

高 度 × 宽 度：70cm×40cm（28in×16in）。

耐寒性：耐寒 / 5 ～ 9 区。

栽培：排水良好但保水、适度肥沃的土壤。光照充足。

岷江蓝雪花
Ceratostigma willmottianum

落叶灌木，开钻蓝色花，植株低矮，有圆顶，在秋季缤纷树叶的衬托下效果极佳。夏末开始开花，随着秋天的临近，叶子逐渐变红。

高 度 × 宽 度：1m×1.5m

耐寒性：耐寒 / 7 ～ 9 区。

栽培：种植在阳光充足、排水良好的地方。这种植物通常会因霜冻而枯萎，所以春季可在贴近地面的高度剪除枯枝。

栒子属
Cotoneaster

灌木，能耐受许多其他植物所厌恶的生长条件。秋季最有看头的是平枝栒子（*Cotoneaster horizontalis*），落叶，枝叶呈鲱骨状。叶子落下之前会变成鲜红色，同时浆果成熟，变为红色。另一个能为深秋庭院添彩的是柳叶栒子"侏儒"（*Cotoneaster salicifolius* 'Gnom'），常绿，矮生地被植物，有鲜艳的红色浆果。

高 度 × 宽 度：平枝栒子，1m×1.5m（3ft×5ft），爬墙生长更高；"侏儒"，0.3m×2m（1ft×6ft）。

耐寒性：耐寒 / 5 ～ 8 区。

栽培：植株大小和生长习性因

品种而异，能耐受各种条件，包括寒冷和阳光。去除不需要的籽苗。

常春藤叶仙客来
Cyclamen hederifolium

原名那不勒斯仙客来（Cyclamen neapolitanum），地中海品种，株形小巧，中、晚秋开花，粉色或白色。心形叶，有斑纹，叶片完全长开时初花出现。花期可持续数月，是非常漂亮的地被植物。可在树下或大型落叶灌木下随意播种，很快会长成大片的绿毯。

高度×宽度： 10cm×15cm（4in×6in）。

耐寒性： 耐寒/5~9区。

栽培： 耐受多种条件，但土壤必须排水良好。夏季需遮阴。冬季叶子枯死时，用腐叶土或树皮堆肥覆盖根部。

木槿
Hibiscus syriacus

落叶灌木，直立生长，开喇叭状花，花心深色，雄蕊从中探出，看上去很娇艳，实际上能耐寒。颜色包括暗粉色的"木桥"（'Woodbridge'）、深蓝色的"蓝鸟"（'Bluebird'）以及白色、紫色等，从夏末开到秋季。

高度×宽度： 2.5m×1.5m（8ft×5ft）。

耐寒性： 耐寒/6~9区。

栽培： 排水良好，中性至中度碱性的土壤。光照越足越好，有庇护的环境。

绣球属
Hydrangea

虽然喜阴的绣球（Hydrangea macrophylla）和粗齿绣球（Hydrangea serrata）的人工栽培种花期都始于夏季，但花朵成熟，颜色变化，达到"颜值"巅峰却往往在秋季。夏季开花的圆锥绣球（Hydrangea paniculata），包括"粉钻石"（'Pink Diamond'）和"唯一"

（'Unique'），有乳白色、带花边的锥形花头，常变成粉色或红色。

高度×宽度： 可达（1~1.5）m×（1~1.5）m[（3~5）ft×（3~5）ft]，取决于品种。

耐寒性： 耐寒/6~8区。

栽培： 适合大花盆栽种，使用以壤土为基质的堆肥土，或种在富含腐殖质、保水的土地里。花朵可能是粉紫色或蓝色，取决于土壤——若想要蓝花，土壤必须呈酸性。冬季保留薄而干的花冠，春季稍微修剪。圆锥绣球春季可多剪掉些。

火把莲属
Kniphofia

开花时从黄色逐渐变为橙色或红色，如燃烧的火炬。有些品种初秋开花，主要是单色花，比如黄绿色的"珀西的骄傲"（'Percy's Pride'）或橘红色的"伊戈尔王子"（'Prince Igor'）。秋花火把莲（Kniphofia rooperi）花朵呈蛋形，双色。栽种的位置要确保深秋的霜冻不会破坏观赏效果。

高度×宽度：（1~1.2）m×0.6m[（3~4）ft×2ft]，取决于品种。

耐寒性： 耐寒/5~6区（大部分品种，个别微耐寒）。

栽培： 确保种植的位置夏季土壤不会太干，冬季排水良好。光照充足。

火棘属
Pyracantha

在最结实的园艺植物中，火棘属植物是做围栏的理想选择。初夏开乳白色花，秋季结出一簇簇橙色、黄色或红色的浆果。可靠墙栽种作爬墙灌木，但不要离人行道太近，因为枝干上长着容易伤人的刺。"橙光"（'Orange Glow'）有鲜艳的橙色浆果；"日落黄"（'Soleil d'Or'）的浆果呈金黄色。

高度×宽度： 1.8m×1.5m（6ft×5ft），作爬墙灌木更高。

耐寒性： 耐寒/6~9区。

栽培： 几乎任何土壤皆可，光照或适度阴凉环境。

全缘金光菊
Rudbeckia fulgida

秋季色彩明艳，橙黄色花，形似雏菊，质地坚硬，花蕊黑色，在一簇簇深绿色叶片的衬托下非常抢眼。如果庭院较大，种植在院墙边，冬季可保留花冠。

高度×宽度： 60cm×30cm（2ft×1ft）。

耐寒性： 耐寒/4~9区。

栽培： 大多数土壤皆可，光照环境，但避免地面过干的地方，因为这种植物需要水分。

长药八宝
Hylotelephium spectabile

叶肉质，灰绿色，秋季顶生粉色伞房花序，深受蝴蝶和蜜蜂喜爱。花朵能持续很长一段时

间，逐渐变成深褐色。何布景天（'Herbstfreude'）花色略深，呈砖粉色。

高度×宽度： 45cm×45cm（18in×18in）。

耐寒性： 耐寒/4~9区。

栽培： 排水良好的土壤，黏土亦可。光照或半阴环境。

花楸属
Sorbus

花楸属植物十分适合城市庭院，不太挡光，耐受污染。欧亚花楸"宝塔"（Sorbus aucuparia 'Fastigiata'）树形窄，直立，适合空间狭小的地方，秋季结橘黄色浆果，与红色或黄色的叶子相得益彰。"约瑟洛克"（'Joseph Rock'）与之类似，浆果琥珀色。克什米尔花楸（Sorbus cashmiriana），浆果白色，硕大如珍珠，落叶后仍在。如空间有限，可选择株形小巧的川滇花楸（Sorbus vilmorinii），叶似蕨类，浆果小，淡粉色，逐渐变成深红色。

高度×宽度： 可达10m×7m（33ft×23ft）；克什米尔花楸，4m×3m（13ft×10ft）。

耐寒性： 耐寒/5~8区。

栽培： 排水良好的土壤，光照或半阴环境。

上图： 木槿"戴安娜"（'Diana'）。

上图： 火把莲"城堡"（'Alcazar'）。

上图： 全缘金光菊。

冬季植物

冬季的庭院，没有了温暖时节的勃勃生机，落叶灌木和树木只剩骨架，与常绿植物恰成对照。泛着红光的枝干点缀在一片绿意中，突出了冬季以黄白二色为主的花朵。院墙边，种子穗挂在茎干上，装饰着庭院；花盆里，早早萌发的鳞茎植物，宣告着新一年园艺活动的开始。

上图："鲁贝拉" 茵芋花蕾致密，深红色。

上图：小花仙客来。

白皮喜马拉雅桦
Betula utilis jacquemontii

又名糙皮桦，多干的品种冬季会成为庭院里的亮点——树皮剥落露出白色树干，非常漂亮。有些品种甚至更美，如 "杰明斯"（'Jermyns'）。生长相对缓慢。

高度×宽度：15m×7.5m（49ft×24ft）。

耐寒性：耐寒 / 4 ～ 7 区。

栽培：排水良好但潮湿的土壤。光照环境。用海绵和温和的肥皂水清洗树皮上的藻类。

春铁线莲 "雀斑"
Clematis cirrhosa 'Freckles'

这种铁线莲是极少数冬季开花的藤本植物之一，气温稍暖时会开下垂的钟形花，乳白色，

有栗色斑点。冬季接近尾声时生长至最佳状态。气温骤降时叶片可能会呈现出青铜色。

高度×宽度：6m×6m（20ft×20ft）。

耐寒性：耐寒 / 7 ～ 9 区。

栽培：肥沃、排水良好的土壤，最好为碱性。光照或半阴环境。寒冷地区最好挨着有光照的墙壁。

小花仙客来
Cyclamen coum

地被植物，耐寒，可在干燥的阴凉处形成致密的绿毯。冬季至早春开花，花形精致小巧，花瓣向后卷曲，颜色有紫色、粉色、白色等——白色是白花仙客来（'Album'）。叶片有斑纹。

高度×宽度：8cm×10cm（3in×4in）。

耐寒性：耐寒 / 5 ～ 9 区。

栽培：适度肥沃、潮湿但排水良好的土壤。半阴环境。也能耐受较干燥的土壤。

藏东瑞香
Daphne bholua

又名喜东瑞香、落叶瑞香、喜马拉雅瑞香，可种在庭院内有庇护的地方，冬季花香扑鼻，令人沉醉。冬末，直立的枝干上开着一簇簇蜡质白花，泛着粉紫色。"廓尔喀"（*Daphne bholua* var. *glacialis* 'Gurkha'）是落叶品种，比常绿品种 "杰奎琳·波斯蒂尔"（'Jacqueline Postill'）更强健些。

高度×宽度：2m×1.5m（6ft×5ft）。

耐寒性：微耐寒 / 7 区。

栽培：种在富含腐殖质、潮湿的地面上，或用大花盆栽种。光照或半阴环境。

欧石南
Erica carnea

包括杂交欧石南（*Erica x darleyensis*），很多品种都能耐受石灰，冬季非常适合作为地被植物种在落叶灌木下。也适合盆栽，衬托开花早的鳞茎植物。有各种粉色和紫色的品种可选，但白色最常见。"白春林"（*Erica carnea* 'Springwood White'）也是典型的地被植物，叶鲜绿，开白花，花期持续数周；"熔银"（*Erica x darleyensis* 'Silberschmelze'）是杂交品种，更高些，春天开米色花。

高度×宽度："白春林"20cm×55cm（8in×22in）；"熔银"30cm×75cm（12in×30in）。

耐寒性：耐寒 / 欧石南，6 ～ 8区；杂交欧石南，7 ～ 8区。

栽培：富含腐殖质、保水但排水良好的土壤，光照环境。

上图：藏东瑞香。

上图：欧石南 "艾琳·波特"（'Eileen Porter'）。

上图： 雪滴花。

上图： 东方铁筷子。

上图： 地中海荚蒾"格温利安"。

雪滴花属
Galanthus

第一批冬天开花的球茎植物中，雪滴花属植物最受欢迎。雪滴花（*Galanthus nivalis*）是最常见的品种，这个品种很适合杂交，所以有很多亚种。重瓣雪滴花（'Flore Pleno'）有蜂蜜香味，花尖带一抹绿色。艾氏雪滴花（*Galanthus* 'Atkinsii'）花瓣细长，叶宽阔，灰绿色。

高 度 × 宽 度： 10cm×10cm（4in×4in）。

耐寒性： 耐寒 / 3 ~ 9 区。

栽培： 潮湿的土壤，最好能保证休眠期处在阴凉的地方，落叶树或灌木下最为理想。

铁筷子属
Helleborus

丛生多年生植物。黑嚏根（*Helleborus niger*），俗称"圣诞玫瑰"，隆冬时节开花，洁白耀眼，不过要养到开花有一定难度。东方铁筷子（*Helleborus orientalis*）花期更晚一些，相对来说更容易开花，植株通常由种子繁殖。花色柔和，主要有暗紫色、粉色、乳白色等，花蕊通常呈紫色。比较罕见的是黄色和红色花的品种，非常漂亮。

高 度 × 宽 度： 30m×30cm（12in×12in）。

耐寒性： 耐寒 / 5 ~ 9 区。

栽培： 潮湿但不积水的土壤，

最好是碱性。光照或半阴环境。

十大功劳杂交栽培种
Mahonia x *media cultivars*

常绿灌木，装点冬季花园的首选。杂交人工栽培种叶狭长有光泽，轮生；总状花序簇生，黄色，直立或呈弓形下垂。最受欢迎的是秋季至初冬开花的"博爱"（'Charity'），直立生长；"冬日"（'Winter Sun'）虽没那么常见，但绝对值得寻找，花头更耐霜冻。开花后稍微修剪，依旧会长得非常茂密。其他可以考虑的品种包括："莱昂内尔·福特斯库"（'Lionel Fortescue'），以及"在航"（'Underway'），开花都非常漂亮。一串串沉甸甸的蓝黑色浆果是鸟类的福音！

高 度 × 宽 度： 4m×4m（13ft×13ft）。

耐寒性： 耐寒 / 8 ~ 9 区。

栽培： 肥沃、排水良好但保水的土壤。植株成熟后可生长在阴凉处，耐干旱。开花后修剪枝条尖端以促进茂密生长。

羽脉野扇花
Sarcococca hookeriana

常绿植物，株形紧凑，呈圆形，叶小而尖，整个冬天开白色小花，芳香扑鼻，适合阴凉的庭院，香味会集中在院内。开花后结黑色浆果。更耐寒的品种是双蕊野扇花（*Sarcococca*

hookeriana var. *digyna*），锥形叶，这个品种又名"紫枝"，枝条尖端呈淡紫色，花粉红色。

高 度 × 宽 度： 可达 1.5m×1.5m（5ft×5ft）。

耐寒性： 耐寒 / 6 ~ 8 区。

栽培： 植株成熟后，可耐受干燥、阴凉的环境，但最好生长在保水且排水良好、腐殖质丰富的土壤中。

"鲁贝拉"茵芋
Skimmia japonica 'Rnbella'

常绿植物，叶茂密，冬末开花，花簇芳香。雌性品种会结浆果。雄性品种未开放的花蕾呈深红色。

高 度 × 宽 度： 1.2m×1.2m（4ft×4ft）。

耐寒性： 耐寒 / 7 ~ 9 区。

栽培： 肥沃、排水良好的土壤，光照或半阴环境；大多数品种在微酸性条件下生长最好。

地中海荚蒾
Viburnum tinus

荚蒾属的灌木能为庭院带来多样化的乐趣，有些品种冬季或春季开花，有些有浆果，有些两者都有。地中海荚蒾是常绿灌木，树冠呈球形，冬末春初

开白花，之后长出蓝黑色浆果。伊夫普莱斯荚蒾（'Eve Price'）是个可靠的选择，有粉红色花蕾；"格温利安"（'Gwenllian'），花蕾深粉色，花朵白中透粉，非常美丽。

高 度 × 宽 度： 3m×3m（10ft×10ft）。

耐寒性： 耐寒 / 8 ~ 10 区。

栽培： 排水良好但保水的土壤，包括黏土。可耐受石灰和半阴环境。

博德荚蒾
Viburnum x *bodnantense*

又名粉色木绣球，落叶植物，直立生长。品种包括："查尔斯·拉蒙"（'Charles Lamont'）、"德本"（'Deben'）、黎明博德荚蒾（'Dawn'）等，都是冬季稍微温暖时开花，粉色，绒球状。香味飘得很远，是蜂蜜和杏仁的混合香。

高 度 × 宽 度： 2.5m×1.5m（8ft×5ft）或更大。

耐寒性： 耐寒 / 7 ~ 8 区。

栽培： 排水良好但保水的土壤，包括黏土。可耐受石灰和半阴环境。

养护

　　无论是经常在庭院里忙碌，还是偶尔打理一下，在室外被植物环绕的时间总是令人神清气爽，身心愉悦。庭院一般都易于维护，通常没有草坪或大型树篱需要修剪。而且，有花池和种植容器，可能也不需要挖掘等繁重的工作。甚至浇水也可以自动完成。但定期给盆栽植物施肥、给土地追肥是必要的。

　　油漆修补、木制家具养护、确保庭院边界和铺装区域无杂草、定期摘除枯花，这些工作有助于保持庭院整洁。如果庭院空间有限，植物的修剪、塑形和支撑就变得尤为重要。春季一般是繁忙的时期，我们要为即将到来的夏季作准备。等到秋天到来时，养护工作的重心就要转向清扫落叶，以及保护不耐寒的植物、室外家具和花盆等，使其不会在寒冬中受损。此时，水池、水泵、过滤器等设施也需要妥善处理。

左图： 像这样的庭院植栽需要每天养护，庭院每年需要进行一两次彻底清洁。

植物养护

在一个小庭院里，基本的定期养护应该包括：植物支撑，枝条绑缚，及时清除褪色的花朵，如果发现叶子变黄要寻找原因。肥沃的土壤能保证种出苗壮、健康的植物，有繁盛的花朵和累累的果实，但庭院往往土地贫瘠，植物需要额外的养护，比如施肥和护根。

上图：藤本植物需要不同高度的支撑。铁线莲属植物喜欢钢丝网。

上图：剪掉不想要的枝茎，检查一下绑缚是否过紧。

上图：用木棍和绳子做个架子，给植物以支撑。

植物支撑

多年生草本植物和柔软的灌木可能需要支撑，最好在新枝开始生长时加支撑物，这样支撑结构最终会被植物隐藏起来。支撑有很多种，简单的可以插几根树枝，或者用木棍和绳子做个架子，或者使用专门的攀爬架、墙架或钢丝网。藤本植物和爬墙灌木会长出大量新枝，选择想保留的新枝，绑在支架上。可以做成扇形，或者使其沿横向钢丝生长，这样能促进开花结果。不要把枝条穿到墙架或钢丝网后面去，而是要绑在支架的前面，这样后期养护会容易得多。

摘除枯花

摘除枯花可以防止植物结种，耗费宝贵的能量；而且这样一来，植物为了繁殖，还会开更多的花，从而延长花期，这一点尤其适合一年生植物。根据植物的

上图：一旦在风雨中受损，植物很少能恢复良好的自然形态，因此提早做好支撑至关重要。

不同，摘除枯花的方法有几种（见下图）。可以留下些形状好的种子穗作为秋冬庭院的装饰。

上图：繁茂的花朵凋谢后（如木茼蒿和薰衣草），使用手剪去除枯花。

上图：蔷薇科植物的硕大花朵，剪至花梗基部或略高于枝节。

上图：小花褪色后，可直接用手掐掉。

施肥

定期施肥，尤其是花蕾发育和开花时，施肥必不可少。检查肥料包，为各类植物搭配平衡的配比，比如开花植物、观叶植物以及作物类。氮（N）能促进叶片生长，磷（P）促进根系生长，钾（K）促进开花结果。三者通常用 N：P：K 比率表示。

例如，叶菜作物的肥料，可以选择氮含量相对较高的。

就像复合维生素片一样，肥料的包装或瓶子上也会标示其他微量元素的含量，包括铁（Fe）、锰（Mn）、硼（B）等。这些额外的营养素可以帮助缺乏这些微量元素的植物，通常表现为叶片变色及其他异常。

番茄科肥料含钾量高，对开花稀疏的植物效果很好（这类植物叶片的生长会以减少开花为代价）；而蔷薇科肥料则能为其他开花灌木和藤本植物提供养分，如铁线莲属植物和绣球属植物。需要在酸性土壤中生长的植物，使用特殊配方的杜鹃科肥料。春季鳞茎和百合类植物的叶子开始凋谢之前，使用高钾肥，为开花作准备。

上图： 花盆和小花池中开花茂盛的植物夏季需要定期施肥。由于土壤少，养分需求也有限。

上图： 仲春到夏末，最好每周施用液态肥，但使用颗粒状缓释肥施顶肥就足够了。

上图： 有些肥料可以混入水中，用软管喷洒到植物上，既省时，又省力，不用手持沉重的喷壶。

施顶肥

使用腐熟粪肥、草菇肥或园艺堆肥土施顶肥，可以保持土壤水分，改善土壤质地和肥力。秋季或冬末，在潮湿的土壤上覆盖厚厚一层（8～10cm/3～4in）。注意肥料不要接触植物茎干，防止腐烂。

让植物恢复活力

有些长得快的草本植物，或丛生鳞茎植物，可能长得过于拥挤，导致开花不良。秋季或春季（如果是春季鳞茎植物的话，在开花后），可以挖出来分株，让植物恢复活力。把土壤改良一下，然后把小的、有活力的部分重新种植，丢弃长得拥挤的中心部分。

小花盆的植物在长到满盆之前，应该重新种植到更大的容器中，让根系有足够的生长空间。如果一株植物想一直种在某个花盆里，可以把盆中顶层的土刮去，换上新鲜的、掺有缓释肥的有机物。如果能把植物从花盆里拿出来，还可以将根球上松散的土刮掉。稍微修剪根部会刺激根系生长。栽种时确保花盆下部堆肥土与盆壁贴实。

上图： 从排水孔往外推，将植物从盆中取出。

上图： 灌木和藤本植物修剪后一定要施肥，补充失去的养分。冬季修剪后可将肥料盖在土壤表面。

上图： 移入大花盆的百子莲，根部未受影响。

剪枝塑形

如果不定期进行剪枝和塑形，灌木和藤本植物很快就会让庭院显得凌乱不堪。准备一个记录本会很有帮助，记下一年中哪些时间、哪些植物需要处理，这样我们就不会在错误的时间剪掉不该剪的，影响到植物开花结果。

上图：紫藤宜仲夏、冬末各修剪一次，效果最佳。

左图：灌丛花葵霜冻过后会枯死，因此，春季从根部修剪，保留新枝。

右图：欧洲山梅花以及其他春季和初夏开花的灌木，花期过后修剪。

丛花葵等。灌丛花葵每年需要彻底修剪，看起来会永葆青春。

长得很快的落叶植物，如灌丛委陵菜，如果不好判断何时需要修剪，那么可以春季将老枝剪掉约1/3。这种做法通常是安全的。一条经验法则是：夏至前开花的植物，开花后修剪；夏至后开花的植物，春季修剪（绣球除外）。

前者包括春季和初夏开花的灌木，如欧洲山梅花、连翘、锦带花、溲疏等。开过花的枝干，大部分都要剪除，尤其是老枝。留下新枝，第二年开花。因此这类植物又叫"次年枝开花"灌木。

后者包括大叶醉鱼草、灌丛花葵、白麻、石竹、圆锥绣球、灌丛月季、开花较晚的铁线莲属植物，如南欧铁线莲等。这类植物可以大刀阔斧地修剪，剪到仅剩枝干，因为有足够的时间再长出茂盛的枝叶。

何时剪枝

长寿的灌木和乔木，如木兰花、鸡爪槭、常绿杜鹃等，通常生长缓慢，几乎不需要修剪。相比之下，长得快的，以及那些大量开花结果的灌木，通常寿命相对较短。这类植物包括大叶醉鱼草、金雀花、薰衣草、白麻、灌

上图：大叶醉鱼草生长旺盛，春季应彻底修剪，枝干剪至很低。

上图：圆锥绣球彻底修剪后会开出更大、花形更好的花。

上图：冬末彻底修剪月季，剪掉枯枝、病枝、弱枝和交叉枝。

促进生长

有些植物修剪得越狠，开花越大，比如圆锥绣球，或者叶子或者冬季的枝茎越大、越亮，比如金色叶和花叶的灌木，接骨木和彩枝山茱萸。藤本植物（如紫藤）或果树（如苹果和梨）适当修剪，能刺激开花结果。

剪去枯枝

除了通过剪枝来促进开花结果外，我们还需要修剪开花或结果的灌木和藤本植物的残枝、病枝、老枝以及无花或无果的枝条。如果修剪是为了缩小或保持植株大小，那么尽量遵循该植物的自然习性。如果只剪掉枝条末端，会促使植物休眠的芽苞长出新枝，进而让稀疏的灌木变得茂盛起来。与之相反的方法是，把手伸进去，剪掉整根枝条。

浆果类的塑形和剪枝

收获树莓和黑莓等浆果后，剪掉老枝，将新枝绑在支架上。大多数浆果类灌木都需要修剪，防止枝条交叉或生长过密。大部分这类植物都可以通过修剪来塑形，节省空间，类型包括"警戒线"、墙树、扇形等。如果是醋栗，还可以作为观赏性植株来种植。这些方式需要更多的精力来养护，不过果实会更容易采摘。不同植物应按照不同方法修剪，因为修剪的时间和需要的技术不同。

爬墙果树的塑形

开花早、结果晚的植物，修剪时需要特别注意。以火棘为例，最好将植株固定在支撑架中，开花后剪掉不需要的新枝。如果把花剪掉，就不会结果了。

经过剪枝塑形的苹果树通常

上图：冬春两季修剪光秃秃的树枝通常比较容易，因为很容易看到需要修剪的地方。

上图：蓝莓应于冬末或早春花蕾初现时修剪。粗壮的枝条结果最好。

上图：火棘是常绿植物，茎有刺，自由生长会占据很多空间，最好培育成墙树。

上图：剪掉交叉枝和开过花的老枝（后者通常看起来很细，且高度分叉）。

上图：黑莓易于种植，且很容易长得欣欣向荣。结果后，剪掉老枝，让新枝向下倾斜，绑在钢丝上。

上图：修剪靠近横向钢丝的枝条（比如爬墙玫瑰和果树），能促进开花结果。

需要每年修剪两次，仲夏一次，冬季一次。夏季修剪可以控制新生枝叶的数量，让养分供给正在发育的果实。同时应增加光照，促进果实成熟。冬季修剪包括将老植株果实生长过密的部分进行疏果，剪掉枯枝、病枝。冬季不要修剪李子树。

修剪小窍门

· 于芽苞上方位置修剪，防止枯死。

· 剪掉细瘦的、不能结果的新枝，以及交叉的枝条。

· 进行疏枝，以保证光照和通风。

· 修剪工具定期消毒，防止疾病传染。

· 保持工具锋利。

灌溉技巧

庭院植物的灌溉可能并不像大家想得那么简单。不但房屋和院墙的存在会产生"雨影效应"，而且院子里可能几乎没有裸露的土壤用来排水。一小块地里生长的植物数量也会对资源造成压力。如果以花盆和花池种植为主，那么自动灌溉系统可能非常实用。

上图：根据庭院的需求选择灌溉方法。

节水

植物比我们想象得更坚强。植株成熟后，可能只有干旱期需要浇水。新栽种的植株，尤其是灌木，第一年炎热、晴朗或干旱期都需要浇水，因为根系不够大，无法满足叶片的需求。

如果是排水良好的沙质土壤，或是在花盆或花池中种植，应选择耐旱植物，而不是像郁郁葱葱的多年生草本植物那样的耗水植物。在土壤上覆盖一层保水的有机物，如树皮、腐熟粪肥或园艺堆肥，有助于密封水分，但要先确保地面潮湿。

不要用软管从植物顶部浇水。大部分水会浪费掉，从叶片上流失，而不会穿透地面到达根部。少量浇水会促进浅根。深根才会

上图：铺上厚厚一层树皮，锁住土壤中的水分。

让植物利用地下的水分，在干旱期自力更生。尽量早晨或傍晚凉爽的时候浇水，减少蒸发。

手动浇水与自动灌溉

使用喷壶，壶里装的是蓄水桶里的水，会让我们时刻想到水是用在哪了，从而减少浪费。

如果夏天要外出几天，那么一位愿意帮忙的邻居或自动灌溉系统是必不可少的。通过适当调整和监控，自动灌溉系统可以是非常有效的。

大多数自动灌溉系统包括针对壁挂花盆、花篮以及庭院花盆的特殊浇灌设备，易于组装或拆卸。

上图：浇灌小植株和幼苗时，使用喷壶的莲蓬式喷嘴，否则水流会冲击土壤，可能会让植物连根拔起。

上图：如果不是给小植株浇水，可将喷嘴取下，将喷壶出水口置于叶子下，靠近土壤表面，以引导水流。

上图：气候干燥、阳光充足的地方，宜种植耐旱植物，如长生草属植物。

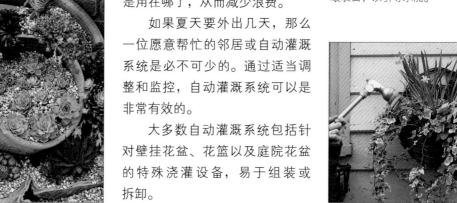

上图：带各种附加装置的软管可以加快浇水速度，也更容易够到壁挂花盆和花篮。

上图：一根漏水管或穿孔软管，连到户外水龙头上，就构成了简单的灌溉系统，用于院墙边刚栽种的植物，或者花池里的作物。

收集雨水

将屋顶的落水管引至一个大水桶，就能收集雨水用于灌溉。棚屋、凉亭和温室里面的排水沟，里面的水也可以通过这种方式收集。

现在可以买到适合狭小空间的水桶。如果想收集更多的水，可以安装一个导流装置，让多余的水从一个桶转移到另一个。塑料桶不是特别美观，不过可以做一下"伪装"，比如用爬满藤本植物的格架来遮挡。

建造庭院花园时，如果地面铺装略微倾斜，可以将水引至花池和院墙边，尤其是低雨量地区和土壤排水良好的地方。如果水流不太大，也可以把雨水从排水沟直接引到花池。

上图：将路面径流直接引至旁边，灌溉路边的植物。

上图：格架隔断已就位，待种植藤本植物，遮挡水桶。

上图：耐旱的草本植物，如薰衣草，适合排水好的土地。

灌溉系统的布置

安装自动灌溉系统并不昂贵，而且可以买到带各种附加组件的安装工具包。无须使用任何特殊工具，操作也相当简单。测量所需管道的长度（增加一点额外的回旋余地）。将管端浸入热水中，让塑料软化，以便固定在接头上。

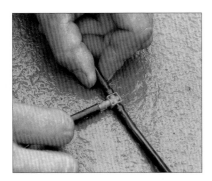

1．先在四周铺设一根主管，连接到户外水龙头，然后安装类似侧支的小管子，将水输送到各个需要灌溉的区域。

2．打开水龙头，水从一个可调节的滴灌喷嘴中流出，喷嘴的位置要保证水对每株植物根部的最佳渗透。

3．使用灌溉定时器设置灌溉时间，并检查每株植物是否获得了正确的浇水量。可能需要调整个别喷嘴。

季节性养护

小小的庭院空间需要悉心养护，因为注意力就集中在那个小区域，处处是焦点。许多一般的养护工作可以几分钟内完成，可能会成为日常或每周例行工作的一部分，包括浇水和摘除枯花，不过每年最好进行一次彻底清理。

上图：春季有许多养护工作，但不要忘了春天开花的植物哟！

春季

传统上，秋季要清除多年生植物，因为冬天庭院要"休眠"。但能保持很久的种子穗、茎和叶可以为益虫和鸟类提供庇护和食物，也是对寒冷敏感的根和芽的保温层。很多植物，包括观赏草在内，干枯的植株依然很美，尤其是霜冻中定型的。早春，这些枯死的植物很容易拔除。此时，可以一并处理越冬的杂草，或者可能在冬季气候和暖的时候发芽了的一年生植物。

土地彻底清理后，用腐熟粪肥或园艺堆肥土施顶肥，让植物的生长有个良好的开端。覆盖树皮的地方，缺损处需要修补，以抑制杂草。

春天一到，矮灌木状的植株，如钓钟柳、银香菊、分药花（又名俄罗斯鼠尾草）等，枝干下部会出现新的生长迹象。剪枝的位置应该在老枝上焕发新生的地方

上图：保留造型优美的种子穗，作为冬季庭院的装饰。春季进行修剪。

上图：铺地的树皮每年需要修补，尤其是开始变薄的地方。

之上。

暮春初夏的温暖天气非常适合给户外油漆修补润色。使用彩色木材染色剂，让栅栏和格架焕然一新，包括其他上漆或染色的

木结构。

抹灰墙、户外雕塑和鸟盆（常置于园中，供鸟儿沐浴饮水），上面长出的藻类和溅上的泥浆需要清理、刮去。使用电动清洗器处

上图：四五月份修剪钓钟柳，剪枝的位置是冒出新芽的地方以上。

上图：春季或初夏，将木制品和格架刷上一层新油漆或染色剂。

上图：使用高压冲水机清除地面铺装上的污垢和藻类。建议穿防水服。

上图：夏季，过多的浮生和沉水植物可以用捕捞网或竹竿清除。

上图：从小型水库引水给水池加满，以保护水泵。

上图：保持一部分水面清洁，形成倒影。

理透水铺装上的藻类、苔藓和污垢。

夏季

夏天，硬木家具需要至少上几层柚木油或类似材料，或者重新上户外清漆或油漆。锻铁和铸铁家具应用钢丝刷或电动清洗器清理表面，然后重新上防锈漆。

一年中的这个时候，可能需要给水池加满水。如果水草长了厚厚一层，或者沉水植物长得过于茂盛，也需要处理。拔除多余的水草，用来制作堆肥。睡莲和池边植物也可能过于茂密，必要时清理掉一些。让较大一部分水面保持清洁，倒映周围景物。

秋季

秋天，落叶堆积得很快，需经常清理，防止盖住地面的植物，也会让路面变得湿滑。如果有地方制作腐叶土（一种很好的土壤结构改良剂），可以把落叶装进一个穿孔垃圾袋，在阴凉的角落放置一年。

如果庭院中有很多秋叶凋落，可以考虑用网覆盖水池，防止落叶污染池水。在寒冷的冬季来临之前，清洁并维护水池里所有的水泵和过滤器。有可能需要取出来，冬季干燥储存，具体请查看说明书。

冬季

冬季的几个月里，需用防水布罩保护木制和金属家具。如果可能的话，尽量把木制桌椅搬到棚子或凉亭里，因为布罩会导致内部凝结水汽，从而损坏木材。

陶土材质的花盆和装饰物容易受到霜冻损坏，即使商家标明"抗冻"。花盆和装饰物的边缘和把手上凸起的细部尤其危险。最好将这类物品放到隐蔽的角落进行遮盖，或使用气泡膜（见 p.249）或用塞了稻草的麻布进行原地保护。

冬季应关闭水池中的水泵和过滤器，因为鱼类或两栖动物在水温较高的区域生存，而水泵会将冷热混合。如果水池表面结冰，腐烂植物和鱼类粪便释放的有毒气体就无法排出，这可能会杀死水面下的观赏鱼和其他水生野生动物。为了避免这种情况，可以使用电动除冰器，或在水中放置一个漂浮的塑料容器。如果水池结冰，取出容器，让气体逸出。

上图：腐烂的叶子不但看起来脏乱，而且会让地面变得湿滑，应定期清理。

上图：需要用水泵和过滤器清理掉表面的水草和污物，否则会影响进出水。

上图：秋天给水池罩网，防止落叶将水污染。叶片全部凋落后即可撤下。

植物的保护

在庭院这样一个有庇护的小空间里，我们可能会尝试种植各种植物，其中会包括不耐寒的植物。虽然这类植物夏天能苗壮生长，但想过冬却很难，盆栽植物尤其脆弱。即使没有温室，也不用担心，许多植物完全可以进行原地保护。

上图： 不耐寒的爬墙灌木，如牵牛，冬季需进行额外保护。

防霜冻

晚春的霜冻往往对软嫩的新芽造成严重损害。最易受霜冻影响的植物是柔软的木本植物、生长中的开花植物和盆栽植物。霜冻会对绣球的许多人工栽培种（如花边绣球）的开花产生毁灭性影响。鸡爪槭、山茶花和马醉木也很容易遭受霜害。霜冻的最大威胁来自夜间，气温下降导致植物表面水分结冰。霜害的迹象包括叶片变暗、变黄、变软或卷曲。因此，如果预测有霜冻，可以通过覆盖的方法保护花蕾和茎尖。将园艺毛毡或气泡膜固定到临时搭在植物上方的水平板条上。让织物包覆植物，下方用一块重一些的木头或几块砖压住。或者，用夹子或绳子把毛毡绑在植物上。用树皮覆盖根部。

根部的保护

不太耐寒的多年生植物、块茎植物和鳞茎植物，通常只需在地面覆盖厚厚的树皮即可保护根部。但是，注意不要让树皮直接触碰到灌木、藤本植物或半木本植物（如钓钟柳和地中海香草植物）的植株基部，因为水分可能会导致腐烂。现在很多地区，大丽花和美人蕉可以留在地里，无须挖出来储存在温室中。

室内及温室植物

夏季庭院中的室内植物、兰科植物和仙人掌科植物应在夏末或初秋，夜间气温降得太低之前搬回室内。搬运前，对每株植物进行彻底检查，看看有没有蚜虫和其他害虫，如蛞蝓或蜗牛。不耐寒的倒挂金钟和木茼蒿，以及盆栽无花果，可以在外面多待些时日，但必须在第一次霜冻之前移入室内。此时不要过度浇水。无花果叶片凋落后，可以放到黑暗的车库或地下室中。

上图： 夏末，将室内植物和易腐烂的多肉植物移入室内。

不耐寒的鳞茎植物和块茎植物，如秋海棠，冬季挖出来，不需要占用很多空间，可以在苗床、车库或棚子中越冬。将其埋入稍微潮湿的园艺堆肥土中，事先检查是否有害虫（如葡萄象甲虫）或腐烂迹象。

上图： 常绿的山茶花、马醉木和杜鹃，需用园艺毛毡覆盖，以防霜害。

上图： 不耐寒的鳞茎植物和多年生植物，通过覆盖干燥的落叶或树皮，就地保护。

上图： 北美木兰属植物和绣球属植物，使用毛毡来防止花蕾和嫩茎尖受霜冻损伤。

不耐寒灌木的保护

盆栽常绿植物，如下图所示的地中海月桂，在某些地区，除非进行保护，否则会受到寒风和霜冻损伤。根部以及叶子，都需要保温处理。把花盆包裹起来，可以防止陶土或陶瓷因黏土中的水冻结膨胀而开裂。

1. 花盆里插几根竹竿（高于植物）。剪一块温室保温材料或气泡膜，长度约为从植物上部到花盆。

2. 用塑料或几层园艺毛毡包裹植物，部分重叠，每隔一段用绳子绑缚（从底部开始）。

3. 将塑料绑好，但顶部要打开，以便水分逸出，空气流通。春季，气温回暖，霜冻的危险解除时，打开塑料。

4. 将需要保护的植物放到一起，靠着暖墙（作为额外保护）。要特别注意根球的保护。霜冻来临时给植株顶部盖上毛毡。

5. 观赏性绿雕植物（比如图中的迷迭香）需要特别注意。可以用管道保温材料保护主干，基部用气泡膜包裹。

冬季需包裹的植物

· 查塔姆聚星草。
· 红千层属植物及其人工栽培种。
· 澳洲朱蕉（红叶及花叶品种）。
· 粗柄象腿蕉。
· 枇杷。
· 长阶花属植物（大叶人工栽培种）。
· 松红梅人工栽培种（又名新西兰茶树）。
· 新西兰圣诞树。
· 芭蕉。
· 香桃木。

上图：枇杷看起来像热带植物，冬季需要保护。

上图：松红梅人工栽培种冬季需包裹，直到最后一次霜冻过去。

上图：红千层属植物，这里作为爬墙灌木，就地保护。

园艺产品供应商

澳大利亚
Anston Paving Stones Ltd
60 Fussell Road
Kilsyth, Victoria 3137
Tel 1300 788 694
www.anston.com.au
铺装

Cotswold Garden Furniture
42 Hotham Parade, Artarmon
New South Wales 2064
Tel (02) 9906 3686
www.cotswoldfurniture.com.au

Diamond Valley Garden Centre
170 Yan Yean Road
Plenty, Victoria 3090
Tel (03) 9432 5113
www.dvgardencentre.com.au

Heaven In Earth
77 Hakea Close
Nowra, New South Wales 2541
Tel (02) 4423 2041
www.heaveninearth.com.au
园艺配件及装饰品

Mary Moodie's Pond, Pump
and Pot Shop
Southern Aquatic Garden
Centre, 110 Boundary Road
Mortdale
New South Wales 2223
Tel (02) 9153 0503

North Manly Garden Centre
510–512 Pittwater Road
North Manly
New South Wales 2100
Tel (02) 9905 5202
www.greengold.com.au
家具、花盆、雕塑

Outdoor Creations
Heidelberg Road, Ivanhoe,
Melbourne, Victoria
Tel (03) 9490 8000
www.outdoorcreations.com.au
园艺景观、雕塑

Peakhurst Garden Centre
874 Forest Road, Peakhurst
New South Wales 2210
Tel (02) 9533 4239
info@peakhurstgardencentre.
com.au
www.peakhurstgardencentre.
com.au

Wagner Solar
零售商电话：0800 064 790
照明

加拿大
Avant Gardener
1460 Marine, West Vancouver, BC
Tel (604) 926-8784
www.canadaplus.ca

GetSet! to Garden
203–20475 Lougheed Hwy,
Maple Ridge, BC V2X 9B6
Tel (604) 465-0037
常规园艺用品

Gisela's Nursery &
Hydroponics
11570 Kingston, Maple Ridge, BC
Tel (604) 465-0929

Greenleaf Garden Supplies
1050 Riverside, Abbotsford, BC,
Tel (604) 850-3209

Otter Co-Op
3600–248th St, Aldergrove, BC
Tel (604) 856-2517

法国
Les Jardins du Roi Soleil
Showroom 32, bd de la Bastille,
75012 PARIS
Tel (33) 01 43 44 44 31
jrs@jardinsroisoleil.com
www.jardinsroisoleil.com
格架、花园家具、花盆及各种
种植容器

新西兰
Colenso Tree and
Landscape
PO Box 165, Whitford, Auckland
Tel (09) 530 9120
铺装、藤架、户外木地板、
水景

Exotic Earth
92 Eastdale Road
Avondale, Auckland
Tel (09) 828 6876
花园设计

Kiwi Art Designs Ltd
66 Gulf View Road, Rothesay Bay,
North Shore, Auckland
Tel (09) 478 4792
www.kiwiartdesigns.co.nz
雕塑

Lighting Pacific Ltd
130 Felton Mathew Ave
Glen Innes, Auckland
Tel 0800 707270
www.lightingpacific.co.nz
户外照明

Dyers Road Landscape &
Garden Supplies
183 Dyers Road, Bromley
Christchurch City
Canterbury 8062
Tel (03) 3846540
www.dyersroadlandscape.co.nz

Luijten Landscaping
PO Box 72-698
Papakura, Auckland
Tel (09) 294 6620
www.luijten.co.nz
园艺设计

南非
Paradise Landscapers
299 Edwin Swales VC Drive,
Rossburgh, Durban
Tel (27) 79 111 9902
www.paradiselandscapers.co.za

Smart Yards
PO Box 72658
Lynnwood Ridge, Pretoria 0040
Tel (27) 12 667 4014
www.smartyards.co.za

Tidy Gardens
LM Mangope Highway
Ga-Rankuwa 0208
Tel (27) 73 078 1666
info@tidygardens.co.za

Ubuhle Garden Décor
Tel (27) 83 276 1288
www.ubuhlegardendecor.co.za

英国
Agriframes Tildenet Ltd
Hartcliffe Way, Bristol BS3 5RJ
Tel 0845 260 4450
info@agriframes.co.uk
www.agriframes.co.uk
果树笼及各种植物支架（实例
见 p.134 上图）

Alan Gardner
Tel 0121 313 0027
www.alangardnerdesign.com
花园设计及设备安装

Anthony de Grey Trellises
Broadhinton Yard
77a North Street
London SW4 0HQ
Tel 020 7738 8866
Fax 020 7498 9075
www.anthonydegrey.com

Bamboostyle
Unit 2, Low Cocken Farm
Plawsworth, Durham DH3 4EN
Tel 0845 652 6530
sales@bamboostyle.co.uk
www.bamboostyle.co.uk
竹家具及隔断

Chilstone
Victoria Park
Fordwood Road
Langton Green
Tunbridge Wells, Kent TN3 0RE
Tel 01892 740866
ornaments@chilstone.com
www.chilstone.com
花园装饰品及大型石制品

Finnforest UK Ltd
46 Berth
Tilbury Docks, Tilbury
Essex RM18 7HS
Tel 01375 812737
装饰性篱笆、隔断（实例见
p.185）、藤架、凉棚、藤架

Franchi Sementi Seeds of
Italy
C3 Phoenix Industrial Estate
Rosslyn Crescent, Harrow
Middlesex A1 2SP
Tel 020 8427 5020
grow@italianingredients.com
www.seedsofitaly.com
蔬菜种子

Garden & Security Lighting
39 Reigate Road, Hookwood,
Horley, Surrey RH6 0HL
Tel 01293 820821
照明

Gaze Burvill
Newtonwood Workshop
Newton Valence, Alton
Hampshire GU34 3EW
Tel 020 7471 8500
webenquiries@gazeburvill.com
www.gazeburvill.com
家具

Giles Landscapes Ltd
Bramley House
Back Drove, Welney
Cambridgeshire PE14 9RH
Tel 01354 610453
Fax 01354 610450
info@gileslandscapes.co.uk
www.gileslandscapes.co.uk
现代花园定制设计

Grand Illusions
PO Box 81
Shaftesbury, Dorset SP7 8TA
Tel 01747 858300
www.grandillusions.co.uk
园艺配件及装饰品

Indian Ocean Trading Company
2527 Market Place
London NW11 6JY
Tel 020 8458 5252
Also in Norwich
Tel 01508 492285
www.indian-ocean.co.uk
家具

Italian Terrace
Pykards Hall, Rede, Bury St
Edmunds, Suffolk IP29 4AY
Tel 01284 789666
Fax 01284 789299
www.italianterrace.co.uk
种植容器

Natural Driftwood Sculptures
Sunburst House
Elliott Road
Bournemouth BH11 8LT
Tel 01202 578274

info@driftwoodsculptures.co.uk
www.driftwoodsculptures.co.uk
雕塑

Redwood Stone
The Stoneworks
West Horrington, Wells
Somerset BA5 3EH
Tel 01749 677777
Fax 01749 671177
www.redwoodstone.co.uk
装饰性石制品

Stuart Garden Architecture
Burrow Hill Farm
Wiveliscombe
Somerset TA4 2RN
Tel 01984 667458
Fax 01984 667455
sales@stuartgarden.com
www.stuartgarden.com
格架、花园家具

Sunny Screen
36 Udney Park Road
Teddington
Middlesex TW11 9BG
Tel 0870 803 4149
info@sunnyaspects.co.uk
www.sunnyaspects.co.uk
隔断

Richard Sutton
Tel 02476 616891
施工个体户

Terre de Semences
Ripple Farm
Crundale, Canterbury
Kent CT4 7EB
Tel 01227 731815
contactus@organicseedsonline.com
www.terredesemences.com
蔬菜种子

The Modern Garden Company
Millars 3
Southmill Road

Bishops Stortford
Hertfordshire CM23 3DH
Tel 01279 653 200
info@moderngarden.co.uk
www.moderngarden.co.uk
家具

The Stewart Company
Stewart House
Waddon Marsh Way
Purley Way, Croydon
Surrey CR9 4HS
Tel 020 8603 5700
info@stewartcompany.co.uk
www.stewartcompany.co.uk
种植容器、花盆

Topiary Art Designs Ltd
Millers Meadow
Grimstone End, Pakenham
Bury-St-Edmunds
Suffolk IP31 2LZ
Tel 01359 232303
www.topiaryartdesigns.com
绿雕

Vivienne Palmer
Tel 01244 370360
vivpalmer@btinternet.com
陶瓷及壁画艺术家

美国
Bear Creek Lumber
495 East County Road
Winthrop, Washington 98862
Tel (800) 597 7191
customerservice@bearcreek lumber.com
www.bearcreeklumber.com
木本植物经销商

Earth Products
515 Cobb Parkway
Marietta, Georgia 30062
Tel (770) 424 1479
Fax (770) 421 0842
www.earthproducts.net
园艺材料及装饰

Gardener's Supply Company
128 Intervale Road
Burlington, Vermont 05401
Tel (888) 833 1412
Fax (800) 551 6712
www.gardeners.com
常规园艺用品

Garden Expressions
22627 State Route 530 NE
Arlington
Washington 98223
Tel (888) 405 5234
International (360) 403 9532
steve@gardenexpressions.com
www.gardenexpressions.com
园艺配件

Garden Oaks Specialities
1921 Route 22 West
Bound Brook
New Jersey 08805
Tel (800) 590 7433
Fax (732) 356 7202
Gardenoaks@aol.com
www.gardenoaks.com
木制家具

High Plains Stone
8084 Blakeland Drive
Littleton
Colorado 80125
Tel (303) 791 1862
Fax (303) 791 1919
info@highplainsstone.com
www.highplainsstone.com
天然石材

The Home Depot
实体店遍布美国各地
www.HomeDepot.com
常规园艺用品

Lowe's Home Improvement
Warehouse
实体店遍布美国各地
www.lowes.com
常规园艺用品

Mother Nature Lighting
1353 Riverstone Parkway Suite
120-269 Canton
Georgia 30114
Tel (888) 867 2770
www.mothernaturelighting.com
照明

Trellis Structures
25 North Main St.
East Templeton
Massachusetts 80408
Tel (888) 285 4624
sales@trellisstructures.com
www.trellisstructures.com
格架、凉棚、藤架

植物耐寒区

本书植物名录中的每一种植物下，都列出了欧洲通用植物耐寒等级（见下）和美国通用植物耐寒分区（见下图）。

考虑到本书在美国的使用，书中的植物条目下给出了植物的耐寒性区域编号。这是美国农业部农业研究服务处开发的一个分区体系（如下所示）。按照这个体系，根据特定地理区域的年平均最低温度，共划分了11个区域。当一种植物对应一个区间时，较小的数字表示该植物可以安全越冬的最北的区域的温度，而较大的数字表示植物可以良好生长的最南的区域的温度。

这不是精确的区分，只是一种粗略的划分，因为除了温度以外的许多因素在耐寒性方面也起着重要作用。这些因素包括：海拔高度、受风程度、近水程度、土壤类型、是否有雪、是否阴凉、夜间温度、植物能获得的水量等。这类因素很容易影响植物的耐寒性，影响的差别能达到两个区域。

欧洲通用植物耐寒等级

畏寒（Frost tender）

气温低于5℃（41 ℉）则植物会受伤害。

半耐寒（Half hardy）

植物可耐受低至0℃（32 ℉）的气温。

不耐霜（Frost hardy）

植物可耐受低至 –5℃（23 ℉）的气温。

充分耐寒（Fully hardy）

植物可耐受低至 –15℃（5 ℉）的气温。

美国通用植物耐寒分区

1 区：低于 –45℃（–49 ℉）

2 区：–45 ～ –40℃（–49 ～ –40 ℉）

3 区：–40 ～ –34℃（–40 ～ –29 ℉）

4 区：–34 ～ –29℃（–29 ～ –20 ℉）

5 区：–29 ～ –23℃（–20 ～ –9 ℉）

6 区：–23 ～ –18℃（–9 ～ 0 ℉）

7 区：–18 ～ –12℃（0 ～ 10 ℉）

8 区：–12 ～ –7℃（10 ～ 19 ℉）

9 区：–7 ～ –1℃（19 ～ 30 ℉）

10 区：–1 ～ 4℃（30 ～ 39 ℉）

11 区：高于4℃（39 ℉）

鸣谢

感谢以下各方允许使用他们的花园进行操作步骤的演示：胡里汉夫妇（Jane and Geoff Hourihan）；桑德斯夫妇（Peter and Murie Sanders）；莱斯利·英格拉姆（Leslie Ingram）；吉姆·奥斯汀（Jim Austin）和珍妮·帕特尔（Jenny Patel）；马丁·夫特雷斯（Martin Faultless）；芭芭拉·威廉姆斯（Barbara Williams）；贝拉蒙特绿雕坊（Bellamont Topiary）；卡佩尔庄园（Capel Manor）；卡姆内坦男爵（Baron of Cam'nethan）。还要感谢设计师艾伦·加德纳（Alan Gardner），他付出了大量时间，并给我们推荐了很多地方，有些是他自己设计的花园（如卡姆内坦男爵的花园，见 p.168 下图、p.169 右上图）；还有薇薇安·帕默（Vivienne Palmer），她在 p.47、p.63、p.65、p.85、p.183 的步骤说明中搭建场景并进行了模拟操作；以及理查德·萨顿（Richard Sutton），他在 p.115、p.127、p.133、p.185 的步骤说明中搭建场景并模拟操作。感谢 Finnforest UK 公司为我们提供隔板，用于 p.185 的步骤说明。

此外，还要感谢以下设计师和设计机构允许使用他们的花园进行拍照：**新西兰**：p.30（中图）、p.120（上图）戈登·科利尔（Gordon Collier）的花园；p.74（右下图）汉密尔顿植物园（Hamilton Botanic Gardens）；p.86 ~ 87 埃登私宅（Eden House）；p.96（右上图）蒙特利私宅（Monterey House）；p.103 蒂姆·达兰特（Tim Durrant）的设计；p.121（上图）莎拉·弗拉特（Sarah Frater）；p.124（中图）纽多夫葡萄园（Neudorf Vineyard）；p.130（左下图）拉纳克城堡（Larnach Castle）；p.140—143（左上图、上中图、右上图）丽兹·莫罗（Liz Morrow）；p.156（上图）

毕比花园（Bibby garden）；p.158（右上图）敏彻花园（Mincher）；p.163（右上图）韦塔蒂花园（Waitati Garden）；p.164（下中图）拉帕拉水园（Rapaura Water Gardens）；p.187（右下图）奥塔里 - 威尔顿林区（Otari-Wilton's Bush）。**汉娜·佩沙尔雕塑花园（Hannah Peschar Sculpture Garden）**：p.45（右上图）黑白农舍（Black and White Cottage），花园设计：安东尼·保罗（Anthony Paul），石器设计：珍妮弗·琼斯（Jennifer Jones）。**2004 年切尔西花展（Chelsea Flower Show 2004）**：四禅——日式风格（Shizen – The Japanese Way），日本造园学会，设计师：Maureen Busby。**2007 年切尔西花展**：p.1 "现实桃源"（Realistic Retreat），亚当·弗罗斯特景观设计公司（Adam Frost Landscapes），设计师：Adam Frost；p.2 "与布拉德斯通一起的 600 天"（600 Days with Bradstone），设计师：Sarah Eberle；p.4（左上图）"庆祝希科特庄园 100 周年"（Celebrating 100 years of Hidcote Manor），设计师：Chris Beardshaw；p.5（右上图）、p.29 福特纳姆 & 梅森花园（The Fortnum and Mason Garden），设计师：Robert Myers；p.28（下图）"移动空间移动中……"（Moving Spaces Moving On…），Warner Breaks 设计公司，设计师：Teresa Davies、Steve Putnam、Samantha Hawkins；p.58（下图）、p.68（上图）福特私宅——地中海桃源（Casa Forte – A Mediterranean Retreat），设计师：Stephen Firth、Nicola Ludlow-Monk；p.107（上图）弗莱明和特雷芬德的澳大利亚花园（The Fleming's and Trailfinder's Australian Garden），弗莱明苗圃（Fleming's Nurseries），设计师：Mark Browning；p.179（下图）韦斯特兰花园（The Westland Garden），设计师：Diarmuid Gavin、Stephen Reilly。**2008 年切尔西花展**：p.4（右上图）、p.121（右下图）"布莱特的真实生活"（Real Life by Brett），布莱特景观设计公司（Brett Landscaping），设计师：Geoffrey Whiten；p.5（下起第 2 张图）、p.147 "孩子们真正想要的马歇尔花园"（The Marshalls Garden that Kids Really Want），设计师：Ian Dexter；p.22（左下图）卡多根花园（A Cadogan Garden），

卡多根庄园（Cadogan Estates），设计师：Robert Myers；p.74（左下图）斯帕纳庭院（Spana's Courtyard Refuge），设计师：Chris O'Donoghue；p.102（左下图）儿童协会花园（The Children's Society Garden），设计师：Mark Gregory；p.116 ~ 117、p.127（右上图）、p.130（下图）、p.191（左下图）多塞特谷类花园（The Dorset Cereals Edible Playground），设计师：Nick Williams-Ellis；p.124（右下图）、p.128（中图）夏至花园（The Summer Solstice Garden），Daylesford Organic 设计公司，设计师：Del Buono Gazerwitz；p.134（右下图）谢德兰·克罗夫特私宅花园（Motor Neurone Disease – Shetland Croft House Garden），设计师：Sue Hayward；p.144 ~ 145 "旅行者归宿"（Traveller's Retreat），Lloyds TSB 设计公司，设计师：Trevor Tooth；p.169（上图）银色月光花园（Garden in the Silver Moonlight），设计师：Haruko Seki、Makoto Saito；p.5（下图）、p.177 "城市竹雨"（Urban Rain by Bamboo），设计师：Bob Latham；p.182（右下图）彭伯顿绿园（The Pemberton Greenish Recess Garden），设计师：Paul Hensey、Neil Lucas；p.186（中图）加文·琼斯的可丽耐花园（The Gavin Jones Garden of Corian），设计师：Philip Nash；p.190（中图）LK 本尼特花园（The LK Bennett

Garden），设计师：Rachel de Thame；p.192（中图）弗莱明和特雷芬德的澳大利亚花园，设计师：Jamie Durie。**2007年汉普顿宫廷花卉展（Hampton Court Palace Flower Show 2007）**：p.7（上图）"两者将相逢"（The Twain Shall Meet），The Bottom Drawer 设计公司，设计师：Lorna Thomas、Davinia Wild；p.50（中下图）"角落里的废墟"（The Ruin on the Corner），吉宝设计（Keppel Designs）；p.61（左上图）"学会照顾我们的世界"（Learning to Look After Our World），阿尔顿幼儿学校（Alton Infant School）；p.62（下图）"银色林间"（Silver Glade），The Down to Earth Partners 设计公司，设计师：Chris Allen、Dorinda Forbes；p.118（上图）舍园（The Giving Garden），乡村集市园艺店（Country Market Garden Centre），Heronshaw 公司，黑沼苗圃（Blackmoor Nurseries），设计师：Maurice Butcher；p.181（左上图）"正面全裸"（Full Frontal），哈德洛学院（Hadlow College），设计师：Heidi Harvey、Fern Alder；p.181（右上图）"消化中"（In Digestion）设计师：Tony Smith；p.194 乐园（The Raku Garden），设计师：Rachel Ewer。**2008年汉普顿宫廷花卉展**：p.6 喜阴花园（The Shade-loving Garden），设计师：Jonathan Walton；p.12～13 盎格鲁绿黑白花园（The Anglian Green, Black and White Garden），盎格鲁家装公司（Anglian HomeImprovements），设计师：Krista Grindley；p.14（上图）克罗夫特秘密花园（The Croft Spot Secret Garden），克罗夫特原创设计（Croft Original Sherry），设计师：David Domoney；p.14（下图）波尔舍花园（The Porsche Garden），设计师：Sim Flemons、John Warland；p.16（中上图）、p.20（左中图）、p.20（右中

图）蒙迪乡舍（Mundy's Cottage），设计：温切斯特苗圃（Winchester Growers）；p.21（右上图）"能看到美景的房间"（The Homebase Room with a View），设计师：Philippa Pearson；p.23（右上图）苹果汁花园（Branching Out With Copella – The Apple Juice Garden），设计师：Sadie May Stowell；p.23（下图）萨多林四季花园（The Sadolin Four Seasons Garden），设计师：Helen Williams；p.94 "活在天花板上"（Living on the Ceiling），华威学院（Warwickshire College）；p.102（右下图）、p.152 假日酒店绿屋（Holiday Inn Green Room），设计师：Sarah Eberle；p.104（上图）"造型元素"（Formal Elements），Cambourne Homes 公司、Design Build International 公司、Go Modern Furniture 公司、Tobermore 公司，设计师：Noel Duffy；p.108（下图）伯格巴德保护区（The Burghbad Sanctuary），Burghbad Bathrooms 公司，设计师：David Cubero、James Wong；p.148（中图）唯听听觉花园（The Widex Hearing Garden），设计师：Selina Botham；p.155（上图）三合一花园（Three in One Garden），阿德里安园艺店（Adrian Hall Garden Centre）、Barbed 公司、Elmwood Fencing 公司，设计师：Lesley Faux。

也要感谢以下各方允许复制其图像。**Agriframe**：p.134 上图。**Alamy**：p.8 右上图，dbimages；p.8 右下图，The Print Collector；p.50 右下图，JHP Travel；p.126 左上图，Elizabeth Whiting & Associates。**Art Archive**：p.91，巴黎装饰艺术图书馆。**Bridgeman**：p.8 左下图，大英博物馆；p.10 下图，大英图书馆委员会。**Amy Christian**：p.96 左上图。**Corbis**：p.126 下图，Eric Crichton；p.168 左下图，Arcaid。**Felicity Forster**：

p.1；p.101 上图；p.107 上图；p.127 左上图；p.148 上图；p.179 下图；p.181 左上图；p.181 右上图；p.194 中图。**Garden Picture Library**：p.49 左下图，Clive Nichols；p.51 下图，Steven Wooster；p.64 中图、p.84 左下图，Juliet Greene；p.66 左下图，Lynne Brotchie；p.71 右图，Janet Seaton；p.72 下图，Philippe Bonduel；p.73 上图，Mark Bolton；p.73 下图，Juliette Wade；p.97 上图，Botanica；p.104 右下图，Dominique Vorillon；p.161 上图，David Dixon；p.214 左下图，Michele Lamontagne；p.214 中图，Lynn Keddie；p.215 右图，Anne Green/Armytage；p.222 左图、p.230 中图，John Glover；p.223 右图，Mark Turner；p.232 上图，Kate Gadsby；p.234 左图，Adrian Bloom。**John Feltwell/Garden Matters**：p.91 左上图、p.91 中上图、p.91 右上图；**Garden World Images**：p.34 下图，J. Need；p.67 下图，A. Graham；p.90 右下图，Mein Schoener Garten；p.109 下图，P. Smith（Peter Tinsley Landscaping）。**Harpur Garden Images**：p.43 上图；p.72 中图；p.100 左下图；p.110 下图；p.162 右下图。**Istock**：p.10 上图；p.100 右下图。**Les Jardins du Roi Soleil**：p.36 右上图。